海洋公益性行业科研专项（200905008）和泰山学者建设工程专项资助

献给中国海洋大学90周年校庆

山东半岛滨海沙滩现状与评价

李广雪　丁　咚　曹立华　王永红　著

海洋出版社

2015年 · 北京

图书在版编目（CIP）数据

山东半岛滨海沙滩现状与评价/李广雪等著．—北京：海洋出版社，2015.5
ISBN 978-7-5027-9173-5

Ⅰ.①山…　Ⅱ.①李…　Ⅲ.①山东半岛-沙滩-资源管理-研究　Ⅳ.①P737.12

中国版本图书馆 CIP 数据核字（2015）第 127354 号

责任编辑：杨传霞
特约编辑：张光威
责任印制：赵麟苏
海洋出版社　**出版发行**
http：//www.oceanpress.com.cn
北京市海淀区大慧寺路 8 号　邮编：100081
北京朝阳印刷厂有限责任公司印刷　新华书店发行所经销
2015 年 5 月第 1 版　2015 年 5 月北京第 1 次印刷
开本：787mm×1092mm　1/16　印张：17.75
字数：417 千字　定价：98.00 元
发行部：62147016　邮购部：68038093　总编室：62114335

前　言

滨海沙滩是自然留给人类的宝贵遗产，“碧海、蓝天、沙滩、树林”构成了一道亮丽的自然风景线。滨海沙滩不仅具有天然的护岸功能，而且是海浴、沙浴、日光浴的最佳旅游休闲场所。旅游业是21世纪世界经济发展的驱动力，并且是世界上最大的财富和工作岗位的创造者。滨海旅游在旅游业中占据了主要地位。美国、西班牙、法国、意大利、中国是世界五大旅游目的地国家。其中，美国、西班牙、法国、意大利是国际四大旅游收入国。这四个国家都无一例外地拥有举世闻名的美丽滨海沙滩，吸引了大批的国内外游客。据统计，到滨海观光和休闲的游客在德国占50%，在比利时达到80%。旅游业是美国国民经济的第一支柱产业，同时也是创造外汇收入和就业人数第一的产业，而滨海沙滩更是旅游者首选目的地。滨海沙滩已经成为旅游业发展的引擎，在吸引游客到沿海观光、度假、体育活动等方面具有得天独厚的条件。利用滨海沙滩资源发展旅游经济，最能体现投资少、收益大的经济特点。随着我国经济的发展和人民生活水平的提高，沙滩休闲已成为一个重要的观光度假方式。

目前，山东半岛滨海沙滩一共有123处，总长度365 km，空间分布状况良好，就像一串亮丽的珍珠镶嵌在山东半岛海岸线上。我们于2010年至2012年进行了三年的实地考察与研究，建立了沙滩信息名录，为每处沙滩建立了档案。研究发现，山东半岛滨海沙滩98处正遭受不同程度的侵蚀破坏，约占沙滩总数的80%。造成侵蚀破坏的原因有自然因素也有人为因素。自然因素主要是风暴潮、气候变化、海平面上升和地质构造下沉等；人为因素有海滩和滨海采砂、河流输沙量减少、不合理的海岸工程和天然防护屏障破坏等，其中人类活动是主要因素。所以，各级政府应该高度重视，研究滨海沙滩管理对策，制定保护和开发利用规划，挖掘滨海沙滩生态文明价值，为山东半岛蓝色经济区的生态文明建设和旅游经济发展注入新的活力。

滨海沙滩侵蚀破坏现象在沿海国家都有类似的表现，各个国家都相继开展了滨海沙滩生态环境的保护和修复工作，如美国早已制定了比较完备的法规和技术手册，日本不惜重金在别国海域挖砂用于修复或再造沙滩。我国沿海城市如秦皇岛、厦门、三亚等也在重点沙滩开展了保护和修复工作。山东半岛在日照、青岛、威海和烟台等地不同程度地开展了沙滩保护工作，但是缺乏长远而系统的措施。要保护和合理利用山东省珍贵的沙滩资源，就要加强对滨海沙滩的研究和管理，形成一套具有地方特色的沙滩养护理论与方法；要加强对现有沙滩的分级管理，建立滨海沙滩保护管理条例；要做到沙滩开发与环境保护相协调，经济发展与资源环境相协调，实现蓝色经济的可持续发展。

历时三年的滨海沙滩调查和研究使我们形成写作本书的想法，原因有二：一是资料问题，历史上关于山东半岛沙滩的调查研究资料零零星星，很不完整，本次研究也无法用来进行系统的历史演化对比；二是认识问题，现在沙滩的基本状况是有用就用，没用就另作他用，等到有一天沿海沙滩变成混凝土式的钢铁海岸的时候，后悔就来不及了。所以，鉴于以上原因，我们完成了本书。

本书是在大量的现场调查、室内分析和基础资料整理的基础上完成的，这些工作费时费力，马妍妍老师在前期做了很多工作，研究生是这次大量实际工作的主力，他们是：宫立新、李兵、包敏、王楠、孙静、张斌、高伟、杨继超、蒲进菁、姜山、李建超、栾天、王祥东、褚智慧、周军、刘臻、崔玉茜、陈文超、刘修锦、董威力、孙平阔、陈中亚、李亨健、高星华、丁小迪、刘雪等。在此，对他们的辛勤工作表示感谢。

著者

2014 年 10 月 18 日

目　录

1 概　论

1.1 国外研究现状

海岸是陆地向海倾斜延伸的海－陆交汇作用的地带。海岸的类型多种多样，没有统一的分类标准。较早的分类主要依据当地海面变化历史，将海岸分成上升海岸、下降海岸和中性海岸（Johnson，1919）；根据板块构造理论，海岸可以分成板块前缘碰撞海岸、板块后缘拖曳海岸和陆缘海海岸；按构成海岸的物质分类，可以分为基岩海岸、砂（砾）质海岸、粉砂淤泥质海岸；按输沙量分类，可以分为稳定海岸、蚀退海岸、淤进海岸；按动力环境分类，可以分为潮控型海岸、波控型海岸和混合型海岸（Hayes，1979）；根据近代作用于海岸的地质过程，海岸可以分成原生海岸和次生海岸。原生海岸没有被海洋作用改造，其特点为：海面上升淹没了陆地地形，而这些地形是陆地营力（侵蚀作用和堆积作用）、火山作用或地壳运动所造成的；次生海岸则是指受现代海洋作用（侵蚀或沉积）或海洋生物有机体的成长影响的海岸（Shepard，1973）。

滨海沙滩又称为海滩、沙滩或砂质海岸，是一种松散砂粒为主的堆积体，是海岸重要的组成部分。本书所指沙滩即为滨海沙滩。依据沙滩形成动力、组成物质以及沙滩环境等条件的差异，可以划分为不同的沙滩类型。Sunamura 和 Horikawa（1974）认为，沙滩剖面受到初始沙滩坡度的影响，并将沙滩剖面分为侵蚀型、过渡型和堆积型三种类型；Wright 和 Short（1984）研究澳大利亚沙滩时，提出用无量纲的参数 ε 来划分沙滩，考虑沙滩水动力条件和地貌发育特征，将沙滩分为反射型沙滩（$\varepsilon \leq 2.5$）、消散型沙滩（$\varepsilon > 20$）和过渡型沙滩等 6 种沙滩。

1.1.1 滨海沙滩的研究现状

砂质海岸具有重要的生态和旅游价值，很早就受到国内外学术界和政府重视。

沙滩剖面调查是研究滨海沙滩冲淤演化的重要手段，通过沙滩剖面上物质组成、坡度及地貌形态结构的时空变化，能够在一定程度上反映沙滩对各种复杂因素的响应机制。

代表性沙滩剖面形态有两种，分别是沙坝型和滩肩型或阶梯型，如图 1－1 所示。阶梯型沙滩不存在沿岸沙坝，Johnson 给这种沙滩取名为正常沙滩或夏季沙滩；沙坝型沙滩有沿岸沙坝，Johnson 给这种沙滩取名为风暴沙滩或冬季沙滩。冬季沙滩以较缓的前滨坡度和近海沿岸沙坝为特征；夏季沙滩是淤积的，且有较陡的前滨坡度和近海阶梯代替沙坝（Johnson，1952）。

国外对沙滩剖面的研究起步较早，Cornaglia（1898）运用中立点假说（中立点的向海侧、向陆侧物质的运动分别是离岸和向岸的）解释了沙滩平衡剖面的塑造过程。Fenneman

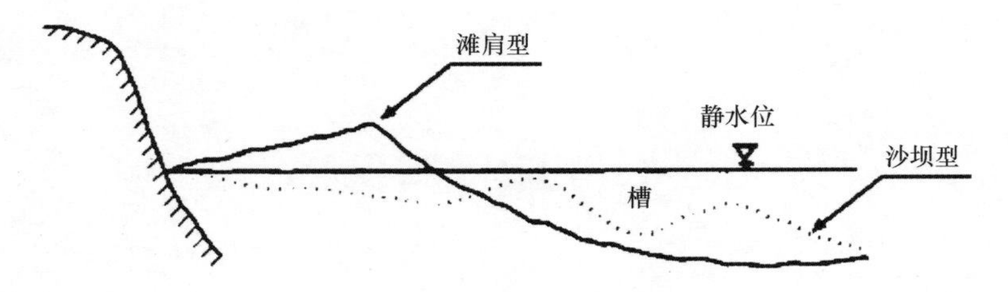

图 1－1　滩肩型和沙坝型沙滩剖面示意图

（1902）首先提出沙滩平衡剖面这一概念，他认为，如果自然界存在一个使波浪等水动力充分作用的条件时，最终可以形成一个均衡的沙滩剖面。值得注意的是，沙滩平衡剖面是海洋动力和沙滩泥沙充分作用下的一个具有统计意义上的相对均衡的沙滩形态。绝对意义上的、理想的均衡沙滩剖面在自然界是难以找到的，而统计意义上的沙滩均衡特征可以满足海岸变化和沙滩过程研究需要（印萍，2001）。Schwartz（1982）认为特定的波浪和泥沙条件可以形成一个长期保持稳定的沙滩剖面形态。Dean 等（1983）则认为沙滩均衡剖面仅是在特殊的泥沙条件和稳定的波浪条件下才会形成的理想剖面，自然界长期不变的稳定平衡是很难找到的，因此这个剖面是统计意义上的波动平衡状态。Larson（1991）认为由一定组分的泥沙组成的沙滩，如果长期受到恒定的动力作用，则可以形成一个随时间发展没有净变化的沙滩剖面。

许多学者对平衡剖面展开了研究，提出各种模型进行描述，但基本可以归结为三大类，即经验的、几何的和动力的。经验模型主要基于野外测量和大尺度的物理模型实验；几何模型是纯经验性的或带有某些物理假设；动力模型则将波浪和沉积物输运结合起来研究沙滩剖面（杨子赓，2004）。

早期研究主要是经验性的，建立起了很多经验关系式。如根据沙滩坡度 m 和粒径 D 建立的关系式（Horikawa，1988）：

$$m = 0.12\left[\frac{gT^2}{H_B} \cdot \frac{D}{H_B}\right]^{1/4} \tag{1-1}$$

式中，H_B 为破波高，如果粒径减小则坡度也减小。

几何模型和动力模型的代表是 Bruun－Dean 平衡剖面模式。假设确定的粒径下破波带内单位体积的能量耗散是常数，应用线性波理论和破波判据，得出以下公式：

$$h = \alpha x^{2/3} \tag{1-2}$$

式中，α 为系数，且为粒径的函数；h 为当地水深；x 为离岸距离。

Dean（1977）对美国东海岸和墨西哥湾海滨线采集的近 500 条沙滩剖面数据拟合结果均服从这一关系。Bodge（1992）提出了一指数形式的表达式：

$$h(x) = h_0(1 - e^{-kx}) \tag{1-3}$$

式中，h_0 为离岸距离很大时的渐近水深；x 为离岸距离；k 为衰减常数。这一模型更能符合测量数据。Komar 和 McDougal（1994）提出了与 Bodge（1992）非常相似的剖面表达式，只是 h_0 用 m_0/k 来代替，其中 m_0 表示滩面坡度。

数值模拟的方法是从 20 世纪 50 年代逐步发展起来的。根据建模的目的和方法，数值模拟又可分为两大类，即岸线的二维模型和海底冲淤三维模型。岸线二维模型是通过输沙率的估算来预测岸线的变化，需要建立波浪场模型以求得破波高和破波角的沿岸变化。海底冲淤三维模型是通过计算输沙率的空间分布来预测海底冲淤，需要计算近岸波浪场和流场。这两类模型各有所长，岸线二维模型发展较为成熟，用于解决实际问题，该模型对实际现象进行了简化，计算所需时间较短，效果较好，但不能用于海底冲淤的预测；海底冲淤三维模型对实际现象简化较少，应用范围较广，但需要更多的实测验证和运算时间，能否进行长期预测仍值得探讨（杨子赓，2004）。

1.1.2 砂质海岸的研究热点

1.1.2.1 海岸侵蚀研究

海岸侵蚀是一种全球性的自然灾害，早已引起人们关注和重视。国外对海岸侵蚀的调查研究和立法工作起步较早，1906 年英国成立了负责治理海岸侵蚀的皇家委员会，1949 年制定了英国《海岸保护法》。美国在 20 世纪 60 年代，海岸侵蚀就已相当严重，故早已编制了海岸侵蚀图集，建立了岸线变化的数据库和海岸侵蚀的信息系统。日本的侵蚀型海岸也比堆积型海岸多，很多岸段侵蚀速率超过 3 m/a。苏联也早在 1962 年制定了《里海沙滩保护法》。鉴于海岸侵蚀的普遍性和严重性，1972 年国际地理学会成立了“海岸侵蚀动态工作组”，发动世界各地有关科学家搜集相关资料，自此海岸侵蚀研究纳入了国际合作的范畴。1974 年由澳大利亚 Bird 教授综合同行资料，撰写了“百年来的岸线变化”的情况报告，对世界各地岸线变化及其原因进行了评述，以后这项工作纳入了国家海洋研究科学委员会的计划，并建立了海平面变化和世界海岸线侵蚀工作组。海岸侵蚀已成为全球沿海国家和地区以及岛国共同关注的问题，滨海沙滩作为海岸带地区一种松散的堆积体，其日益加剧的侵蚀现状更加引起各国的重视（沈焕庭和胡刚，2006）。

目前沙滩侵蚀研究主要集中在以下两个方面。

（1）沙滩侵蚀机理研究

引起沙滩侵蚀的原因是多方面的，主要分为自然因素和人为因素。

风暴潮对沙滩产生强烈侵蚀，被认为是侵蚀沙滩的主要因素之一。Robert 等（1995）观测到 Texas 海岸在飓风过后，泥沙扩散和海岸线的变动在空间上超过几十千米，在时间上具有超过几十年的影响，进而认为风暴潮是引起海岸短时间变化的最重要因素。Cox 和 Pirrello（2001）进一步指出波高可以衡量风暴潮对沙滩侵蚀强度，其他因素如持续时间、方向等也对侵蚀程度有影响。Vousdoukas 等（2012）则指出经过风暴潮的沙滩剖面达到平衡状态之后，除非下一次风暴潮强度或水位超过之前情况，否则沙滩不会发生侵蚀。Harshinie 等（2014）通过对澳大利亚 Narrabeen 地区 20 多年风暴潮及沙滩剖面资料进行研究，认为风暴潮强烈加剧沙滩侵蚀，并且发现其中单个的风暴潮强度不是重要原因，连续风暴潮的时间间隔及沙滩的恢复能力才是决定沙滩是否遭受侵蚀的关键。

随着全球变暖，海平面不断升高，其对沙滩侵蚀的影响也日益得到关注。Zhang 等（2004）在研究美国东部海岸时发现海岸侵蚀速率大约比海平面上升速率快 2 个数量级，指出海平面上升是全球各地海岸带侵蚀的一个重要因素，伴随着气候变化而不断加速的海平面上升很可能在未来进一步加剧海岸侵蚀。Bradley 等（2013）在研究夏威夷 Oahu 和

Maui 岛沙滩情况时发现这两个岛沉积物输运（包括人类活动的影响）、水动力作用和其他因素基本一致，但最近 100 年海平面上升速率差距明显，Maui 岛是（2.32 ±0.53）mm/a，Oahu 岛是（1.50 ±0.25）mm/a，调查发现 Maui 岛沙滩侵蚀情况远比 Oahu 岛严重，Maui 岛 78% 的沙滩遭受侵蚀，平均海岸线后退速率为（0.13 ±0.05）m/a，Oahu 岛有 52% 的沙滩受侵蚀，平均海岸线后退速率为（0.03 ±0.03）m/a。因此认为夏威夷海平面上升是导致该地区沙滩侵蚀的主要因素。但是岸线变化与海平面上升之间是否有直接的因果关系依然存在争议，比如 List 等（1997）在研究美国路易斯安那州 1880 年迄今的海平面加速上升环境下沙滩剖面的变化时，发现相对海平面的上升并非岸线变化的主要原因。Brunel 和 Sabatier（2009）在考察法国地中海沿岸后认为，海平面上升是导致海岸岸线侵蚀的一个因素，但绝非主要因素。

人为因素对沙滩侵蚀也有重要影响，主要包括阻断沙源供应、不合理海岸构筑物、在滩面及近滨采砂的影响等。

（2）侵蚀模型研究

为了更加有效地防治沙滩侵蚀灾害，需要数学模型对沙滩侵蚀进行预测。Callaghan 等（2008）提出的风暴潮影响下的模型很有代表性，它包括了影响沙滩的各种参数，并加入一个结构函数计算出侵蚀量。具体技术方案如图 1 –2 所示。

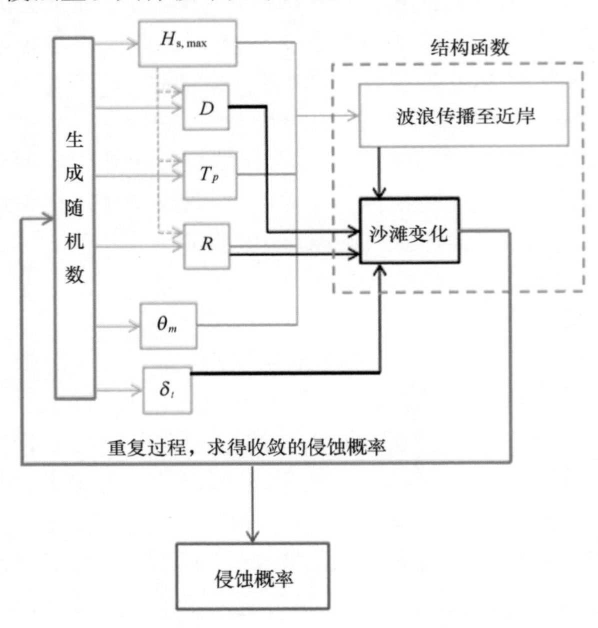

图 1 –2　模型流程示意图

图中，$H_{s,max}$为最大波高；D 为风暴持续时间；T_P 为典型峰波周期；R 为最大风暴潮；θ_m 为典型的平均波方向；δ_t 为风暴持续时间。

Larson 等（1988）提出 S_{BEACH}模型，用于模拟海岸风暴潮期间的侵蚀情况。该模型使用了一个沙滩平衡模式的观点：当波浪的耗散速率与沙滩平衡速率不一致时，沉积物发生运移。Roelvink 等（2009）提出 X_{BEACH}模型，其特点是可以模拟非黏性沉积物运移及沙滩侵蚀。Jochen 等（2013）建立了海平面上升环境下的沙滩侵蚀模型，结果表明 21 世纪全球沙滩流失面积约为 6 000～17 000 km^2，160 万～530 万人口被迫迁徙，造成的经济损失高达 650 亿～2 200 亿美元。Pham Thanh Nam 等（2011）介绍了一种无潮汐环境，波浪作用影响下沙滩的侵蚀模型，经过 6 组实验，模型结果与实测数据符合得很好，可用于海岸带工程研究。Chu 等（2014）注意到沙滩养护重建现象，认为现今只考虑海平面和风暴潮对沙滩演化的影响的模型是不够全面的，进而把 SLAMM（Sea Level Affecting Marshes Model）模型进行修正，使其包含海平面、风暴潮和养护作用，并在佛罗里达州 Santa Rosa 岛沙滩进行了验证。Philippe Larroudé 着眼于全球气候变化的趋势，建立了模型模拟海岸沙滩的演化，并从中提取出三个能预测海岸侵蚀程度的标志：波浪能量、最大启动颗粒大小和沙滩剖面动态变化（Larroudé et al.，2014）。

1.1.2.2 沙滩养护实践

随着沙滩侵蚀的不断加剧，沙滩保护已成为世界各国面临的紧迫任务。近年来，许多国家都在探索和研究，逐渐得出共同结论：沙滩补沙是当前抵御沙滩侵蚀灾害的最佳对策（胡广元等，2008）。

美国是全球大规模实施沙滩养护工程的国家，美国东海岸经常遭受飓风袭击，引起风暴潮与异常巨浪对泥沙的向海搬运而遭侵蚀，加上开挖航道，河流下泄的泥沙减少以及地面沉降等因素，海岸侵蚀严重。在美国的东海岸，从纽约的长岛到佛罗里达州的渔民岛漫长的海岸线上，最早的沙滩养护可以追溯到 1923 年。截至 1996 年，美国东海岸有 154 处海岸进行过人工沙滩养护，至少有 573 项沙滩养护工程在上述 154 处海岸实施（Valverde et al.，2002；张振克，2002）。目前，基本有效地抵御了砂质海岸的侵蚀。

欧洲养滩工作始于荷兰，在 20 世纪 50 年代就已开始，其目的是为防止沙滩消失，保护旅游资源，并于 1987 年专门制定了沙滩管理手册。与此同时，德国、法国、西班牙和爱尔兰也有大规模的养滩工程，目前德国和丹麦已将人工养滩作为长期策略来防治海岸侵蚀，两国更是将其纳入了法律体系对岸线的长期变化进行系统的定期监测（董丽红等，2012）。

日本是一个岛国，为了保护海岸一直重视建筑固定海岸防护设施（如抛石、防波堤、离岸堤等），不仅丧失了自然海岸丰富多样的景观，使其人工化、单一化，且加重了风暴潮期间海岸遭受直接冲击的威胁。因此，近年来，逐渐重视以养滩作为海岸防护的主要措施（姚国权，1999）。年平均沙滩喂养工程数大约为 5 个，同时加强对养滩工程的二维、三维物理模型试验研究（季小梅等，2006）。

1.1.3 砂质海岸监测新技术

（1）联网摄像及成像系统

海岸地区时时处于变化中，尤其在风暴影响下，沙滩剖面可发生剧烈变动。随着网络技术和成像技术的发展，对海岸实时监控成为可能。Uunk 等（2010）开发了一套适用于低坡度海岸的自动成像系统，可以实时监测岸线变化，并进行对比分析，在荷兰海岸进行了测试，有利于加强海岸管理和研究海岸变化情况。Lisa 等（2014）认为，由于风暴潮等的影响，沙滩短期形态有巨大的改变，通过安装摄像头可以得到每天的沙滩变化信息，对沙滩管理十分有利。

（2）遥感成像和航拍成像技术

Yang 等（2010）利用时间序列航片和遥感图像研究了韩国 Haeundae 沙滩附近海岸演化现象，发现近 60 年海岸线不断后退，2005 年沙滩面积比 1947 年减少了 35%。人工构筑物引起的输沙量减少可能是沙滩侵蚀的主要原因。Pascal Dumas 等（2010）利用遥感成像，结合地质地形资料，研究了太平洋 New Caledonia 岛西岸侵蚀区域的空间分布特征。

（3）地理信息系统

尼罗河的海岸线有很大一部分正在侵蚀后退，建议采用地理信息系统和遥感数据相结合的方式来进行海岸管理工作（Omran et al.，1996）。Brown 等（2006）认为结合地理信息系统和数值模拟模型可以对岸线变化情况实现可视化成像，有助于海岸带管理。

1.2 国内研究现状

我国海岸研究起步较晚。自 1958 年起，在山东、辽宁等地开展过局部的海岸带调查，规模较小，旨在收集海岸带各种资源的种类、质量和分布，并对其自然环境要素和社会经济效益作出综合评估，以方便海岸资源的管理、开发。而我国首次大规模综合性调查从 1980 年开始，于 1985 年底基本结束。这次全国海岸带海涂资源调查对我国海岸带地质地貌、水文气象、沉积物、矿物、环境等状况做了全面研究。其后借鉴国外的研究方法和手段，针对我国砂质海岸的成因演化、冲淤演变、保护管理等方面开展研究，吸收国外的经验并用于国内沙滩保护。从单一的研究某个砂质海岸特征，进而研究区域性砂质海岸的特征；从砂质海岸的特征定性研究，深入到其演化机理；其次借助计算机技术的发展，数学模型已广泛应用于该领域，且计算量变得更大，结果也更加精确。随着改革开放的发展，我国的海岸带开发加速，砂质海岸侵蚀问题日益严重。海岸侵蚀成为与风暴潮和巨浪灾害并列的我国三大海洋灾害之一。砂质海岸的研究日趋受到研究者们的重视。

中国砂质海岸分布广泛，几乎沿海省市都有分布。大体上看，主要集中于辽东半岛、山东半岛、华南海岸 3 个区域（李震，2006）。典型的砂质海岸分布于河口两侧，其发育受风向和地形的主导。

砂质海岸的研究可分为砂质海岸的分类研究、砂质海岸的冲淤演化研究、砂质海岸的岬湾性质研究、砂质海岸冲淤影响机制研究以及砂质海岸的保护研究。

1.2.1 海岸分类

海岸的演变受多种因素影响，不同海岸动力因素不同，演变史也不相同。这也是为什么海岸分类研究已有上百年历史至今尚无公认的统一的分类方案。

对砂质海岸种类进行划分，大致可以依据以下几个方面：沙滩成因、地质地貌背景、海洋动力特征与沙滩的响应、沙滩形态（横向和纵向）、沉积物性质等。众多的研究者基本上也是利用这几个因素划分相应的海岸类型。

曾昭璇（1977）首次对我国海岸进行系统的研究，将海岸分为山地港湾岸、台地岸、平原岸；砂质海岸则依据以上 3 种分类分别称为岬角沙堤岸、台地岬角岸和平原沙堤岸。

采用地貌类型作为海岸分类的依据引起的差异性小，且可做定量分析。沈锡昌（1992）提出依据动力划分海岸类型能够反映演变的实质。将海岸分类化为四个层次，第一层次动力成因，第二层次气候成因，第三层次岩性成因，第四层次形态成因。李光天（1990）从海岸外动力成因入手，将海岸分为波浪因海岸、河流因海岸、生物作用类海岸。陈子燊（1993）在研究海南岛新海湾沙滩时根据岸滩动力地貌组合特征将其分成4种：隐蔽段消散类型、脊－沟体系与低潮台地类型、韵律沙滩与沙坝类型、开敞段消散类型。蔡锋等（2005）在研究华南砂质海岸动力地貌过程中依据构造、地貌、环境动力成因划分为岬湾岸、沙坝－潟湖岸和夷直岸三种基本类型。李兵（2008）通过对整个福建省砂质海岸的现场调查和侵蚀特征的研究，利用岸滩后滨地貌组合对侵蚀不同响应的特点将该区砂质海岸划分为软质海崖海岸、沙丘岸和人工海岸。

1.2.2 海岸冲淤演化

国内对海岸侵蚀的研究起于20世纪80年代，王文海、陈子燊等较早提出中国海岸的侵蚀问题。国内对海岸侵蚀的研究较多，内容丰富。国内研究多集中在海岸侵蚀原因和岸滩响应为主，采用地理学定性、半定量的研究方法。而地形动力过程也已成为新的研究热点。

王文海等（1991）通过分析我国海岸侵蚀的特点，阐述了建立海岸侵蚀信息系统的必要性和基本方法，并给出了相应的结论。王文海等（1999）谈论了海岸侵蚀的评估方法，以及评价指标的选取和灾害级别的划分，提出了利用综合指数进行灾害评估的建议。陈子燊（2008）将海岸冲淤时空尺度归纳为3种过程：小尺度海岸侵蚀－岸滩对风暴浪的响应；中尺度海岸侵蚀－沙滩剖面年周变化；大尺度海岸侵蚀－近岸水动力长期作用下海岸线形态的大尺度响应。刘锡清（2005）综述了全国海岸侵蚀地质灾害特征，近30年来，山东北部砂质海岸，除刁龙嘴还在淤积外，其余均处于侵蚀状态，海岸蚀退速度令人咋舌。庄克琳等（1998）引入海岸侵蚀的解析模式，通过解析模式分析认为，人工采砂会加剧海岸的侵蚀，这与实测和数值模拟的结论一致，并给出了侵蚀的大致趋势。李丛先（2000）讨论了布容法则在中国海岸上的应用问题。

陈子燊（1998）根据粤东岬间沙滩泥沙的粒度分析结果，采用沉积物输运概率公式以及求取的沿岸波能流分布，讨论了岬间泥沙运动季节性变化。李团结（2011）利用遥感影像、现场勘查和数据监测方法研究雷州海岸侵蚀现状，认为气候条件、水文条件和海平面上升为根本因素，风暴潮和人为改造为决定性因素。

辽宁省、河北省砂质海岸沿辽东湾分布。杜军（2009）对辽宁半岛西侧，渤海湾北部的砂质海岸陆域、海域地质灾害特征进行了描述。王玉广等（2004）从海岸带构造地貌特征、外动力作用过程和海岸物质组成角度分析侵蚀特征，并提出了砂质海岸的防护对策。

对山东半岛北部砂质海岸的研究比较多。庄振业和李从先（1989）最先开始研究山东半岛砂质海岸的侵蚀问题，对山东半岛北岸沙坝－潟湖海岸进行了研究。王庆和夏东兴（1999）对山东半岛北岸岸线特征及成因进行了分析。常瑞芳等（1993）利用柯马尔输沙率公式计算了莱州刁龙嘴至龙口港一线输沙率，同时结合不同时期的地形图对比探究该区域的冲淤演变，并在国内首先提出了实施岬控工程来预防侵蚀，通过数值计算了极限侵蚀后的新岸线位置。王文海和吴桑云（1993）对我国海岸线的侵蚀状况进行综合性描述，特别以山东为例，系统地论述了山东海岸侵蚀灾害，并分析了引起海岸侵蚀的诸多原因，将其分为自然因素和人为因素，而人为因素的影响更大。刘春暖等（2007）根据沙滩粒度分析，进行套子湾泥沙运动的研究，观测到“秦始皇东巡宫”由于突堤影响而造成的东侧淤积、西侧侵蚀的变化，为烟台沙滩保护提供了科学依据。徐德成等（1998）对山东半岛砂质海岸气候植被等特点进行了描述与分析，徐宗军等（2010）对山东半岛和黄河三角洲的海岸侵蚀进行了总体分析并提出防治对策。

1.2.3 砂质海岸的平衡岬湾特性

尽管我国对海岸的定量分析以及数值模型的应用起步较晚，但学者们对各种海岸理论在我国的应用和发展做了大量研究。夏益民（1988）通过实验提出了静态平衡岬湾的双曲线模型，并进一步论述了其在近海工程中的实际应用。徐啸（1996）、蔡锋（2001）分别提出了利用现场实测波浪资料计算沿岸输沙率的徐啸公式和利用风要素计算沿岸输沙率的方法。平衡岬湾理论为沙滩稳定性判断、侵蚀预测和海岸保护提供了很好的思路。李志龙和陈子燊（2006）对岬间海湾平衡形态进行了研究，分析了5个重要平衡态模型。杨燕雄等（2007）将静态岬湾理论应用到黄、渤海海岸，对辽东湾、渤海湾沙滩的稳定性进行验证，为人工造滩提供理论依据。以下简单介绍几个重要模型。

（1）对数螺线模型（图1-3）

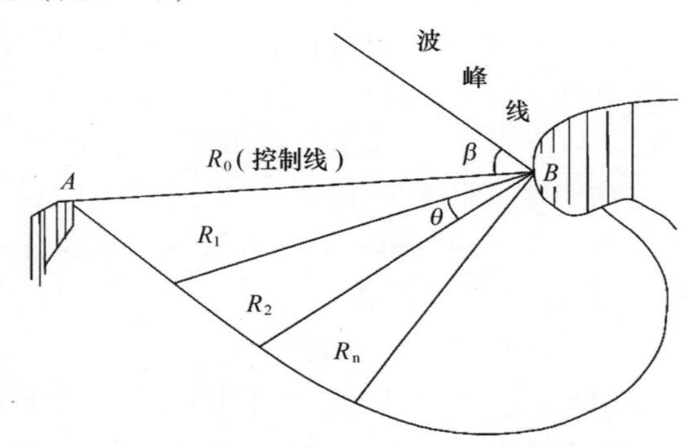

图1-3　对数螺线模型示意图（李志龙和陈子燊，2006）

其模型公式为：

$$\frac{R_2}{R_1} = e^{(\theta\cot\beta)} \tag{1-4}$$

式中，R 为模型曲线上任意一条极半径；θ 为任意两条极半径之间的夹角；β 为任意极半径与该极半径在模型曲线上的切线之间的夹角。

（2）双曲线模型（图1-4）

其模型公式为：

$$R^m\theta = K \text{ 或 } \left(\frac{R}{R_0}\right)^m \cdot \left(\frac{\theta}{\beta}\right) = K \tag{1-5}$$

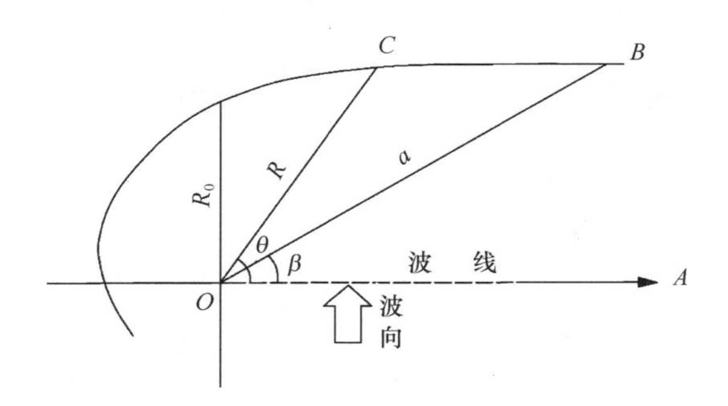

图1－4 双曲线模型

其中，$m=\sqrt{2}$（对于非极限平衡的可冲刷岸线，$m<\sqrt{2}$）；R 是任意极半径；θ 为相应的极角；R_0 是两岬角 A、B 之间的距离，β 是控制线（两岬角间的连线）与入射波峰线间的夹角。K 是常数，即由曲线上任意点的极角 θ 与对应极半径 R 计算得到的 $R^m\cdot\theta$ 都相等，在笛卡儿坐标系中，R、θ 表现为双曲线关系。通常可以用极角 $\theta=\pi/2$ 时，即沿着入射波向线的极半径 R 来计算 K 值比较方便：$K=\frac{\pi}{2}R_{\pi/2}^{\sqrt{2}}$。

（3）抛物线模型（图1－5）

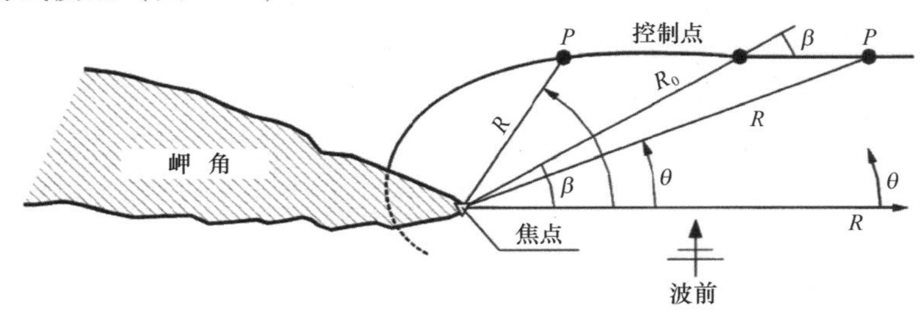

图1－5 抛物线模型示意图（Encyclopedia of Coastal Science，2005）

其模型公式为：

$$\frac{R}{R_0}=C_1+C_2\left(\frac{\beta}{\theta}\right)+C_3\left(\frac{\beta}{\theta}\right)^2 \tag{1-6}$$

式中，R 为任意一条极半径；θ 为相应极角；R_0 为上下岬角间控制线长度；β 为控制线与入射优势波波峰线间的夹角；C_1、C_2 和 C_3 为通过对27个海湾回归分析所得的参数。

（4）双曲正切模型（图1－6）

其模型公式为：

$$y=a\tanh^m(bx) \tag{1-7}$$

其中，x 为沿沙滩延伸方向的距离，与入射波峰线平行；y 为垂直海岸延伸方向的距离；a、b 和 m 为经验参数，确定了曲线的几何形态。a 控制着曲线渐近线与 x 轴的距离，b 为控制渐近程度的比例因子，m 控制着接近岬角处曲线的曲率。

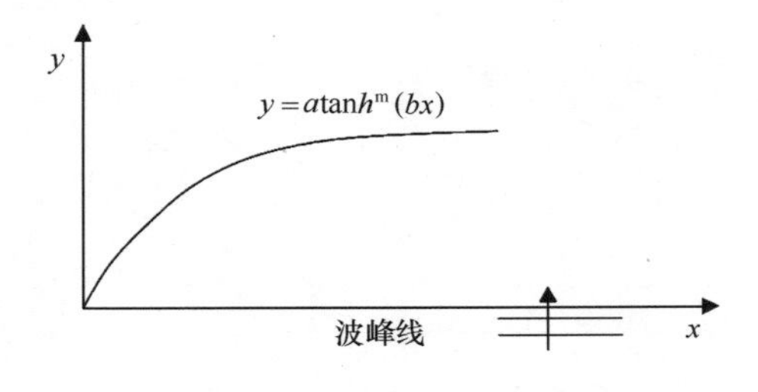

图 1－6　双曲正切模型示意图

1.2.4　砂质沙滩的保护工程

海岸保护可分为硬工程护岸和软工程护岸。为了降低波能，多采用护岸的硬工程，我国当前常用的保护岸滩手段有顺岸坝、丁坝和离岸坝等。所谓“软工程”护岸，即向沙滩抛沙，并辅以丁坝或离岸坝等硬工程护沙，达到增宽和稳定沙滩的工程。沙滩养护的设计可分为平面设计和横断面设计（董丽红，2012）。平面设计多是根据静态岬湾平衡理论，借助人工突堤或离岸堤，构建静态平衡岬湾的布局，即借助人工岬角创造稳定海岸形态。横断面设计是补滩施工和计算抛沙量的关键，决定养滩工程的成功与否，可分为超砂法和平衡剖面法。超砂法通过确定一个超填砂系数来反映在不同填砂粒径下，稳定沙滩需超填的沙量。典型养护设计方案包括不同宽度滩肩和沙丘高程的组合，滩肩宽度和高程，沙丘高程、顶宽和边坡的确定。在养滩技术层面，庄振业等（2009）根据国外经验，指出 3 个较好的抛沙位置：①抛沙于后滨上，构筑滩顶沙丘链；②抛沙于高潮滩肩及其前坡上，构筑高而宽的滩肩和前坡；③抛沙于滨外浅水区，构筑岸外潜沙坝。抛沙的粒度成分与浪力相适应，强浪以粗砂砾石为主，弱浪则以中、细砂为主。

我国海岸保护工程尚属起步阶段，与西方国家相比有很大的差距。我国香港浅水湾最早实施沙滩养护。香港为了发展旅游业，增加沙滩的宽度，自 1990 年开始，向海填砂 20×10^4 m^3。而在 1990 年之前，我国养滩属于旅游沙滩季节性补沙（蔡锋，2010），但由于缺乏海岸水动力因素与岸滩环境地貌地形因素的综合考虑，连年补沙，连年侵蚀。自 1994 年，大连开展星海湾沙滩整治工程以来，才开始有了正规的养滩工程。为了维持补沙效果，还建设了丁坝等辅助设施。但由于研究不成熟，部分沙滩还是发生了蚀退。2001 年，秦皇岛市北戴河东沙滩用丁坝护沙，抛沙 4 000 m^3，营造了人工沙滩，工程后每年再补沙 400 m^3，效果较好。大规模养滩工程始于 2007 年，2007 年实施厦门五通香山一期养滩工程，在 1.5 km 的沙滩上抛沙 74×10^4 m^3，干滩增宽 100 m，1 年后未见严重蚀退；2007 年实施海南三亚白排人工沙滩抛沙养滩；2008 年实施北戴河西岸大型养滩工程。我国养滩工程虽然起步较晚，但发展迅速。

山东省早在 20 世纪 70 年代就已开始初级的抛沙养滩工作，但由于早期缺乏养滩理论指导，养滩的效果并不理想。无论是辅助的硬工程还是抛沙的性质和用量都没有很好地规划设计，连年抛沙连年流失。

山东省正规的养滩工程始于 2003 年，青岛市实施了位于汇泉湾的第一海水浴场改造工程，由于地形因素，波浪力较弱，故只进行了抛沙养滩，未辅以硬工程，所修复沙滩至今未见显著的侵蚀现象。2006 年，龙口市建造了山东省第一条人造滨海沙滩——月亮湾。经过多年改进，已达到了岬间平衡。2011 年威海市启动了九龙湾沙滩修复工程，这是山东第一例修复一个基本消失的滨海沙滩。

与发达国家成熟的养滩工程相比，我国养滩存在着规模小、养滩类型丰富、软硬工程兼具的特点。随着我国砂质海岸研究的发展，养护措施会更加有效。

1.3 调查研究方法

滨海沙滩的调查内容主要包含三个方面：动力参数、泥沙参数和地貌参数。动力参数主要是波浪要素以及推算波浪要素的风要素，对于海湾沙滩，潮流也会产生一定的沉积物运移作用；泥沙参数包含粒径、密度、分选度等相关的泥沙物理属性；地貌参数包括区域地形、滩肩高程、滩面坡度、岸线形态等相关的沙滩特性。动力、泥沙、地貌共同反映沙滩特征，它们之间通过一定的数学关系相互联系，为了解沙滩变化规律和沙滩设计提供了方便且有力的关键因子。

1.3.1 水动力参数调查测量方法

随着传感器和测量方法理论的进步，基于不同测量原理的波浪、潮汐及水位测量仪不断增多。按仪器布设的空间位置不同，对波浪、潮汐和水位测量技术展开分析。

（1）水下测量技术方法

水下测量方法减少了仪器随水面波流引发的不稳定性，可降低设备易丢失、意外碰撞的危险性，提高观测的安全性。尤其在潮汐/水位测量时，具有无需建站、方便投放、观测费用低等优点。根据测量原理不同可分为压力、声学以及光学测量等。

压力测量是利用高分辨率压力传感器测得波面升降或潮位、水位变化引起的压力波动，根据压力变化可求得表面波谱（由海浪统计要素与其关系得到特征波高、波周期）、潮位或水位变化。

声学测量是依据多普勒（Doppler）和超声波回波测距原理，结合矢量合成方法和海面高度变化时间序列数据分析技术实现测量。倒置海底的回声测深仪利用声学换能器垂直地向海面发射声脉冲，通过回波信号测出换能器至海面垂直距离的变化，再换算成波高、水位。

水下光学测量是依据水下发射光场和海面波高的相关性测量波浪的一些物理参数。如水下小角度现场光学放射测量仪可自动遥测波浪特性，该类测波仪在国内很少使用。

（2）水面测量技术方法

水面测量主要有测波杆、浮标和船载波浪测量系统 3 种技术。测波杆用于近岸、潮汐/水位测量，后两种主要用于近、远海测量。

测波杆是一种较为古老的测量方法，根据原理不同可分为电阻式、电容式、传输线式和阶式 4 种。现今常用于水库、湖泊等水域测量，有时也用于近海岸测量。

浮标测波是借助随波浪升降的浮标，利用内置的垂直加速度传感器测到波浪升降的加速度变化信号，经该信号的两次积分给出浮标升降位移，进而利用浮标在不同周期波浪作用下的响应函数，得出波浪频谱和相应的时间序列，进一步数据分析处理可获得波高、波周期等波浪要素。

船载波浪测量系统（SBWR）主要是指以舰船作为载体的波浪测量系统，而舰船随波浪的运动，对测波有较大的影响，故将舰船也视为测波系统的一部分，可划分到水面测波技术中。现有船载波浪测量系统基于的原理较多，如，将垂直加速度计和压力计对称安装在船的两侧进行测波，要求压力计必须能浸在水里足够深的地方（一般要求至少 1 m），以便于消除一些短波的压力干扰；将气介式声学、激光或微波等波浪仪安装在船头，测量波浪和船舶运动的相对距离，并在同一地点安装加速度计，用以消除船舶颠簸、摇晃的影响，就可得到波浪参数。

（3）水上测量技术

水上测量技术主要指借助于陆上高大平台、飞机等进行的波浪测量。在过去 10 多年中，该测量技术的最大进步表现在微波遥感方面。根据其测量原理不同可分为以下 4 种。

①气介式声学测量，是在水面以上向水面发射超声波，经水面反射后返回，接收经过时间，若声速已知，即可得到距离。

②航空摄影技术，是在飞机、舰船或岸边建筑物上对海浪进行拍照，对这些记录进行傅立叶变换、图像滤波、颜色编码等复杂的处理，可得到波面高度的分布。国内提出一种利用视频图像坐标变换和波浪爬高的图像，通过图像处理、直接线性变换法以及相关校正算法，找出波浪爬高的地球坐标系坐标和图像坐标系坐标之间的转换关系，从而求得近海岸海浪要素。但这一技术尚不成熟，尤其是在图像处理算法方面还须进行深入的研究。

③激光测量，类似于气介式声学测量，利用安装在平台、飞机上的激光发射装置，精确地测得从仪器到海表面垂直高度，从而获得波高、波周期等参数。

④雷达技术，是通过入射到海洋表面的雷达电磁波，与波浪中的短波部分产生 Bragg 共振，其后向散射回波被雷达接收，形成海杂波，在雷达图像上进行海浪方向谱反演，通常分为影像技术或非影像技术两种。任福安等（2006）首次利用自行研制的船载海浪雷达图像测量记录仪观测海面波浪，将海浪反射的雷达回波视频信号经数字化处理，以数字图像模式送入计算机进行海浪图像数值化处理，研究开发了雷达海浪图像观测和处理系统，得到雷达海浪数值图和二维波谱以及波向、波高、波周期和波速。

（4）空间测量技术

空间测量技术主要指用卫星微波遥感技术测量波浪，与传统测量完全不同。目前，存在 3 种卫星微波遥感仪器可观测海面风和波浪信息，其中卫星高度计可测量出海面有效波高，进行波浪周期反演；散射计可测量出海面风场，通过一定的反演算法也可得到波浪的信息；合成孔径雷达（SAR）可测量有效波高和海浪方向谱，确定海浪的传播方向（尧怡陇等，2013）。

1.3.2 泥沙参数调查测量方法

由于测量粒径的方法和各种粒径颗粒的含量有所不同，因而出现了各种各样的泥沙颗粒分析方法。目前国内外粒径测量的方法有很多，例如，以颗粒几何粒径为表达对象的尺量法、容积法、筛析法和镜鉴法；以颗粒运动特性为表达对象的移液管、比重计、粒径计、底漏管等；此外，还有将颗粒的大小尺寸变换为电流强弱的颗粒计数法。在测定样品中，表示某种颗粒含量常用的方法是承重法，还有利用光线或某种辐射射线通过不同浓度悬浊液后的能量衰减，间接测定样品中不同粒径的含量，如消光法颗粒分析仪和 X－射线粒径测量仪及激光粒径仪等。

（1）筛分法

筛分法是一种最传统的粒径测量方法，原理是使颗粒通过不同尺寸的筛孔来对颗粒的大小进行测定，所得结果直接反映了泥沙颗粒的几何尺寸，具有较为明确的直观感。筛分法分为手动筛分和机械振动筛分两种形式，通常手动筛分用于 2～32 mm 的砾、卵石；机械振动筛分用于 0.062～2.0 mm 的砂样品。

（2）粒径计法

粒径计法又称为沉降管法，是目前国内外用于粗砂分析的重要方法。它是利用泥沙颗粒在静水中所受到的重力和水体介质的浮力及各种外加阻力在瞬间达到平衡而发生均匀沉降，且不同粒径沉降速度不同的原理来进行颗粒分析的。粒径计法以其操作简单、准确性较高、重复性强等优点被广泛地用于实验室粒径测量当中。

（3）激光粒径法

激光粒径法是静态光散射法在粒径测量方面的典型应用，测试范围一般是小于 2 mm 粒径的沉积物，其工作原理如图 1－7 所示。

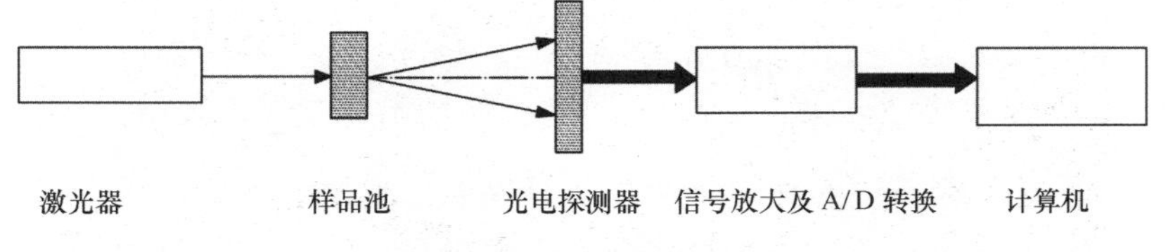

图 1－7 激光粒度仪测量原理

被测颗粒在样品池中呈悬浮状态，激光器发出的激光束通过样品池时会产生散射光，其分布状态与被测颗粒的直径 D、相对折射率 m 及散射角 q 有关。散射光被光电探测器接收后，经放大和 A/D 转换传入计算机，处理后将得到被测颗粒的粒径分布等参数。

（4）图像法

图像法是一种全新的分析方法。经放大后的颗粒图像通过 CCD 对图像进行边缘识别等处理，得出每个颗粒的粒径，再统计出所设定的粒径区间的颗粒数量分布（王亮，2013）。

1.3.3 沙滩地貌调查测量方法

沙滩测量一般可分为沙滩的三维测量和沙滩的平面形态两部分。沙滩的三维测量主要是指沙滩剖线的测量，由仪器测量若干条海岸剖线上各点的 X、Y、Z 值，经由剖线求得体积，得出历次沙滩的三维变化量，以说明沙滩地形的时空变动特性；测量工具主要有：光波全站仪、Lidar、自动水准仪、经纬仪、手持测距仪等仪器，测量方法多采用垂直滨线的多条平行剖面线，河口沙洲则可测量放射状剖线。沙滩的平面形态指的是沙滩形态与面积的变化测量，以测量沙滩各点 X、Y 坐标，绘制完成平面图加以比较变化情形；测量工具主要有远距监测摄影机、GPS 接收器等仪器，测量多采用固定基点或沙滩上部人工设施固定不变处作为测量起始点（汤凯龄和林雪美，2004）。

1.4 山东半岛滨海沙滩调查过程

1.4.1 调查方法

本书以“山东省砂质海岸生境养护和修复技术研究”项目为依托进行编写，在进行全面实地调查研究的基础上完成。项目开展过程中对山东半岛滨海沙滩的全面调查采取了以下技术路线。

（1）资料收集

完成基础历史文献资料收集，对收集的资料进行分析；了解山东海岸类型分布状况，对大型沙滩进行有针对性的资料搜集，搜集的资料包括专著、发表的论文及相关文献等。

（2）地形及遥感数据分析

通过地形图以及卫星遥感图片，获得山东滨海沙滩的基本状况，通过对遥感影像的解译，初步判定沙滩的分布范围，确定本次调查区域，最终确定的调查沙滩如图 1－8 所示。

图 1－8　遥感解译山东半岛滨海沙滩分布

（3）全区踏勘

遥感分析表明，山东省沙滩分布比较复杂，前期调查研究基础很薄弱，需要现场踏勘确认，通过快速的野外踏勘，初步掌握各处沙滩的实际现状，对沙滩登记并进行初步的分类和编号。在实际踏勘过程中，我们将山东半岛滨海沙滩分为三个区块，即威海区域、烟台区域、青岛日照区域来进行大面调查。在进行大面调查阶段，同步进行配准点采集，为遥感影像的几何校准做好校准点准备。

（4）现场调查

在全区踏勘现场确认的基础上，选定有价值的、符合要求的沙滩开展现场调查。利用全站仪和 RTK 等对山东省沿岸滨海沙滩的地质地貌、沙滩长度、滩肩宽度、滩面坡度等进行测量。应用麻花钻或（荷兰）手动采样钻探测不同部位代表性的沙层厚度；并对沙层的垂向粒度变化进行分析。现场同时采集表层沉积物样品进行粒度分析。

图 1－9 是调查过程中的工作场景部分照片。

遥感影像配准点采集 一

遥感影像配准点采集 二

沙滩剖面测量 一

沙滩剖面测量 二

沙滩柱状样取样

沙滩探槽开挖

图 1－9　沙滩野外调查现场工作照片

（5）数据处理和分析

将收集的数据进行处理，并结合收集的资料进行一定的分析工作。包括野外原始数据的整理、沙滩断面图绘制、柱状图绘制、沙滩基本信息汇总等。

（6）评价

对沙滩质量进行评价，对具备开发价值的沙滩提出保护和养护的意见，对具有研究价值的沙滩，进行周期性重复监测和研究。

图 1 – 10 为通过遥感解译的山东半岛滨海沙滩分布状况。

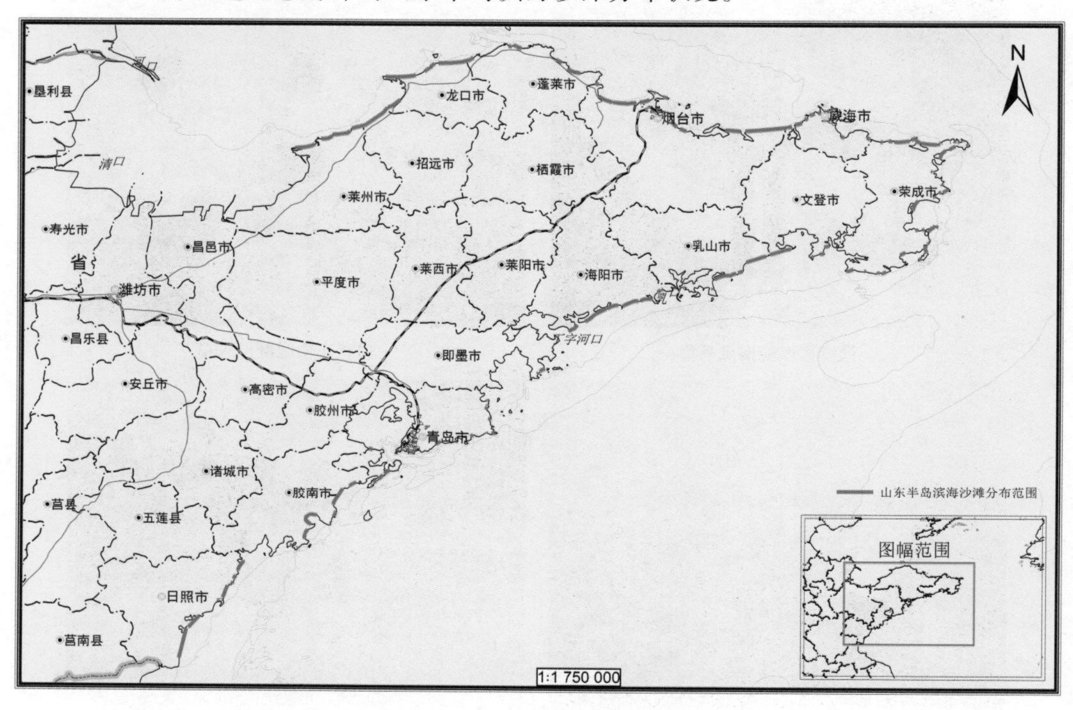

图 1 – 10　山东半岛滨海沙滩分布

1.4.2　调查内容

本次调查研究涉及的调查技术与方法包括：基准点、剖面布设、探槽布设、沉积物样品采集、沙滩宽度的测量、剖面高度基准点测量、室内样品分析等。

1.4.2.1　基准点、剖面布设

沙滩测量需要布设基准点，并且剖面布设需要遵循一定的原则。

（1）基准点布设

根据研究需要，事先在地形图划定范围内选取足够数目的基准点，以此作为沙滩剖面的测量基点，然后在现场进行踏勘。由于岸滩地区易受风浪、渔民作业的影响，故基准点必须选在距沙滩较远的固定位置，如建筑物基座、基岩露头处等，并做好固定标志。基准点附近增设备用点，以检核和保护基准点。再依据常规三、四等水准测量的流程，由已知

水准点引测基准点和备用点的高程。

（2）剖面观测点埋桩

沙滩砂质松软，易受波浪冲击，不宜直接用水准尺测量沙滩地形。一个大潮周期间隔时间较长，为对比一个大潮周期内沙滩剖面，需要剖面线平面位置相对固定。故必须对剖面观测点进行埋桩。剖面观测点从岸边基点开始，沿海岸线垂直方向向海洋延伸，直至低潮时海水淹没的地段，隔 30 m 左右埋设一桩，并进行编号。剖面线长度一般为 150 ~ 300 m。可用水准仪确保观测点桩位大致位于一条线上。木桩材质较轻，自身沉降影响较小，是桩料的首选。将木桩打入沙土中 1.5 m 以下，露出地面 5 ~ 20 cm，其顶部锯平钉一圆头钉，用以安置水准尺。

（3）剖面布设原则

长度小于 2 km 的沙滩，原则上布设 1 条剖面，剖面布设以取沙滩中部或最宽处为准。有特殊价值以及具有开发远景的沙滩，要适当增加控制剖面。

长度介于 2 ~ 5 km 之间的沙滩，原则上布设 3 条剖面。取中间最宽处为一条剖面，在其两侧各取一个控制剖面。控制剖面不应取在沙滩两端最窄处。

长度大于 5 km 的沙滩，原则上间隔 2 km 布设 1 条剖面。剖面应从沙滩一端适当位置开始，依次布设。沙滩性质相近的岸段，可适当增长间隔距离，减少剖面布设数量。

1.4.2.2 探槽布设

长度小于 5 km 的沙滩，每条剖面布设 3 个探槽。

长度大于 5 km 的沙滩，4 km 间隔选取剖面，每条剖面布设 3 个探槽。

1.4.2.3 沉积物样品采集

沉积物样品分为表层样品和柱状样品两类。其中表层样品的采集范围为低潮线以上，采样间隔为 50 m，每条剖面不低于 5 个，最多不超过 10 个，取样厚度为 3 cm，取样质量为 1 kg。柱状样品的采集密度为每条剖面 1 ~ 3 个，用麻花钻进行钻探与取样，钻探深度不小于 2 m，样品的垂向取样密度根据沙层的粒度、颜色、层理的走向等确定。

1.4.2.4 沙滩宽度的测量

沙滩测定范围，上限为海岸线向陆 200 m，或止于永久构筑物；沙滩宽度定义的下限为平均低潮线，可以延伸到海图的 0 m 等深线，沙滩宽度需野外测量的数据与遥感影像及海图相结合来确定。

1.4.2.5 剖面高度基准点测量

在岸滩剖面的测量过程中，本次采用的仪器是全站仪和 RTK 进行。全站仪选用的是瑞士公司生产的 Leica TC805 全站仪，其角度测量精度为 ±5″，距离测量精度为 ±2 mm + 2×10^{-6} mm，测程为 3 000 m；RTK 选用的是中纬公司生产的 Zenith 20 系列 GPS RTK。该 RTK 采用了 Novatel 公司最新为海克斯康集团定制的测量技术引擎，拥有全新的硬件设计以及增强的卫星跟踪处理能力，完全一体化设计，内置收发电台以及 GPRS 通信模块，同时拥有更新接收未来信号的能力，其同时支持多星系统。

由于山东半岛滨海沙滩分布于整个岸线，跨越区域大，且很多沙滩位于郊区，附近无固定埋石或者有测量标志的已知高程水准点，所以剖面测量只能选用独立高程系统进行测量。为解决高程统一的问题，在后期的数据分析中，我们引入了 SDCORS 系统（图 1－11），辅以似大地水准面精化成果来弥补这一问题。

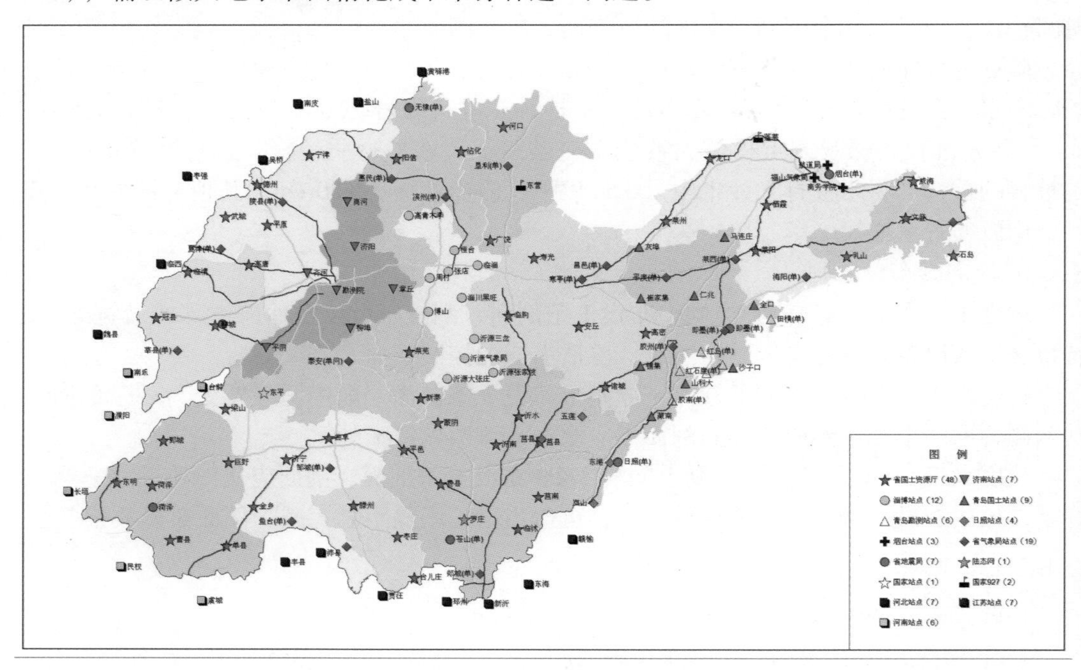

图 1－11　山东卫星定位连续运行综合应用服务系统（SDCORS）参考站分布

在剖面测量完成后，在剖面的起点位置测量只能选择使用本次 CORS 引测需测定原岸滩剖面起点的 WGS－84 经纬度及大地高；在数据采集过程中，严格控制所采集数据质量，必须等待接收机稳定后得到固定解才算作有效观测，浮动解和单点定位成果误差较大，不得采用；在观测过程中，若发现对中杆在测量过程中有沉降，需准确量测沉降量并记录，以备后期改正。观测开始前，应将测量点的限差设置成水平方向 5 mm，垂直方向 10 mm，这样可使采集的数据更加稳定可靠。对同一点应该进行两次观测，即将上述过程重复两次，若两次所采集的平面坐标差值不超过 10 mm，高程不超过 20 mm，则确认采集数据合格。若发现两次采集数据差异超过上述数值，则等待 30 min 后重新观测。

获取该点的 WGS－84 经纬度及大地高和经纬度坐标后，我们委托山东省国土测绘院利用山东省似大地水准面精化成果将所测的大地高转换为水准高程（正常高），所用基准为 1985 年国家高程基准，这样就可以保证所测的所有剖面均纳入统一的高程系统中。本次共引测高程点 32 个，分布如图 1－12 所示。

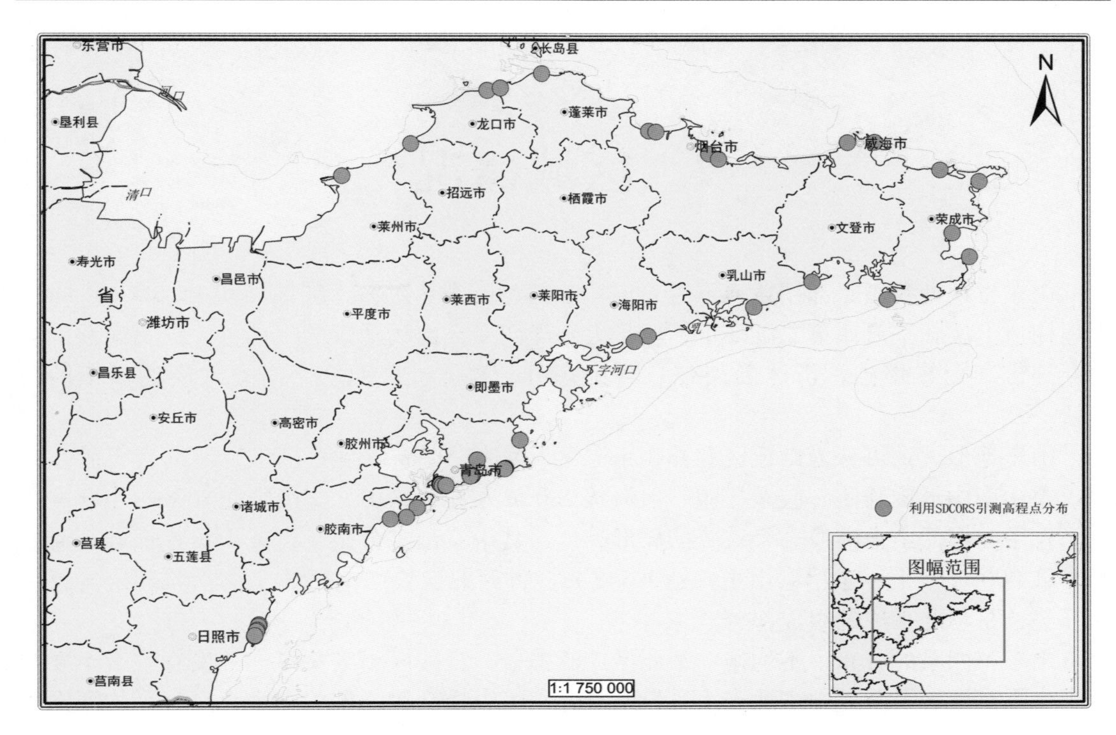

图 1－12 利用 SDCORS 引测高程点分布

1.4.2.6 室内样品分析

为了获得野外所采集样品的粒度参数，根据项目要求，采用筛析法对样品进行室内处理。

将野外采集的样品在器皿中充分搅拌均匀，然后按四分法取样分析。取样重量在 80 ~ 100 g 之间。

将取得的样品移入烘箱内以 105℃恒温 2 h（视样品的含水量而定），冷却至室温，在天平上称出干样的重量。

选用 0.5 ϕ 间隔的套筛进行筛分，称出各粒级样品的重量，记录在粒度筛分表中。根据筛分数据计算样品的粒度参数。

2 区域概况

山东省地处我国东部，黄河下游，东、北部濒临黄、渤海，陆地面积 15.3×10^4 km^2，大地构造上属新华夏系第二沉降带，也是太平洋西岸火山活动带的一部分，纵贯南北的郯庐断裂带（山东境内称沂沭断裂带）将山东分为鲁东、鲁西两个岩石地层迥然不同的地块。

山东地形大致可分为山丘区和冲积平原区（海拔 50 m 以下）两部分。前者有胶东丘陵、鲁中南中低山丘陵。胶东丘陵一般海拔 200 m 左右，崂山、艾山则在 800 ~ 1 100 m 以上。鲁中南中低山丘陵像一个破碎的盾形高地，其中泰山、鲁山、沂蒙山拔地而起，海拔 400 ~ 1 000 m 以上，东岳泰山主峰达 1 545 m。鲁西北、鲁西南平原呈裙褶状环绕着鲁中南丘陵，是华北平原的组成部分。

山东第四系的分布很不均衡：平原区广泛覆盖，丘陵区零零星星。其发育程度主要与地表水系有密切关系。山东地表水系较发育，河流纵横交错，湖泊串串点点。平均河网密度为 0.24 km/km^2。干流长度超过 10 km 的河流有 1 554 条。平原区的河流流向大都向东。斜贯鲁西北的黄河，历史上年入境流量超过 400×10^8 m^3。另外还有徒骇河、马颊河、小清河、红卫河、万福河等。鲁中南丘陵的河流多以中部山地为中心呈放射状向四方分流，主要有沂河、沭河、薛河、泗河、汶河、弥河、淄河、潍河及白浪河等。胶东半岛地区，河流大致以东—西向山地为界向南、北分流，主要有大沽夹河、界河、黄水河、大沽河、胶莱河、五龙河等。

山东两面环海，北濒渤海，东临黄海，海岸线长超过 3 000 km，其辽阔的陆棚地带也是第四系发育的场所（毛家衢，1987）。

2.1 区域地质

2.1.1 区域构造背景

山东省位于中国大陆的东部，大地构造演化具有与中国大陆相似的阶段性演化特点。山东省构造演化大致分为早前寒武纪阶段、中新元古代阶段、古生代阶段和中新生代阶段四个演化阶段（宋明春，2008a）。

山东沿海地跨新华夏系第二沉降带和第二隆起带。以胶莱河为界，分为东、西两个构造型式完全不同的大区。西区（鲁西北平原）属新华夏系第二沉降带济阳凹陷，自新生代以来地面下沉显著。黄河口附近属河湖相沉积和晚期黄河三角洲沉积，晚第三纪和第四纪沉积物厚达 2 100 m。东区（鲁东丘陵）属新华夏系第二隆起带，包括胶北隆起、胶莱凹陷和胶南隆起 3 个构造单元，是稳定缓慢的相对上升区，由古老的变质岩构成基底，经历了长期隆起、剥蚀和侵蚀之后，基岩广泛裸露，第四系堆积物小面积分布在山间河谷及海湾内（张荣，2004）。图 2－1 所示为研究区地质构造简图。

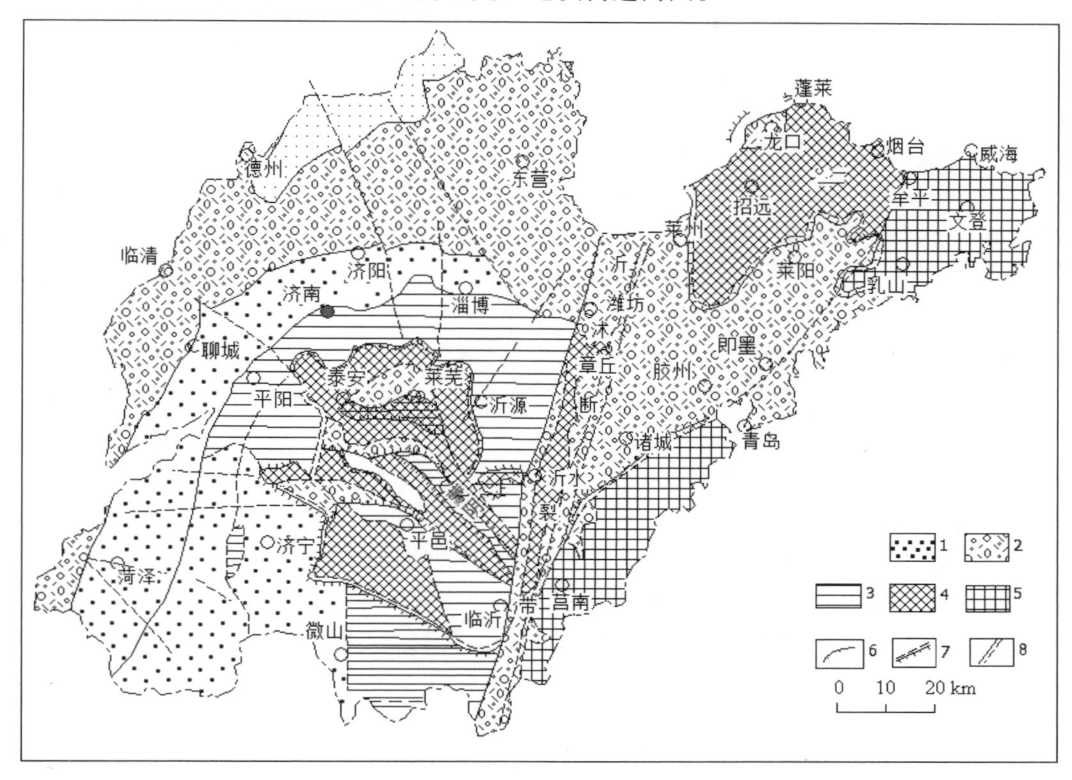

图 2－1 研究区地质构造简图（李洪奎，2010）

1. 以古近系为底的断陷火山－沉积盆地；2. 以中生界为底的断陷沉积盆地；3. 古生代构造层；4. 核部岩浆－变质杂岩；5. 造山带岩浆－变质杂岩；6. 反向铲状断层；7. 次级拆离滑脱带；8. 断层及推断断层

山东省构造地貌格局是由鲁中和半岛地区的低山丘陵及环绕的堆积平原、陆架海域构成的（宋明春，2008b）。沂沭断裂带如"刀劈斧砍"将山东一分为二，该断裂带纵贯山东中部。苏鲁造山带则奠定了鲁东地区基底构造的总体格局。齐河—广饶断裂和聊城—兰考断裂则是划分鲁西地块和华北坳陷平原的构造带。因此，山东的地质块体所反映的构造格局具有一坳（济阳坳陷）、两块（鲁西地块、胶北地块）、两带（沂沭断裂带、苏鲁造山带）及一域（黄、渤海陆架海域）6 大构造块体格局。

山东构造体系主要受郯庐断裂带的影响，其主要构造体系均与郯庐断裂带有关。郯庐断裂带规模巨大，截切东亚大陆，纵贯山东中部。其内部由多条断裂组成，在山东主要由 5 条主干断裂组成。郯庐断裂带不仅控制着山东的构造体系，而且还控制着山东的沉积建造、岩浆活动、矿产分布、盆地发育及新构造运动（黄英等，2000）。

2.1.2 海岸带地貌

山东半岛经历了各种复杂的内外营力作用，经过长期的侵蚀、搬运和沉积，地势较为平坦，地貌类型主要表现为各种成因的堆积平原和低山丘陵。整体上地势东高西低，南北两侧隆起，中部低陷。山东半岛中部为胶莱盆地，平均海拔 50 m 左右；北、东、南三面为低山丘陵区，海拔在 200 ~ 500 m 之间，北部有大泽山，南部有大珠山、小珠山等群山组成的胶南山群，最高峰为东南部的崂山，山势陡峻，崂顶主峰海拔 1 133 m，是我国 18 000 km 海岸线上的最高峰（仇建东，2012）。

山东半岛具有多种海岸带地貌，一般特征可归纳为以下三点：第一，地貌受构造控制明显。本区地貌总的格局受到北东和北北东向构造的控制。渤海的平面轮廓是一个北东—南西向的梯形，山东半岛的黄海之滨的岸线也是北东向的。从海岸带的山地、丘陵的走向来看，也是北东向。由此可见，黄渤海区近代海岸带的形成与新华夏构造系统关系密切。第二，地貌动态十分活跃。本区的一些主要河流如黄河变迁频繁，入海河口的位置经常迁移，导致海岸带地貌变化迅速。第三，地貌类型丰富、典型。本区海岸地貌既有堆积性的也有侵蚀性的各种地貌类型（陈吉余，1995）。

按照海岸带反映的自然条件差异和海岸基本属性的不同，山东省海岸带可划分为 2 个自然区和 5 个自然岸段（张荣，2004）。

（1）鲁北平原海岸带区

本区岸线西起大口河河口，东至莱州虎头崖，主要属滨州、东营与潍坊市辖区，在山东综合自然区中属鲁北滨海平原的范围。其总的自然特点是：一般海拔在 10 m 以下，地势平坦；其海岸类型多为粉砂淤泥质海岸，岸线比较平直，多沙洲，泥质潮滩广泛发育，滩涂宽度 5 ~ 10 km，总面积达 2 215 km^2，占山东省滩涂面积的 68.7%。黄河口外水下地形平坦，以强堆积为特征，构成平坦的水下浅滩和海底平原。沿岸水浅、滩宽、地势平坦，沉积物以粉砂和淤泥质粉砂为主，加上水质肥沃，适合多种贝类生长栖息，是全国著名的贝类产区。这一区域滩涂土质易于压实，渗透性差，是建设盐田的理想土质。该区海湾少，海底坡度小，缺少天然海港资源，但众多河流入海口也有适合建设中、小型河口港的港址。本区可划分两个自然岸段：①黄河三角洲泥质海岸段，西起大口河河口，东至小清河河口，为黄河三角洲海岸段。其中，套尔河河口湾以东为近代黄河三角洲海岸，年平均造陆面积约 21 km^2，是中国乃至世界淤积速度最快、岸线冲淤变化最显著的岸段。套尔河口以西，属于废弃的古黄河三角洲，分布着本区最宽（达 10 km 以上）的潮上滩涂湿地，也是山东省绝大多数潮滩沙岛集中分布的岸段。②潍北平原泥质海岸段，西起小清河河口，东至虎头崖，为莱州湾湾顶岸段。地势平坦，岸线平直，潮滩广布，平均宽 7 km 左右，组成物质较黄河三角洲地区粗，以粗粉砂及粉砂质细砂为主，为黄河入海泥沙影响较弱的岸段。百余年来海岸基本稳定，呈弱增长趋势。

（2）鲁东丘陵海岸带区

本区岸线范围北起莱州虎头崖，南至日照绣针河口，为烟台、威海、青岛和日照 4 市所辖。本海岸带在山东综合自然区中属鲁东丘陵自然区范围。在地貌上主要为鲁东丘陵及崂山山地的近海边缘，海岸带以基岩港湾海湾为主体，海岸地貌类型复杂多样。根据海岸带类型的差异，本区可划分为 3 个自然岸段。①莱州—龙口—蓬莱砂质海岸段，本岸段西起莱州虎头崖，东至蓬莱城，主要为山前冲积—洪积平原的海岸带，以基本平直的砂质海岸为特色，沿岸砂质潮滩发育，海湾宽浅。②半岛东部、南部基岩港湾海岸段，本岸段北起蓬莱城，南至胶南与日照交界处的吉利—白马河口，包括渤海海峡的庙岛群岛在内。沿岸大部分以低缓的波状起伏的低丘陵及剥蚀、侵蚀平原为其地貌特色。海拔500 m以下的丘陵山地与海拔50 m以下的侵蚀—剥蚀平原大面积分布，唯崂山以海拔1 133 m屹立于黄海之滨。该区海岸多为山地基岩港湾海岸和沙坝-潟湖海岸，岸线曲折，岬湾相间，岛屿众多，地势陡峭，湾宽水深。岬角入海处，坡陡，浪大，流急，底质多为砂砾，海湾坡缓，浪平，流小，底质多为泥和粉砂质泥。此外，牟平—双岛港、凤城—马河港等多处岸段为砂质海岸。马山、桑沟湾以及臧家荒至东潘家等分布着沙坝-潟湖海岸。在大河入海口低平处往往分布着小型滨海平原海岸，其沉积物一般都比较细。③日照砂质海岸段，本岸段北起吉利—白马河口，南至绣针河口。沿海以平缓剥蚀平原及小型河口冲积平原为主体，岸线基本平直，以沿岸沙堤发育及滨海潟湖带绵长的砂质海岸为特色。近岸水下砂质浅滩较窄。

2.1.3　海岸带岩性

海岸带是海与陆相互作用的地带，是水圈、岩石圈、生物圈、大气圈共同作用的地带。山东海岸带从山东省西边界一直到莱州虎头崖主要为第四纪松散沉积物。从莱州虎头崖绕过成山角向南到日照绣针河口的这一岸段，由于该区构造地质作用使该区出露大片侵入岩及变质岩，根据其岩性特征可将山东半岛海岸带划分为4个区域（图2-2）。

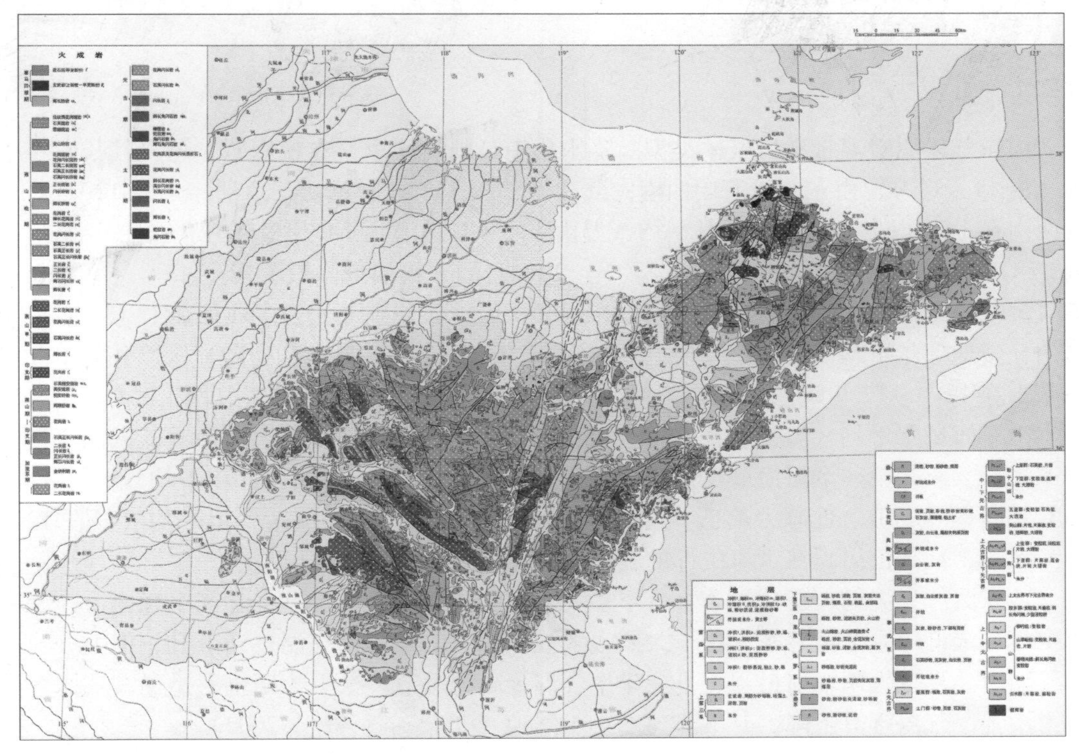

图2-2　山东省地质图及海岸带岩性分段（马丽芳，2002）

（1）莱州—龙口—蓬莱段

本岸段西起莱州虎头崖，东至蓬莱城，该岸段虽然内陆广泛发育火成岩，但由于比较靠近黄河口，从海上被搬运来的泥沙较多，因此依然有较多第四纪松散沉积物堆积于火成岩向海一侧。

（2）蓬莱—乳山河口

本岸段西起蓬莱城，南至乳山河口。该岸段内陆广泛发育火成岩，在海岸带以胶南群变质岩和粉子山群变质岩为主。但在威海东部成山角和石岛附近出露火成岩，应该是由于此处海流侵蚀作用强烈所致，只保留抗侵蚀能力较强的火成岩。在乳山海岸带也出露火成岩。另外在该区母猪河及五龙河流域发育相对较好的平原，沉积有第四纪沉积物。

（3）乳山河口—青岛

本岸段除青岛为较完整火成岩，其余海岸带岩性主要为白垩系火山碎屑岩及沉积岩，抗侵蚀程度较火成岩差，因此在该区很多河流流域形成一些小型平原。

（4）黄岛—绣针河口

本岸段岩性主要为胶南群变质岩与火成岩交错排列，由于变质岩相对易被侵蚀，沉积物供给较为充足，大部分该区域河流流域发育相对较好的平原。

2.2 气候特征

2.2.1 气温

山东气候属暖温带季风气候类型。降水集中、雨热同季，春秋短暂、冬夏较长。年平均气温 11～14℃，由东北沿海向西南内陆递增，胶东半岛、黄河三角洲年均在 12℃以下，鲁西南在 14℃以上。最冷月 1 月平均气温由零下 4℃递增到 1℃，最热月 7 月由 24℃递增到 27℃左右。极端最低气温在零下 11℃至 20℃之间，极端最高气温 36～43℃。全省年平均气温基本遵循由西南向东北递减的分布规律，但地区差别不大，多数都在 13℃左右。半岛的丘陵地区年平均气温都比较低，一般为 11.4～11.9℃；鲁北和丘陵地区以外的半岛地区基本在 12.0～12.9℃之间；其他地区一般为 13.0～13.9℃（中国天气网，2014）。

山东海域年平均气温一般在 11.0～15.0℃之间。南部高于北部，黄海暖流区高于浅海及滨海区。莱州湾、渤海海峡的西部及成山角近海为气温的低值区，年平均气温在 11～12℃之间，以成山角近海为最低。海州湾和黄海中部为气温高值区，年平均气温在 13～15℃之间，最高值出现在黄海中部的暖流区。

山东滨海气温的年变化显著，冬季多为西伯利亚冷气团所控制，空气干燥寒冷，是一年中气温最低的季节。春季，由于太阳辐射强和风力的减弱，气温逐渐上升，但上升速率小于陆地。夏季太阳辐射最强，是一年中气温最高的季节。秋季太阳辐射迅速减弱，冬季风力增强，气温逐月下降，其下降速度小于陆地（李荣和赵善伦，2002）。

2.2.2 降水

山东各地年降水日数基本遵循从西北向东南递增的规律。鲁西北地区较少，多数在

65～70 d，宁津最少，只有62.7 d；鲁东南和半岛的东部地区是降水日数最多的区域，一般在80～90 d之间，其中文登最多，为90.9 d；其他地区多数都在70～80 d之间。泰山年平均降水日数高达95.1 d（中国天气网，2014）。山东南部沿海的降水量较北部沿海多。南岸石臼所最多，年降水量为847.8 mm；其次是乳山口，为811.4 mm；小麦岛最少，为723.8 mm。北岸以烟台最多，年降水量为704.2 mm；龙口最少，仅529.2 mm。

东部沿海的降水量较西部沿海多。成山角的年降水量为763.1 mm，孤岛和马山子的年降水量分别为611.3 mm和583.7 mm（李荣和赵善伦，2002）。

本区多年降水量为612.5～660.1 mm，降水多集中在6—9月，4个月的降水量占全年降水量的72%～76.2%，其中7月降水量最多，8月次之，冬季3个月降水量最少。

2.2.3　风

山东全省年盛行风向总的分布特征为：大部分地区为南及偏南风，风向频率7%～19%，长岛、胶东半岛东部沿岸、胶南至日照岸段、鲁西南南部及鲁南南部部分站点年盛行风向为北及偏北风。

山东省地处东亚季风区，受季风和地理环境的综合影响，盛行风向的季节变化既有季风环流的规律性，也有地方性风的特点。冬季受蒙古冷高压控制，大部地区盛行偏北风；春季蒙古冷高压势力减弱，开始盛行偏南风；夏季受大陆热低压控制，大部地区盛行风向为南到东南风；秋季蒙古高压迅速向南推进，夏季风退出，逐渐由夏季风转为冬季风的形势。风向的日变化受地形与地理位置的影响很大，常表现为地方性风，使风向在一日之中有规律地转换。山东省常见的地方性风有山谷风、海陆风。山东各地年平均风速在1.5～6.6 m/s之间，总的分布特征为：沿海地区风速较大，低山丘陵地区风速较小，山地外围较山地中部大，平原地区风速大于山地而小于沿海。

山东省各季平均风速的分布特征同年平均风速的分布特征类似，一般为沿海地区高于内陆，平原地区高于丘陵、山地，高山站泰山各季平均风速均为全省之冠。春季、夏季东南沿海平均风速低于胶莱平原和鲁西北平原。由于受天气系统的影响，各季节平均风速变化明显，山东大部分地区春季平均风速最大，冬季次之，夏季最小（王金霞，2007）。

山东海区及其沿岸的多年平均风速一般为4.0～7.0 m/s。渤海、黄海的平均风速大于沿岸，平均为4.7～7.4 m/s，沿岸平均为3.9～6.9 m/s。莱州湾西部至渤海湾一带平均风速最小，孤岛的平均风速仅3.9 m/s；渤海海峡至黄海中部以及石岛以南的附近海域，为平均风速的高值区，最大达7.4 m/s。

山东海区平均风速冬、春季大于夏、秋季。一般11月至翌年4月的平均风速大于年平均风速，5—10月则相反。冬季（1月）是风速最大的季节，一般为4.8～8.9 m/s。夏季（7月）是平均风速最小的季节，为3.2～6.9 m/s。

2.2.4　气压

山东海区及其沿岸，气压的年变化趋势一致，即冬季较高、夏季较低。平均气压最高值出现在1月（1 025.0～1 029.0 hPa），最低值出现在7月（1 003.0～1 009.0 hPa）。冬季（1月）黄海北部为相对高值区，其余海区及其沿岸平均气压的分布比较均匀。夏季

(7月)平均气压分布特点为外海高于沿岸，低值区在渤海湾南岸，高值区在黄海中部。山东平均气压年较差一般为19.0~24.0 hPa，渤海及其沿岸略大于黄海及其沿岸(李荣和赵善伦，2002)。

我国的气压分布可以分为冬季和夏季两种类型，冬季较夏季为高，北部较南部为高。黄、渤海地区由于冬季蒙古高压边缘的影响，是我国气压月季变化最大的海区(李鑫，2007)。

2.2.5 蒸发和湿度

山东滨海蒸发量多在1 045~2 080 mm之间，莱州湾和威海湾为两个相对高值区。海湾内5月蒸发量最大，该月份空气比较干燥，风速大，有利于蒸发。蒸发量的季节分配以夏季最多，春季次之，冬季最少。

黄海、渤海海区的平均相对湿度分别为77%~79%和76%~77%。滨海区平均相对湿度以山东半岛东端和南部沿岸较大，为72%~74%。莱州湾至威海湾年平均相对湿度一般低于68%，东端的唐岛湾、崔家湾等因处于多雨区和多雾区，相对湿度高于72%(陈则实等，2007)。

2.2.6 太阳辐射

太阳辐射是引起复杂天气和气候的主要因子。太阳辐射的大小主要取决于纬度的高低，并随季节的变化而变化，而实际上由于地形和天气影响，在同一纬度，太阳辐射强度也有显著差异。

山东沿海地表接受的太阳辐射，全年在535.91~586.15 kJ/cm^2之间。龙口以西较多，均在565.22 kJ/cm^2以上；山东半岛东部及海州湾北岸较少，均在544.28 kJ/cm^2以下；其他沿海地区介于544.28~565.22 kJ/cm^2。各月地面的总辐射量一般为20.93~66.99 kJ/cm^2，最多是5月，最少为12月。全年海面的吸收辐射有两个高值区：一个是渤海，另一个是自海州湾向东至123°E一带海域。自胶州湾西岸向北至烟台以东沿岸的邻近海域，吸收辐射量平均都在1 423.51~1 465.38 J/(cm^2·d)左右，后者达1 507.25 J/(cm^2·d)。

山东海区全年热量平衡除渤海南部为正值外，余者均为负值。除渤海南部以外，广大海域全年以海洋向大气输送热量为主，不过输送的热量很小，一般不大于628.02 J/(cm^2·d)。一年中海面热量平衡以6月最大，多在1 674.72 J/(cm^2·d)以上，以11月最小，为2 093.40 J/(cm^2·d)(李荣和赵善伦，2002)。

2.2.7 大气环流

大气环流的变化影响气候的变化，大气环流异常直接导致气象灾害的发生。渤海、黄海冬季气温变化与全球高空和地面大气环流变化直接相关，特别是与北大西洋涛动、北极涛动甚至南方涛动有密切关系。同时也与几个大气活动中心(西伯利亚高压、亚速尔高压和冰岛低压等)强度的年际变化紧密联系。全球大气环流异常变化导致冬季渤海、黄海的气温异常(刘煜等，2013)。

山东滨海属于南温带型气候带(陈则实等，2007)，大气环流是形成各地气候的重要因素。山东海区处于北半球中纬度高空西风带的控制下，受欧亚大陆和太平洋的共同影响，所以西风带天气气候和季风特点都很明显，因此多数地区表现为季风型大陆性气候，四季的环流形式各有特色（李荣和赵善伦，2002）。

冬季，来自在蒙古国中部形成的强大的冷高压控制着整个东亚大陆。在西风的引导下，冷空气不断向南侵袭山东沿海及其附近海域，带来偏北大风和降温、降雪天气。1 月是对山东海区影响最大的月份，同时也是山东及其近海大部分海区的气温最低月和降水最少月。冬季大气环流一般都在 10 月或 11 月开始，12 月直至翌年 1 月达到极盛时期，至 3 月趋于结束。夏季，蒙古高压变弱北退，中国被大陆低压所控制。6 月开始，西太平洋的副热带高压势力显著增强，并西伸北抬，东南季风逐渐增强，到 7 月、8 月完全控制了山东海区。入夏，东南季风自低纬度洋面带来大量的水汽，造成高温、高湿的特点。当有小股冷空气南下时，在太平洋高压西北部边缘与暖湿空气交汇、上升，形成雷雨天气，有时会出现较大范围的降雨（大到暴雨），造成不同程度的涝灾。盛夏，太平洋高压达到全盛时期，山东海区在下沉气流控制下，常出现晴热少雨天气。当太平洋高压位置适宜时，其后部的偏南气流也会引导台风北上侵袭山东海区，带来暴风雨天气。

2.3 沿岸海洋水文特征

山东近海属于大陆架浅海，省内入海年径流量达 463×10^8 m^3，且省外的鸭绿江、辽河、海河和长江等较大的河流亦影响山东的近海水文状况，这些巨量淡水经与海水汇合，形成了具有明显低盐特征的沿岸水系，其水文状况受陆地水文气象的影响很大，变化极为复杂。黑潮暖流深入到大陆架上的支流——黄海暖流，是山东近海水文特征现象的直接参与者，其分布和变化直接影响到山东近海的海况和气候。山东近海的海浪，受季风影响，冬季盛行偏北浪，夏季盛行偏南浪。因海区周边地形及地转偏向力作用影响，其潮差和潮流均较大。另外，山东近海频遭寒潮和台风的袭击，因此成为风暴潮的多发区（李荣和赵善伦，2002）。

2.3.1 海水温度

山东近海水温的分布具有明显的季节性，而且在一定的时间内，各区域、各水层具有不同的温度状况。黄、渤海水温受气候的影响非常显著，温度分布趋势为沿岸及北部低，外海及南部高，沿岸海域等温线走向基本上与海岸平行（刘蕊，2009）。

在平面上，冬季各水层的温度分布趋势基本一致，水温达到全年最低值。就表层而言，水平分布的总趋势是：等温线大致与海岸线平行，温度值由近岸向远岸递增。全海区变化范围为 -0.4 ~4.3℃，渤海湾和莱州湾出现负值；近岸温度水平梯度大于远岸。夏季表层海水温度达到全年最高值，层化现象更加明显，各层水温分布极不一致。其中表层温度值均在 22℃以上，水平温差仅为 4℃左右。渤海湾和莱州湾、南黄海区的海州湾附近为温度在 26℃和 27℃以上的两个高温区带。

从垂向分布上，冬季水温达到全年最低值，而且上下层几乎均匀一致。渤海区处于山东海区最北边，水深较浅，强烈的垂直混合直达海底，至 2 月，上下层水温基本均匀一致。北黄海区和南黄海区的水温分布相似。水深小于40 m的海域，上下层基本一致；大于40 m的深水区域，其底层温度偏高。在夏季，上层海水持续增温，在较深水域形成明显的上均匀层，其下的温度跃变层梯度增大，厚度变薄。跃变层以下潜伏着著名的黄海冷水团，该季为冷水团的鼎盛时期。

2.3.2 海水盐度

海水盐度不仅集中地代表了海水的化学性质，而且是划分近岸水系的重要指标（蔺智泉，2012）。从平面上看，在冬季山东近海盐度表、底层分布趋势基本相似，但普遍高于其他季节，为27.65~33.01。冬季等盐度线的走向大致和岸线平行，盐度值随离岸距离的增加而递增，即近岸低、远岸高，而且近岸水平梯度大于远岸。

近海，大陆径流所形成的低盐沿岸水和外海高盐水的消长运动，决定了近海海水盐度的地理分布和变化。沿岸海水的表层盐度随纬度的变化，大体上和海水的年蒸发量与降水量之差值随纬度的变化相似。河口年均盐度值较小，主要随河口的年流量的大小而异。

潮流是引起盐度日变化的主要因素。山东沿海的潮汐属于半日潮，所以盐度的日变化基本上为两高一低。盐度的日变幅决定于盐度的水平分布和潮流的方向。盐度的年变化很大程度上取决于影响盐度平衡的诸要素的年变化，特别取决于月蒸发量与降水量的差值（或月净流量）的大小及不同流系的强弱变化。山东半岛沿岸海域月均表层盐度的年际变化一般表现为一年一个周期，即月均表层温度的年际变化为“一峰一谷”型（石强，2013）。

2.3.3 海浪

山东近海的地形十分复杂，位于山东半岛南北的两部分海域，其范围、水深及其地貌形态各异，致使波浪状况有明显区别。

风浪的浪向主要取决于风向，浪向的地理分布与变化主要随风而定。我国是典型的季风气候国家，冬季盛行偏北风，夏季盛行偏南风，季节变化十分明显。与此相应，我国沿岸的盛行浪向与盛行风向颇为一致：冬季盛行偏北向浪，夏季盛行偏南向浪，春、秋季为浪向交替时期。此外，还因沿岸地区所处的地理位置不同以及地形的影响，致使浪向有其特殊的分布（程宜杰，2006）。

渤海区全年以风浪为主，主浪向偏北，冬季主浪向NNW、N和NNE。夏季，北隍城主浪向为N，黄河海港附近SE向浪占优势。春秋季，黄河海港以E向浪为主，其他地区以偏北向浪为主。渤海海峡累年平均波高1.2 m，是全国有名的浪区之一。北隍城累年平均波高最大达到8.6 m。波浪平均周期最大在为4.4~5.4 s。

黄海区较复杂，千里岩附近风浪和涌浪的出现频率相近。千里岩以北以风浪为主，小麦岛以南则以涌浪为主。浪向的季节性强。风浪在冬季以北向为主，夏季以南向为主。涌浪在冬季最强，石臼所、小麦岛以E、ESE为主浪向，石臼所至成山角主浪向由东向南过渡。黄海区年均波高以石岛和成山角最小（0.4 m），往南渐增，至千里岩为0.9 m，再往南又有所减少，至石臼所为0.6 m。波高最大值出现在夏季，海州湾为3.3 m，成山角达9.0 m。波浪年平均周期以石岛地区最小（2.1 s），千里岩和小麦岛一带为4.5 s（童钧安，1992）。

2.3.4 潮汐

山东近海的潮振动受黄、渤海潮波所控制，黄渤海的潮汐主要是太平洋的潮波传入所产生的，在受到各海区的地转和地形的影响下，产生各自的潮波系统。由月亮、太阳引潮力在该海区直接引起的独立潮很小，据计算只占3%（张江泉，2013）。

山东半岛南岸的平均潮差自北向南逐渐增大，如乳山口为2.4 m，青岛为2.7 m，石臼所为2.8 m。山东半岛东端的成山角及石岛一带，因处在北黄海 M2 分潮无潮点附近，平均潮差较小，成山角仅为0.75 m。山东半岛北岸，平均潮差的变化较为复杂，莱州湾顶潮差比湾口大，如龙口为0.9 m，羊角沟为1.13 m，黄河海港为0.76 m。渤海湾南岸向湾顶方向平均潮差逐渐增大，塘沽可达2.33 m（李荣和赵善伦，2002）。黄海沿岸绝大部分属正规半日潮，但由威海经成山角至靖海湾一带沿岸为不正规半日潮（程宜杰，2006）。

根据高飞等（2012）对山东半岛潮流场进行的模拟得出的山东半岛近海海域平均潮差分布（图2-3）显示，平均潮差自黄河口至靖海湾低于2 m，靖海湾向南逐渐过渡到2.5 m以上，日照附近海域达3 m左右。

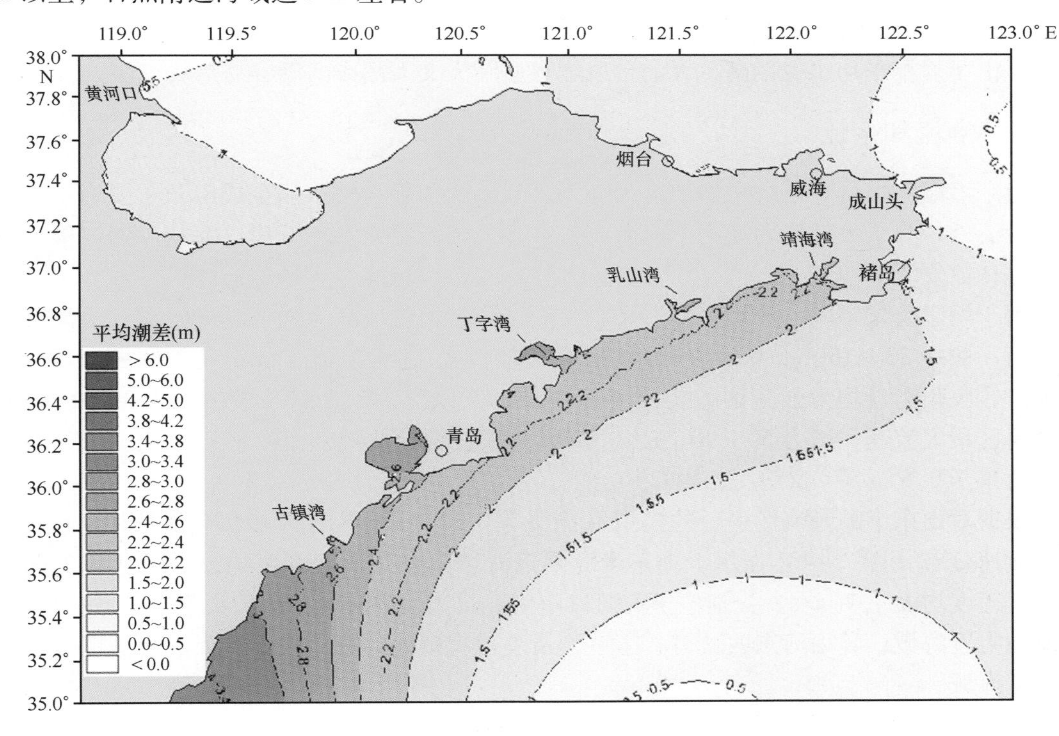

图2-3 山东半岛近海海域平均潮差分布（高飞等，2012）

最大可能潮差的分布与平均潮差类似，黄海海港为1.56 m，龙口为2.08 m，成山角为1.69 m，乳山口为4.78 m，青岛为5.25 m，石臼所为5.86 m。山东近海以3个半日潮无潮点为中心，形成3个小的潮差区，其中黄河海港外海及渤海中部潮差最小，最大可能潮差不到1 m。

2.3.5 风暴潮

山东近海的地理位置和地形特点，使其沿岸不仅受到台风风暴潮的侵袭，还频遭寒潮冷锋风暴潮的威胁，尤其是莱州湾和渤海湾沿岸是我国有名的风暴潮多发区和严重区之一。

风暴潮有着相当复杂的影响因素，导致风暴潮的主要因素是风应力和气压变化所引起的共振，风暴潮的产生和发展主要受这两种主导因素的影响。风暴潮主要轮廓和量级的确定，都由这两种因素决定。渤海风暴潮主要是温带气旋移至洋面形成的海潮现象，我国渤海风暴潮灾害频发且严重的区域是渤海湾和莱州湾沿岸。渤海湾风暴潮的主要特点为，春秋过渡季节冷暖空气在黄、渤海海域频繁交汇，温带气旋发生频繁；台风等热带气旋在夏季对渤海湾风暴潮影响很大；冷空气和寒潮大风在冬季又会袭击渤海（付庆军，2010）。

山东沿岸的增减水现象，一年四季均有发生，春秋过渡季节的增减水尤为严重，而夏季的增减水频数最低。若受台风影响，增水往往是比较严重的。增减水的地理分布差别甚大。渤海湾南岸、莱州湾沿岸的增减水现象比较严重，最大可达3.55 m。山东半岛东部沿岸增减水最小，除台风外此区域增减水一般在1 m以下。有时台风暴潮的增水可达1.5 m左右。由于夏季平均水位偏高，大的台风增水遇到天文大潮或高潮容易造成灾害。

2.3.6 潮流和余流

山东沿海除烟台、威海个别地段为规则日潮流区和莱州湾东侧至成山角主要为不规则半日潮流外，其余大部均为规则半日潮流，且多为旋转流，仅在近岸、海峡、河口等部分地区存在往复流。

由于海岸类型不同、地形多变，又有无潮点分布，各地潮流强弱差异较大，沿海流速最大值一般在30~150 cm/s间。神仙沟口、黄河口、蓬莱外海、成山角、俚岛湾口、丁字湾口、胶州湾口均为强流区，实测流速在1 m/s以上，黄河口、成山角大于1.5 m/s。其余海区最大流速一般为50~90 cm/s。莱州湾顶、烟台北部及丁字湾以东为弱流区，最大流速小于0.5 m/s（童钧安，1992）。

根据对山东半岛潮流场进行的模拟（高飞等，2012），得出的山东半岛近海大潮平均最大流速分布（图2-4）显示，山东半岛附近海域存在几个大潮平均最大流速较大的区域，其速度均大于1 m/s，分别位于黄河口南侧莱州湾北部海域；成山头附近海域；褚岛、靖海湾附近海域；乳山湾东西叉口、丁字湾及胶州湾口处；青岛崂山头附近海域以及古镇湾附近海域。

受地理位置、外部流系和风场多变等因素影响，余流分布较复杂。总的趋势是冬强夏弱，冬季比夏季更具规律性。沿岸水浅、风场多变，余流规律性更差。渤海区余流最大值在黄河口附近（33.4 cm/s），方向SE，15 m等深线以外为NE向。黄河海港附近秋季表层流速为16 cm/s，最大流速达31 cm/s，方向NE。其余流速多在10 cm/s以下。黄海区余流一般在10 cm/s左右，岚山头至丁字湾一段夏季受季风影响，余流较强，由西南流向东北，与岸线走向一致；冬季余流较弱（童钧安，1992）。

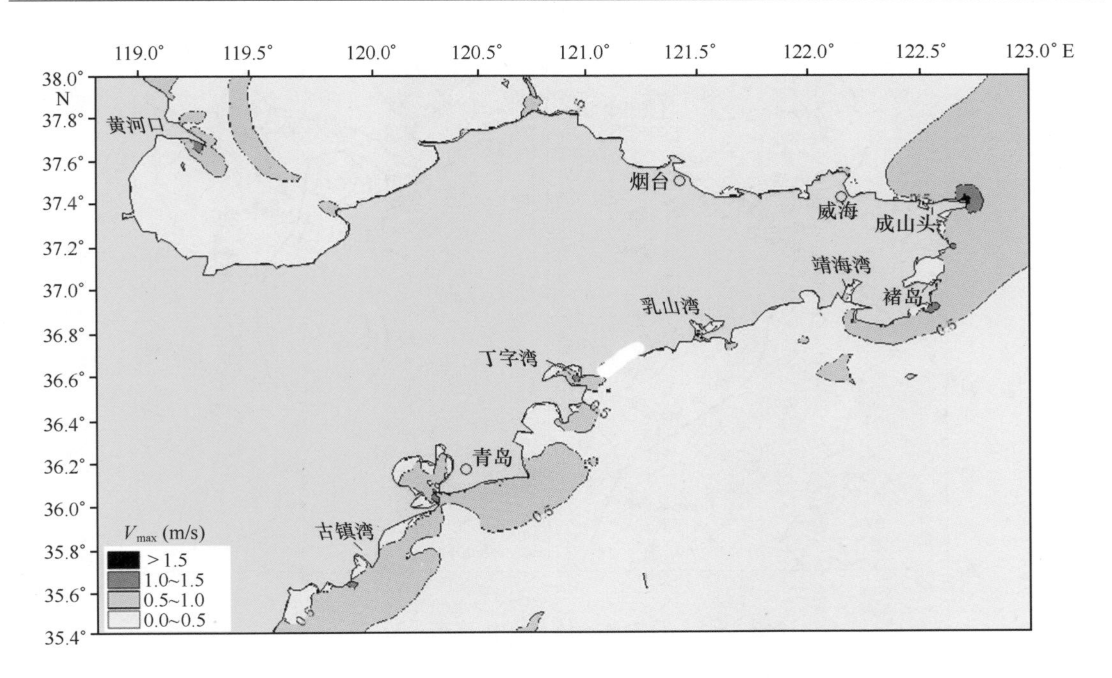

图 2－4 山东半岛近海大潮平均最大流速分布（高飞等，2012）

2.3.7 海流

根据学者研究（张荣，2004），山东近海海流有沿岸流（主要为渤黄沿岸流和苏北沿岸流）与黄海暖流。沿岸流的特点是低盐低温（夏季为高温），由北向南流动。黄海暖流是由济州岛西南向北流向黄海的一支外海暖流水，它具有高盐高温的特点。这两种不同方向的海水流动形成了黄渤海反时针方向的环流。沿岸流与黄海暖流均为冬季强，夏季弱。

海洋动力环境对陆源入海物质的搬运、扩散以及海底沉积物的侵蚀改造起着直接的控制作用。南黄海是一个典型的半封闭型陆架海，水文环境复杂，影响南黄海沉积模式的水文因素主要有黄海环流（黄海暖流和沿岸流）、黄海冷水团等，并且它们具有较典型的季节特征。黄海环流基本上是由向北输运高温、高盐水的黄海暖流和沿其两侧向南运移的东、西两支沿岸流组成。在冬半年（12 月至翌年 4 月），黄海环流主要是由来自外海的黄海暖流及其余脉与东、西两侧的沿岸流组成；而暖半年（5—11 月），则主要存在着因黄海冷水团密度环流的出现而形成的近乎封闭的循环（图 2－5）。

渤莱沿岸流是由渤海西南部沿岸的海河、黄河径流入海形成的。经莱州湾东岸出渤海海峡南部水道，向山东半岛北部沿岸流动，后绕过成山角南下，并常年存在。以 12 月至翌年 3 月及 9—10 月为最强，最大流速在 20 cm/s 以上。

苏北沿岸流与进入黄海中南部的渤莱沿岸流汇合，在季风与环流的作用下，季节性变化较为明显，冬季流速较强，最大流速可达 20 cm/s。夏季流速较弱，受偏南季风及长江冲淡水的影响，其流向由长江口北部转向东北方向。

黄海暖流自济州岛西南进入黄海南部，沿黄海槽北上，具有冬强夏弱的趋势。冬季与

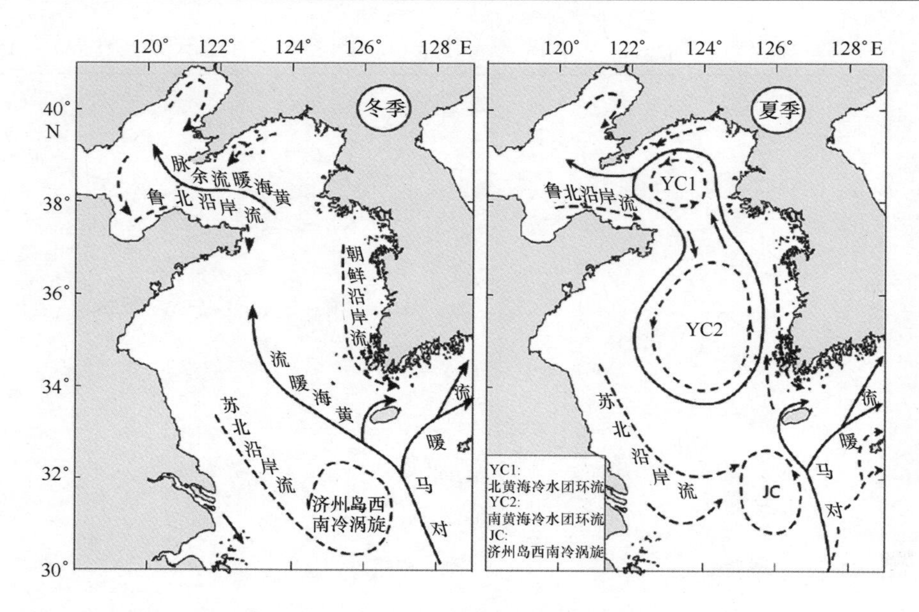

图 2-5 黄海环流体系（仇建东，2012）

高温高盐水舌相吻合，由底及表向北延伸，其余脉可达渤海中部；流速约为 15 cm/s（王辉武等，2009；李广雪等，2005）。

2.4 沿岸河流泥沙

2.4.1 山东沿岸河流分布和流域概况

山东半岛内水系发育，主要为外流水系，发源于北部、西部的低山丘陵区，向东南汇入黄海，较大河流主要有乳山河、五龙河、大沽河、胶莱河、白沙河等，其他皆为季节性短源河流；区内港湾众多，从北往南主要包括：乳山湾、丁字湾、鳌山湾、小岛湾和胶州湾（仇建东，2012）。

山东的入海河流北起与河北省交界的漳卫新河，南至与江苏省交界的绣针河，计有大小数百条，绝大多数为季节性山溪水流，长度在 30 km 以上的河流共计 40 条（图 2-6）。其中，长度大于 400 km 的河流有 3 条：黄河、马颊河和徒骇河。各入海河流的发育和分布受地质构造、地形和气候的控制，可分为平原河流和山溪河流两类。

平原河流主要分布在鲁北平原和胶莱平原地区，源远流长，沿海河长大于 100 km 的河流大多分布在这些地区，山东入海河流的总径流量和输沙量也主要取决于这几条较大的河流。

胶莱河以东及山东半岛东南沿海诸小河为山溪河流，它们受鲁东丘陵和鲁中南丘陵的制约。河流发源于低山丘陵，大致呈放射状流入渤海和黄海。这些河流一般源近流短，为明显的季节性河流（李荣和赵善伦，2002）。

（1）流入莱州湾河流

弥河发源于临朐沂山西麓天齐湾，分为 3 股入渤海。其中东北流的一股，河槽较为宽

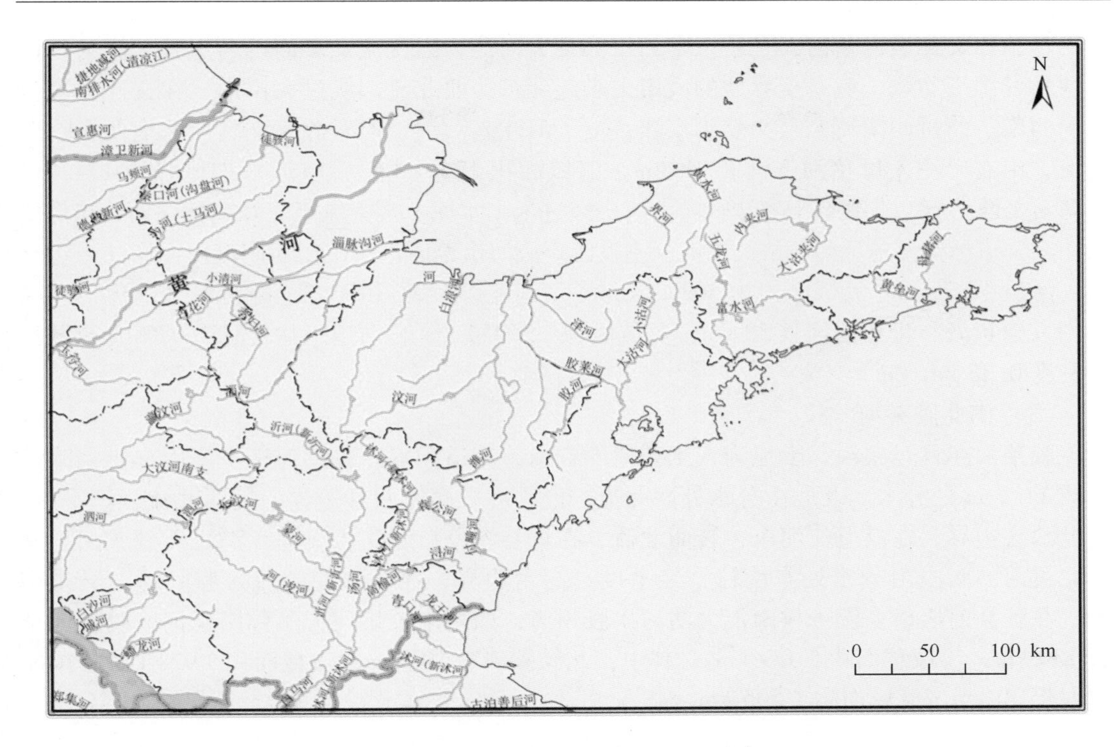

图 2－6　山东半岛主要入海河流分布

广，为弥河主河道，在寿光北宋岭东，纳丹河，至潍坊市寒亭区央子港入海。其余两股为弥河入海岔流，均由南半截河村北流入海。河长 206 km，流域面积 3 847.5 km^2。河道平均比降 3.2‰，流域河网密度 0.3 km/km^2。潍河又称潍水，北源为箕山河，发源于沂水县官庄乡箕山西麓宝山坡村西北，为潍河正源。南源亦名石河，发源于莒县龙王庙乡大沈庄村西北屋山。两源汇合后又东南流，至五莲县管帅镇向东北流，经过墙夼水库，至诸城北转向北流，经峡山水库，又北流经高密、安丘、坊子、昌邑等县区，于昌邑下营镇北注入渤海。河长 233 km，流域面积 64 493.2 km^2，河道平均比降 1.04‰。流域河网密度 0.41 km/km^2。

（2）由威海烟台入海的河流

东五龙河又称五龙河，因五条较大河流汇于莱阳五龙峡口而得名。5 条河流为清水河、富水河、蚬河、白龙河和墨水河。东五龙河河长 128 km，流域面积 2 806.3 km^2，河道平均比降 1.45‰，河网密度为 0.35 km/km^2。

大沽夹河是胶东半岛地区注入北黄海的最大河流。上游有两支，东支名外夹河，亦称大沽河；西支名内夹河，亦称清洋河。两河在烟台福山区永福园村汇合后，始称大沽夹河。两河中以东支较长，为大沽夹河干流。它发源于海阳市北部郭城镇牧牛山，曲折东流，在牟平埠西头附近曲折向东北流，经栖霞、福山两县区东部和牟平区西部，至牟平东陌堂北转向西北流，在烟台市区小沙埠南转而北流，于东胜利村北注入北黄海。河长 80 km，流域面积 2 295.5 km^2，河道平均比降 1.1‰，流域河网密度 0.69 km/km^2。

母猪河又称老母猪河，是胶东半岛东部最大河流，因支流众多而得名。其主流为西母猪河，发源于文登、威海交界处的大田山东麓牙夼，西北流，绕过大田山，在文登韩家村转向西南。曲折西南流，至文登丁家洼，泊子河注入。泊子河发源于文登西北道西山，东南流，由右岸注入母猪河，河长 18 km，流域面积 176.7 km^2，河道平均比降为 1.42‰。母猪河又西南流，在文登于家洼转向南流，经过米山水库，又南流至文登周格庄西，东母猪河注入。东母猪河是母猪河最大支流，它发源于威海市草庙正旗山，西南流由左岸注入母猪河，河长 45.7 km，流域面积为 362.2 km^2，河道平均比降 1.56‰。母猪河又南流，在高岛南入南黄海。母猪河河长 58 km，流域面积 1 260.4 km^2，河道平均比降 2.08‰，流域河网密度 0.25 km/km^2。

（3）南北胶莱河

胶莱河亦称运粮河，干流为人工开凿的运河，河道顺直。胶莱河于平度南部姚家附近海拔 11.7 m 处分水。北段由分水处西北流，经平度、高密两县边界，又西北流，经平度、昌邑两县边界，在昌邑流河东，转而北流，在掖县海沧口北注入渤海，谓之北胶莱河，又称北运河。南段由分水处东南流，经平度、高密边界，在马家花园流入胶县境，又东南流，在胶县前店口乡圈子村南汇大沽河入胶州湾，谓之南胶莱河，又称南运河。胶莱河全长 130 km，流域总面积 5 479 km^2。其中，北胶莱河长 100 km，流域面积 3 974 km^2；南胶莱河长 30 km，流域面积 1 505 km^2。

北胶莱河较大支流左岸有柳沟河、五龙河、北胶新河，右岸有白沙河、漩河、龙王河、双山河、淄阳河、泽河等。南胶莱河较大支流左岸有东小清河、助水河等，右岸有胶河、墨水河、碧沟河等。

（4）山东半岛南岸入海河流

大沽河发源于招远市阜山西麓，南流经过勾山水库，又南流进入莱西市境内。经过产芝水库，又南流至莱西辇子头村北，经洙河、小沽河、五沽河、南胶莱河的流入，最终于胶州湾入海。大沽河长 179.9 km，流域面积 4 161.9 km^2，河道平均比降 1.2‰，河网密度 0.34 km/km^2。

鲁东南沿海诸河发源于五莲山、铁橛山、小珠山等组成的东北—西南向的低山丘陵区。较大河流有洋河、王戈庄河、白马—吉利河、潮河、傅疃河、巨峰河、绣针河等。傅疃河为该区最大河流，发源于五莲县大马鞍山南麓，南流经过日照水库，转而东南流，于日照蔡家滩入南黄海。河长 71.8 km，流域面积 1 040 km^2，河道平均比降 2.3‰，河网密度 0.37 km/km^2。据 1956—1979 年同步观测系列统计，傅疃河流域多年平均年降水量为 923.5 mm，年径流深 347.8 mm，折合年径流量为 3.62×10^8 m^3。根据日照水文站（控制流域面积 544 km^2）实测资料，最大年径流量出现在 1962 年，为 3.66×10^8 m^3，最小值出现在 1969 年，为 0.452×10^8 m^3，两者比值为 8.1。新中国成立以后，傅疃河最大洪水发生在 1957 年，根据日照马家庙（控制流域面积 745 km^2）的洪痕推算有 2 390 m^3/s。

白马—吉利河：白马河源出胶南丰台村西，吉利河源出诸城鲁山西麓，东南流于胶南河崖相会，其河长分别为 39 km 和 33.7 km，河道平均比降分别为 2.6‰和 3‰。两河汇合后继而南流，在胶南马家滩南注入南黄海。汇合后河长 5.5 km。白马—吉利河总流域面积为 497 km^2，河网密度为 0.42 km/km^2。流域多年平均年降水量为 860 mm，多年平均年径流深为339.4 mm，折合年径流量为$1.69\times10^8\ m^3$。新中国成立以后，白马—吉利河最大洪水发生在1953年，根据胜水水文站（控制流域面积230 km^2）洪痕推算，流量达2 760 m^3/s。

潮河又名两城河，发源于五莲县大耳山北麓杨家沟，东南流，于日照的安家口子入南黄海，河长45 km，流域面积415.6 km^2，河道平均比降5.6‰，河网密度0.39 km/km^2。

绣针河发源于莒南县竹芦乡三皇山东坡，东南流，在日照安东卫镇荻水南入南黄海，河长45 km，流域面积396 km^2，河道平均比降5.6‰，河网密度0.39 km/km^2。

2.4.2 山东沿岸径流和输沙

山东省入海河流中，以黄河径流量和输沙量为最高且占据山东省径流量和输沙量的绝大部分（表2-1），其中20世纪50年代和60年代属丰水系列，年均净流量分别为$480.5\times10^8\ m^3$和$501.2\times10^8\ m^3$，与多年平均值相比偏大29.5%和35.0%。70年代以来，入海水量呈减少趋势，80年代平均来水$285.9\times10^8\ m^3$，较多年平均值偏少23.0%。

表2-1 山东省主要入海河流水文特征

河流名称	河长（km）	径流量（$\times10^8\ m^3$）	输沙量（$\times10^4$ t）	时间范围
黄河	5 464	319.38	104 900	1950—1990
潍河	233	14.7	342	1953—1979
小清河	215	9.15	34.7	1956—1979
大沽夹河	80	6.15	34	1952—1979
弥河	206	6.02	108	1953—1979
五龙河	124	5.99	165.4	1958—1965
北胶莱河	100	4.96	30.1	1952—1957
傅疃河	73.5	3.62	37.11	1958—1965
母猪河	65	3.54	83.1	1952—1979
大沽河	169.6	3.45	121.7	1958—1965
黄垒河	69	3.2	32.6	1952—1975
乳山河	64	2.23	31.7	1956—1979
白马—吉利河	44.5	1.69	24.3	1952—1979
黄水河	55.4	1.46	20.4	1956—1965
辛安河（烟台）	42.5	0.84	20.1	1952—1979

注：引自庄振业等，2000；丰爱平等，2006；山东省水文图集，1975；中国海岸带地貌，1995；中国海湾志第四分册，1993。

与黄河相比，其余河流无论径流量还是输沙量都较少，且在1980年后，随着人类活动对河流的影响增多，如上游建坝、扬水灌溉等，使得以上河流的径流量和输沙量也呈现大幅减少的趋势。

山东降水量集中于6—9月，因而河流输沙也集中在这个时期。其中黄河占全省入海河流的输沙总量的99%以上。据1934—1980年利津水文站的资料统计，黄河多年平均含沙量为25.4 kg/m^3，居世界第一；月平均含沙量的高值期为7—10月，8月的平均含沙量高达45.6 kg/m^3。输沙高峰期与洪水期吻合，以7—10月最多，占全年输沙量的83.2%，其中又以8月最多，占30.8%；12月至翌年2月输沙较少，占1.9%。

黄河的上、中游流经我国干旱、半干旱地区，径流量低，而含沙量特高，居世界各大河之首。黄河河口来水来沙具有年内和年际分布不均的特点（周淑娟等，2007）。按黄河口水沙控制站利津水文站1950—1999年50年实测系列资料统计，黄河输入河口段多年平均径流量为344 $\times 10^8$ m^3，多年平均流量为1 090 m^3/s，出现的最大流量为10 400 m^3/s（1958年7月21日），最大年径流量为973.1 $\times 10^8$ m^3（1964年），最小年径流量为18.6 $\times 10^8$ m^3（1997年），最大值是最小值的52.3倍。7—10月的4个月的水量占年总水量的61.3%，其余8个月的水量仅占年总水量的38.7%。20世纪50—60年代，黄河年均径流量约为500 $\times 10^8$ m^3，70—80年代，年均径流量降至300 $\times 10^8$ m^3左右，90年代，年均径流量降至140.8 $\times 10^8$ m^3，21世纪前3年年均径流量仅45.6 $\times 10^8$ m^3（徐宗军等，2010）。20世纪50—60年代水量较丰，70年代显著减少，80—90年代进一步减少（图2-7）。

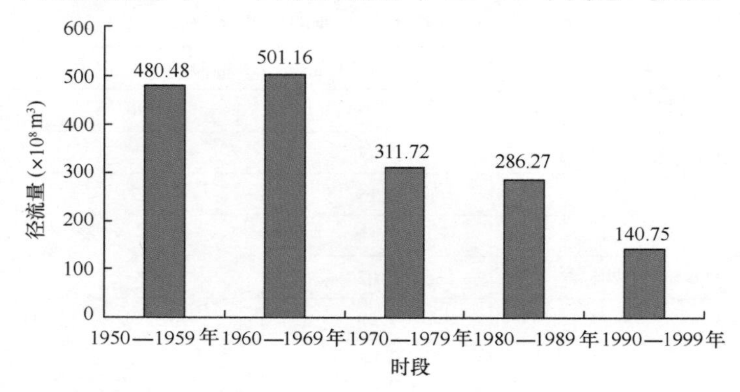

图2-7　利津站不同年代平均净流量柱状图（改编自庞家珍和姜明星，2003）

黄河河口属于弱潮型，海洋动力较弱，河流挟带来的大量泥沙在河口淤积造就了现代黄河三角洲。黄河输入河口地区多年（1950—1999年）平均悬移质输沙量为8.67 $\times 10^8$ t，最大输沙量为21.0 $\times 10^8$ t（1958年），最小年输沙量为0.164 $\times 10^8$ t（1997年），前者是后者的128倍。输沙量在年内各月分配的不均衡性超过水量。利津站全年沙量分配以1月最小，仅占全年总量的0.39%，以8月最多，占全年总量的32.2%。汛期7—10月4个月的输沙量平均为7.36 $\times 10^8$ t，占全年的84.9%，而其余8个月的输沙量平均为1.31 $\times 10^8$ t，占全年的15.1%。多年平均含沙量为25.5 kg/m^3，最大年平均含沙量为48.0 kg/m^3（1959年），最小年平均含沙量为8.79 kg/m^3（1997年）；多年最大含沙量为222 kg/m^3（1973年）（庞家珍和姜明星，2003）。20世纪50—60年代，年均输沙量10 $\times 10^8$ t以上；70—80年代，年均输沙量少于10 $\times 10^8$ t，90年代，年均输沙量3.9 $\times 10^8$ t，年均输沙量0.32 $\times 10^8$ t（徐宗军等，2010）。进入河口的沙量自50—90年代逐年代递减十分明显（图2-8）。

除黄河外，流入渤海的漳卫新河、马颊河、徒骇河等9条河的资料统计表明，年平均

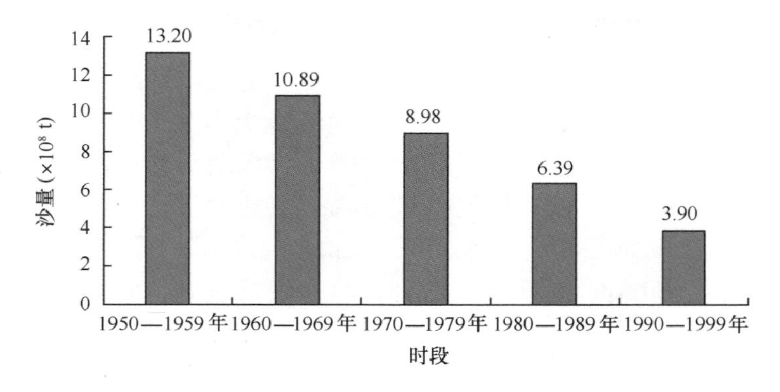

图2-8 利津站不同年代沙量柱状图（改编自庞家珍和姜明星，2003）

输沙总量为557.9×10^4 t，只为黄河的0.5%。输沙量的年内分配高峰期同径流一样，集中在6—9月。以潍河为例，河长233 km，流域面积64 493.2 km^2，潍河支流众多，较大支流多以左岸注入。据1956—1979年同步观测系列统计，潍河流域多年平均年降水量为747 mm，流域多年平均年径流深为226.4 mm，折合年径流量为14.7×10^8 m^3。根据辉村水文站（控制流域面积6 213 km^2）实测资料，最大年径流量出现在1964年，为39.2×10^8 m^3，最小值在1968年，为2.93×10^8 m^3，两者比值为13.4（山东省情网，2014）。

流入胶州湾的大沽河、洋河、白沙河、墨水河4条主要河流的年平均输沙总量为85.2×10^4 t，其中主要是大沽河和洋河，占82.2%。大沽河和墨水河的输沙高峰集中在6—8月。

流入黄海（不含胶州湾）的大沽夹河、辛安河等8条河流的年平均输沙总量为217.6×10^4 t，加上输入胶州湾的沙量，总共只占山东入海河流输沙总量的0.28%。其中主要是五龙河，年平均输沙量为84×10^4 t，占38.6%。年内输沙分配主要集中于6—8月。

2.4.3 沿岸河流输沙对河口海岸的影响

海岸沉积速率与河流输沙多寡有直接关系。大河河口是泥沙来源最多的地区，三角洲沉积速度被认为是最高的。当河流沉积物减少和断绝，海岸沉积率降低，甚至成为负值，致使海岸侵蚀后退，黄河三角洲这一特点非常明显。山东半岛由于近几十年来大量修建水库和水坝，使许多河流的输沙量逐渐减小，甚至趋近于零，使海岸沉积率由正值变为负值，发生冲刷。河流把大量沉积物输送到近岸浅海地区，同时海洋因素把海相沉积物溯河搬运，于下游河段沉积。然而与大河相邻的中、小河流则往往于下游河段形成沉积体，例如与黄河相邻的马颊河、徒骇河，潮流带入并堆积于河口的泥沙是河流输沙量的5~10倍，成为河口淤积的主要原因（李从先等，1988）。

挟带大量泥沙的河流主要在构造沉降带入海，从而造成入海河流泥沙在我国沿海地区分布不均。李从先等（1988）认为，入海河流泥沙供应不均是我国海岸基本类型和海岸线变化差别的主要原因。中国沿海地区构造升降的不同又是引起入海河流沉积物分配不均的原因。在接纳大量河流沉积物的构造下降地区，海岸线快速向海推进，造成宽广的三角洲平原、滨海平原及淤泥质潮间浅滩和湿地。淤泥质海岸平原上主要发育贝壳堤和沙堤等滨岸堤，滨岸堤的形成一般经历了海岸线迅速推进，河流供应的泥沙减少或断绝，海岸侵蚀后退，粗粒沉积物和贝壳富集而成堤。随后海岸线趋于稳定。后续河流会摆回来，输入的泥沙再次增多，滨岸堤被覆盖，海岸线迅速向海推进，形成低地地区的冲积—海积平原。这样，河流泥沙来量的改变产生了海岸线进退的次一级周期，时间为百年级，主要的地质记录为滨岸堤。在此周期中，海岸线的实际进退幅度和速度与前述滨岸堤带海岸线变化的平均速度是不同的。以黄河三角洲为例，1855 年由苏北改道入渤海之后，在百年的时间内于山东形成面积近 6 000 km^2 的现代三角洲，海岸线推进约 100 km，平均每年外移数百米。

河口入海泥沙对河口演变产生重要影响，本书以黄河口为例进行阐述。黄河口入海泥沙自 20 世纪 50 年代以来呈现减少趋势，如表 2 - 2 所示。

表 2 - 2　黄河河口岸线延伸与利津站水沙的关系

时段（年）	来水多年平均量（$\times10^8$ m^3）	来沙多年平均量（$\times10^8$ t）	来沙系数（$kg\cdot s/m^6$）	河口岸线延伸（km）	延伸速度（km/a）	岸线延伸速率（km/$\times10^8$ t）
1954—1964	459.1	11.7	0.018	27	2.59	0.21
1964—1976	431.7	11.2	0.019	33	2.68	0.25
1976—1996	257.2	5.3	0.031	38	1.90	0.30
1996—2000	257.2	2.6	0.083	12	2.82	1.16

1954—1964 年神仙沟流路时期，利津站来沙系数为 0.018，河口海岸延伸 27 km，延伸速率 2.59 km/a，利津每来沙 1×10^8 t 河口岸线就延伸 0.21 km；1964—1976 年钓口河流路时期，与前一个时期相比，年均利津来水量减少了 0.5×10^8 t，但来沙系数增大，延伸速率增大约 0.1 km/a。两条流路行水期间，入海水沙较丰，河口附近海岸延伸速率较快。1976—1996 年清水沟流路时期，河口累积延伸 38 km，延伸速率为 1.9 km/a，小于神仙沟流路和钓口河流路的延伸速率，这是因为该时期黄河来沙量锐减，与前两个时期相比，年均来沙量分别减少 6.4×10^8 t、5.9×10^8 t；1996 年河口在清 8 附近实施人工出汊，由于出汊河口附近水域较浅，海洋动力较弱，河口来水来沙量较少，入海泥沙在河口处快速淤积，河口当年就延伸了 9 km。总的来说，1996—2000 年利津年均来沙量仅为 2.6×10^8 t，河口累积延伸 12 km，年均延伸 2.82 km，利津每来沙 1×10^8 t 河口岸线就延伸 1.16 km，该时期新河口初成，水深较浅，海洋动力弱，径流动力也较弱，属于少水多沙时期，河流挟带来的泥沙大量在河口淤积，造成河口岸线快速延伸。此外，不同时期行水河口的岸线延伸速率与河口来沙量成正比关系，计算亿吨泥沙岸线延伸量与来沙系数的相关系数为 0.993，其在 0.01 水平显著相关。由此可见，河口延伸不仅与入海泥沙量有关，而且还受径流量的影响，据研究发现，当入海总水沙量比在 0.025 7 t/m^3 左右时，河口岸线处于延伸状态。黄河口入海水沙变化不仅对河口造陆产生重要影响，而且影响着河口水下地形的演变。黄河入海水沙量变化影响着河口水下三角洲演变过程，自 1976 年清水沟流路入海以来，河口水下三角洲表现为淤积，但由于入海水沙的减少和入海口门的变化，河口区水下三角洲在不同区域、不同时期的演变特征不同。由此可见，黄河口岸线变化及地形演

变与入海水沙量有着密切的关系，入海水沙的周期变化深刻影响着河口环境（刘锋等，2011）。

黄河挟带的泥沙在河口地区落淤，使河口的沙嘴不断向口门外滨海区延伸。随着延伸长度的增加，溯源淤积加剧，河床不断抬高。当河床抬高到一定程度时，水流将自动地寻找低洼地区，另图捷径入海。此后，沙嘴延伸、河床抬高的过程又将在新的基础上重新开始。黄河三角洲的演变过程，就体现在尾闾段河道的“淤积、延伸、摆动、改道”的周期性变化上。

黄河利津以下河口尾闾段河道的冲淤变化特征规律同黄河下游河道基本类似，一般受制于来水来沙条件和河床边界条件，遵循“大水多排沙，大水淤滩刷槽”、“大水河走中泓、水流集中、河身变窄深”、“汛期冲刷，非汛期淤积”等自然演变特性。同时，随着来水来沙条件变化，黄河河床输沙能力调整非常迅速，呈现出“多来、多淤、多排；少来、少淤、少排”的输沙特点。而且主槽输沙能力大，滩地输沙能力小，水流平滩满槽时输沙能力最大。与黄河下游河道不同的是，河口河段的冲淤变化与河口入海流路的演变阶段密切相关，变化相对激烈；同时，在流路长度发生大距离缩短时，如果相应的来水来沙条件和边界条件比较适应，河口河段会发生强烈的溯源冲刷。另外，实测资料表明，在流路演变处于中期阶段，河槽处于窄深状态时，河段同样会发生相对较大幅度的冲刷（王开荣，2003）。

2.4.4 山东半岛沿岸流对泥沙的输运

山东半岛沿岸河流泥沙在入海后受到潮流和海流的作用被搬运，为海岸带提供物源，这其中黄河来源泥沙起到了主导作用。根据研究（王海龙等，2011），潮流作用下，黄河入海泥沙不能形成长距离的输送状态，绝大部分沉积在黄河三角洲附近。黄河入海泥沙在口门外海形成一对涡状输送结构，有利于黄河水下三角洲南北两侧泥质沉积区的形成。在冬季大风的作用下，沉积在渤海的现代黄河物质大量再悬浮，并通过渤海沿岸流向东输运，然后绕过山东半岛向南输运。鲍献文等（2010）指出，冬季山东半岛最东端的浊度高而且有向南输运的趋势，而夏季浊度相比冬季要小得多，在夏季也不存在泥沙向南输运的趋势；夏季存在于南黄海的黄海冷水团也阻碍悬浮物向南的输运。这说明现代黄河物质向黄海的输运主要发生在冬季。部分学者（Martin et al.，1993；庞重光等，2004）认为每年只有1%～2%的现代黄河物质输入黄海，但是也有学者（Alexander et al.，1991）认为每年有9%～15%的现代黄河物质可以通过渤海沿岸流输运至黄海。

在对中国近海泥沙在渤海、黄海和东海的输运进行模拟后（边昌伟，2012）得出，在春季黄河口泥沙先向渤海北部扩展，6月之前黄河入海泥沙一直困在渤海中没有向外输运。从7月开始有一部分泥沙从渤海南部输运到北黄海；9月后，黄河口泥沙已经绕过山东半岛东端输运到南黄海。12月后，黄河口泥沙持续向山东半岛北部和南黄海输运。3月后，黄河口泥沙已经在黄海中部和山东半岛北部形成了2个泥质捕获区。10年后，黄河口泥沙主要输运到山东半岛北部和南黄海西部区域，仅有少量泥沙输运到朝鲜半岛沿岸。渤海沿岸流常年将泥沙从渤海南部输出入北黄海，然后沿山东半岛北侧将泥沙输运到山东半岛东端。输运到南黄海的泥沙大部分输运到南黄海西侧，很少一部分又由苏北沿岸流输运到陆架，再经由朝鲜沿岸流或对马暖流输运到朝鲜半岛两侧。

黄河口的环流结构具有明显的季节性变化，这不但与季风的影响有关，而且还与温度季节变化形成的密度流有关，环流的变化直接影响着入海泥沙的输移方向和位置。春季（4—5月）黄河口附近的环流方向主要是由南向北，北侧的流速要大于南部的流速。在黄河口的南侧出现了一个顺时针的环流，与莱州湾顶的逆时针环流形成漩涡对。夏季，北部环流速度稍比春季大些，而南部环流则比春季稍小些。由口门东北方向的环流在口门处分成两股，在黄河口南北两侧各形成一个环流，同时黄河口东北方向出现弱流区。秋季，河口南侧的环流仍然存在，北部的弱流区逐渐消失。冬季，环流速度比秋季稍有增大，河口北部的环流消失，南部的环流中心稍稍向南移动，这主要是由于偏北风作用的结果。河口环流的季节性变化也会影响到入海悬沙输移扩散的季节分布（吴永胜和王兆印，2002）。

3 山东半岛滨海沙滩基本特征

3.1 山东半岛滨海沙滩资源概述

3.1.1 山东半岛滨海沙滩分布状况

山东半岛滨海沙滩主要分布在日照、青岛、威海和烟台4个地区，初步查明，沙滩总数123个，总长度365 km，占上述4个地区海岸长度的20%左右，空间分布比较均匀，有利于规划与利用。山东省砂质海岸连续延距大于30 km的有4段：岜坶岛—石虎嘴、栾家口—岜坶岛、双岛港—金山港、奎山嘴—岚山头；最长延距达40 km，延距超过10 km的岸段更多，至于两岬角间的小型沙滩则随处可见（王文海，1993）。表3－1是山东半岛滨海沙滩目录。

表3－1 山东半岛滨海沙滩目录

序号	地市	县区	沙滩名称	沙滩中点坐标		沙滩长度(km)	沙滩宽度(m)	沙滩全称
				纬度（N）	经度（E）			
1	烟台	莱州市	三山岛—刁龙嘴	37°22′42.88″	119°53′46.56″	7.70	90	烟台莱州市三山岛—刁龙嘴
2	烟台	莱州市	海北嘴—三山岛	37°25′02.97″	119°58′58.10″	4.60	25	烟台莱州市海北嘴—三山岛
3	烟台	莱州市	石虎嘴—海北嘴	37°26′09.37″	120°02′25.11″	7.00	35	烟台莱州市石虎嘴—海北嘴
4	烟台	招远市	界河西	37°29′30.77″	120°10′30.32″	17.30	50	烟台招远市界河西
5	烟台	龙口市	界河北	37°34′08.89″	120°16′26.08″	5.80	35	烟台龙口市界河北
6	烟台	龙口市	龙口港北	37°41′10.43″	120°18′58.31″	8.59	50	烟台龙口市龙口港北
7	烟台	龙口市	南山集团西	37°43′04.35″	120°24′39.27″	2.55	23	烟台龙口市南山集团西
8	烟台	龙口市	南山集团月亮湾	37°44′13.77″	120°26′03.62″	2.70	62	烟台龙口市南山集团月亮湾
9	烟台	龙口市	栾家口—港栾	37°44′56.99″	120°31′30.43″	13.63	60	烟台龙口市栾家口—港栾
10	烟台	蓬莱市	蓬莱阁东	37°49′15.81″	120°45′42.43″	1.08	90	烟台蓬莱市蓬莱阁东
11	烟台	蓬莱市	蓬莱仙境东	37°49′23.46″	120°46′57.29″	1.25	53	烟台蓬莱市蓬莱仙境东
12	烟台	蓬莱市	小皂北	37°48′56.67″	120°47′57.56″	2.06	50	烟台蓬莱市小皂北
13	烟台	蓬莱市	谢宋营	37°45′27.39″	120°58′01.91″	2.30	29	烟台蓬莱市谢宋营
14	烟台	福山区	马家村	37°42′36.07″	121°01′59.75″	5.30	80	烟台福山区马家村
15	烟台	福山区	芦洋	37°39′29.69″	121°07′43.73″	1.57	55	烟台福山区芦洋
16	烟台	福山区	黄金河西	37°35′12.08″	121°10′00.85″	5.90	106	烟台福山区黄金河西

续表

序号	地市	县区	沙滩名称	沙滩中点坐标		沙滩长度（km）	沙滩宽度（m）	沙滩全称
				纬度（N）	经度（E）			
17	烟台	福山区	开发区海水浴场	37°34′27.23″	121°14′50.74″	8.56	134	烟台福山区开发区海水浴场
18	烟台	福山区	夹河东	37°35′05.49″	121°20′20.68″	3.95	100	烟台福山区夹河东
19	烟台	芝罘区	第一海水浴场	37°32′08.92″	121°24′47.49″	0.68	70	烟台芝罘区第一海水浴场
20	烟台	芝罘区	月亮湾	37°32′01.23″	121°25′36.37″	0.26	39	烟台芝罘区月亮湾
21	烟台	芝罘区	第二海水浴场	37°31′10.44″	121°26′39.84″	0.36	43	烟台芝罘区第二海水浴场
22	烟台	莱山区	烟大海水浴场	37°28′46.63″	121°27′26.62″	2.80	60	烟台莱山区烟大海水浴场
23	烟台	莱山区	东泊子	37°27′18.87″	121°29′57.45″	2.70	70	烟台莱山区东泊子
24	烟台	牟平市	金山港西	37°27′14.80″	121°42′25.90″	5.60	100	烟台牟平市金山港西
25	烟台	牟平市	金山港东	37°27′47.99″	121°51′57.62″	15.70	120	烟台牟平市金山港东
26	威海	环翠区	初村北海	37°28′18.12″	121°56′13.46″	1.76	58	威海环翠区初村北海
27	威海	环翠区	金海路	37°29′03.40″	121°58′31.97″	3.23	73	威海环翠区金海路
28	威海	环翠区	后荆港	37°30′32.11″	122°00′51.12″	3.06	41	威海环翠区后荆港
29	威海	环翠区	国际海水浴场	37°31′38.14″	122°02′16.60″	2.15	83	威海环翠区国际海水浴场
30	威海	环翠区	威海金沙滩	37°31′59.39″	122°03′58.74″	1.03	47	威海环翠区威海金沙滩
31	威海	环翠区	玉龙湾	37°32′30.65″	122°05′28.95″	0.38	25	威海环翠区玉龙湾
32	威海	环翠区	葡萄滩	37°32′32.62″	122°06′23.32″	0.99	46	威海环翠区葡萄滩
33	威海	环翠区	靖子	37°33′02.15″	122°07′16.19″	0.37	12	威海环翠区靖子
34	威海	环翠区	山东村	37°32′54.92″	122°08′09.32″	0.29	20	威海环翠区山东村
35	威海	环翠区	伴月湾	37°31′41.48″	122°09′05.66″	0.72	36	威海环翠区伴月湾
36	威海	环翠区	海源公园	37°31′09.17″	122°08′50.17″	0.67	5	威海环翠区海源公园
37	威海	环翠区	杨家滩	37°25′59.96″	122°09′43.63″	2.44	13	威海环翠区杨家滩
38	威海	环翠区	卫家滩	37°25′24.06″	122°16′41.46″	1.45	19	威海环翠区卫家滩
39	威海	环翠区	逍遥港	37°24′32.35″	122°19′49.33″	0.96	38	威海环翠区逍遥港
40	威海	环翠区	黄石哨	37°24′44.76″	122°22′15.11″	1.44	20	威海环翠区黄石哨
41	威海	荣成市	纹石宝滩	37°24′33.03″	122°25′22.32″	5.81	52	威海荣成市纹石宝滩
42	威海	荣成市	香子顶	37°25′22.93″	122°28′11.84″	2.17	31	威海荣成市香子顶
43	威海	荣成市	朝阳港	37°24′55.37″	122°28′51.64″	2.15	32	威海荣成市朝阳港
44	威海	荣成市	成山林场	37°23′54.71″	122°33′10.29″	6.45	76	威海荣成市成山林场
45	威海	荣成市	仙人桥	37°24′03.14″	122°34′35.72″	0.72	20	威海荣成市仙人桥
46	威海	荣成市	柳夼	37°24′22.66″	122°35′01.95″	0.43	19	威海荣成市柳夼
47	威海	荣成市	羡霞湾	37°24′41.73″	122°37′17.15″	0.32	22	威海荣成市羡霞湾
48	威海	荣成市	龙眼湾	37°24′48.21″	122°38′24.62″	1.26	16	威海荣成市龙眼湾
49	威海	荣成市	马栏湾	37°24′40.41″	122°39′29.00″	0.68	15	威海荣成市马栏湾

续表

序号	地市	县区	沙滩名称	沙滩中点坐标		沙滩长度（km）	沙滩宽度（m）	沙滩全称
				纬度（N）	经度（E）			
50	威海	荣成市	成山头	37°24′03. 48″	122°41′45. 75″	0. 76	19	威海荣成市成山头
51	威海	荣成市	松埠嘴	37°22′45. 34″	122°37′18. 17″	3. 60	45	威海荣成市松埠嘴
52	威海	荣成市	天鹅湖	37°21′34. 69″	122°35′14. 34″	4. 86	42	威海荣成市天鹅湖
53	威海	荣成市	马道	37°16′58. 22″	122°32′52. 97″	0. 91	29	威海荣成市马道
54	威海	荣成市	纹石滩	37°13′28. 84″	122°35′19. 46″	0. 65	18	威海荣成市纹石滩
55	威海	荣成市	瓦屋口—金角港	37°11′57. 24″	122°36′25. 01″	2. 28	48	威海荣成市瓦屋口—金角港
56	威海	荣成市	爱连	37°11′25. 85″	122°34′41. 80″	0. 72	19	威海荣成市爱连
57	威海	荣成市	张家	37°10′37. 53″	122°33′26. 16″	1. 88	32	威海荣成市张家
58	威海	荣成市	荣成海滨公园	37°08′07. 41″	122°28′24. 61″	6. 14	78	威海荣成市荣成海滨公园
59	威海	荣成市	马家寨	37°01′28. 42″	122°29′02. 49″	1. 04	20	威海荣成市马家寨
60	威海	荣成市	马家寨东	37°01′37. 01″	122°30′32. 09″	0. 90	26	威海荣成市马家寨东
61	威海	荣成市	东褚岛	37°01′58. 55″	122°32′09. 18″	0. 58	20	威海荣成市东褚岛
62	威海	荣成市	褚岛东	37°02′33. 80″	122°33′25. 43″	0. 51	28	威海荣成市褚岛东
63	威海	荣成市	白席	37°02′27. 40″	122°34′06. 18″	0. 43	29	威海荣成市白席
64	威海	荣成市	红岛圈	37°02′18. 51″	122°34′09. 86″	0. 65	20	威海荣成市红岛圈
65	威海	荣成市	马栏阱—褚岛	37°01′59. 49″	122°32′46. 31″	3. 16	120	威海荣成市马栏阱—褚岛
66	威海	荣成市	小井石	36°58′50. 64″	122°32′14. 63″	0. 46	35	威海荣成市小井石
67	威海	荣成市	乱石圈	36°58′09. 67″	122°31′53. 71″	0. 58	43	威海荣成市乱石圈
68	威海	荣成市	东镆铘	36°57′09. 83″	122°31′13. 24″	3. 95	39	威海荣成市东镆铘
69	威海	荣成市	镆铘岛	36°53′55. 02″	122°29′53. 01″	0. 69	40	威海荣成市镆铘岛
70	威海	荣成市	石岛湾	36°55′10. 42″	122°25′04. 75″	1. 64	61	威海荣成市石岛湾
71	威海	荣成市	石岛宾馆	36°52′34. 65″	122°25′57. 01″	0. 20	49	威海荣成市石岛宾馆
72	威海	荣成市	东泉	36°50′28. 83″	122°21′01. 60″	1. 42	43	威海荣成市东泉
73	威海	荣成市	西海崖	36°50′22. 93″	122°19′27. 27″	1. 38	54	威海荣成市西海崖
74	威海	荣成市	山西头	36°50′44. 38″	122°15′56. 08″	0. 32	17	威海荣成市山西头
75	威海	荣成市	靖海卫	36°50′56. 49″	122°12′11. 14″	2. 92	45	威海荣成市靖海卫
76	威海	文登市	港南	36°57′10. 13″	122°05′54. 97″	1. 55	17	威海文登市港南
77	威海	文登市	南辛庄	36°55′12. 20″	122°04′33. 30″	1. 93	71	威海文登市南辛庄
78	威海	文登市	前岛	36°54′28. 20″	122°02′33. 81″	1. 02	50	威海文登市前岛
79	威海	文登市	文登金滩	36°55′47. 32″	121°54′19. 70″	8. 75	45	威海文登市文登金滩
80	威海	乳山市	白浪	36°54′06. 09″	121°48′57. 49″	8. 26	82	威海乳山市白浪
81	威海	乳山市	仙人湾	36°50′22. 42″	121°44′00. 04″	1. 63	49	威海乳山市仙人湾
82	威海	乳山市	乳山银滩	36°49′24. 96″	121°39′59. 47″	8. 89	100	威海乳山市乳山银滩

续表

序号	地市	县区	沙滩名称	沙滩中点坐标		沙滩长度（km）	沙滩宽度（m）	沙滩全称
				纬度（N）	经度（E）			
83	威海	乳山市	驳网	36°46′01.85″	121°37′23.32″	0.84	37	威海乳山市驳网
84	威海	乳山市	大乳山	36°46′17.57″	121°30′05.27″	0.55	91	威海乳山市大乳山
85	烟台	海阳市	桃源	36°46′15.80″	121°27′57.91″	0.36	39	烟台海阳市桃源
86	烟台	海阳市	梁家	36°45′38.72″	121°24′14.35″	0.60	55	烟台海阳市梁家
87	烟台	海阳市	大辛家	36°44′40.22″	121°22′52.65″	1.70	95	烟台海阳市大辛家
88	烟台	海阳市	远牛	36°43′05.49″	121°19′38.77″	4.50	70	烟台海阳市远牛
89	烟台	海阳市	高家庄	36°42′20.75″	121°16′14.97″	6.60	61	烟台海阳市高家庄
90	烟台	海阳市	海阳万米沙滩	36°41′30.59″	121°12′17.40″	4.50	93	烟台海阳市海阳万米沙滩
91	烟台	海阳市	潮里—庄上—羊角盘	36°39′16.18″	121°07′33.23″	10.10	117	烟台海阳市潮里—庄上—羊角盘
92	烟台	海阳市	丁字嘴	36°35′01.53″	121°01′15.39″	4.70	122	烟台海阳市丁字嘴
93	青岛	即墨市	南营子	36°24′48.00″	120°54′11.60″	2.31	87	青岛即墨市南营子
94	青岛	即墨市	巉山	36°23′36.30″	120°53′04.80″	0.82	44	青岛即墨市巉山
95	青岛	崂山区	港东	36°16′37.80″	120°40′27.40″	0.43	40	青岛崂山区港东
96	青岛	崂山区	峰山西	36°15′29.40″	120°40′22.50″	0.46	53	青岛崂山区峰山西
97	青岛	崂山区	仰口湾	36°14′22.90″	120°40′01.70″	1.30	86	青岛崂山区仰口湾
98	青岛	崂山区	元宝石湾	36°11′49.40″	120°40′58.20″	0.84	48	青岛崂山区元宝石湾
99	青岛	崂山区	流清河海水浴场	36°07′24.80″	120°36′24.10″	0.87	67	青岛崂山区流清河海水浴场
100	青岛	崂山区	石老人海水浴场	36°05′35.60″	120°28′03.70″	2.06	130	青岛崂山区石老人海水浴场
101	青岛	市南区	第三海水浴场	36°03′00.00″	120°21′38.20″	0.81	66	青岛市南区第三海水浴场
102	青岛	市南区	前海木栈道	36°02′58.46″	120°21′20.48″	0.65	21	青岛市南区前海木栈道
103	青岛	市南区	第二海水浴场	36°03′01.40″	120°20′47.90″	0.38	53	青岛市南区第二海水浴场
104	青岛	市南区	第一海水浴场	36°03′19.60″	120°20′19.90″	0.60	74	青岛市南区第一海水浴场
105	青岛	市南区	第六海水浴场	36°03′42.90″	120°18′40.70″	0.59	25	青岛市南区第六海水浴场
106	青岛	黄岛区	金沙滩海水浴场	35°58′05.13″	120°15′15.67″	2.69	139	青岛黄岛区金沙滩海水浴场
107	青岛	黄岛区	鹿角湾	35°56′55.41″	120°13′56.18″	2.77	75	青岛黄岛区鹿角湾
108	青岛	黄岛区	银沙滩	35°55′00.22″	120°11′44.30″	1.45	94	青岛黄岛区银沙滩
109	青岛	黄岛区	鱼鸣嘴	35°53′58.84″	120°11′23.31″	0.55	25	青岛黄岛区鱼鸣嘴
110	青岛	胶南市	白果	35°54′32.43″	120°06′23.65″	2.99	48	青岛胶南市白果
111	青岛	胶南市	烟台前	35°52′59.12″	120°03′46.08″	9.60	110	青岛胶南市烟台前
112	青岛	胶南市	高峪	35°46′27.08″	120°01′57.92″	1.11	51	青岛胶南市高峪
113	青岛	胶南市	南小庄	35°45′47.81″	120°01′39.21″	1.19	62	青岛胶南市南小庄
114	青岛	胶南市	古镇口	35°45′23.67″	119°54′42.55″	8.80	28	青岛胶南市古镇口

续表

序号	地市	县区	沙滩名称	沙滩中点坐标		沙滩长度（km）	沙滩宽度（m）	沙滩全称
				纬度（N）	经度（E）			
115	青岛	胶南市	周家庄	35°41′43. 17″	119°54′46. 04″	1. 90	54	青岛胶南市周家庄
116	青岛	胶南市	王家台后	35°39′48. 85″	119°54′10. 19″	2. 65	92	青岛胶南市王家台后
117	日照	东港区	海滨森林公园	35°31′28. 80″	119°37′18. 38″	5. 15	58	日照海滨国家森林公园
118	日照	东港区	大陈家	35°29′21. 37″	119°36′26. 33″	2. 08	41	日照东港区大陈家
119	日照	东港区	东小庄	35°28′02. 94″	119°35′56. 16″	1. 33	32	日照东港区东小庄
120	日照	东港区	富蓉村	35°27′38. 90″	119°35′27. 00″	0. 50	48	日照东港区富蓉村
121	日照	岚山区	万平口海水浴场	35°25′33. 50″	119°34′01. 50″	6. 35	87	日照岚山区万平口海水浴场
122	日照	岚山区	涛雒镇	35°16′30. 11″	119°24′48. 48″	7. 31	225	日照岚山区涛雒镇
123	日照	岚山区	虎山	35°08′27. 64″	119°22′36. 67″	14. 68	175	日照岚山区虎山

截至2012年，所调查的123处沙滩中，岬湾型和平直型沙滩均有。山东省滨海沙滩不仅数量较多，而且沙滩沙层较厚，通过钻探或探槽开挖，我们对部分沙滩进行了沙层厚度的探测，具体的沙滩厚度详见表3－2。

表3－2 山东滨海沙滩厚度探测汇总

沙滩名称	剖面编号	地点	钻孔位置	钻探深度（m）	沙层厚度（m）	备注
烟台远牛	PM01	北头村北	中潮区	2. 2	>2	1. 7 m 左右为青灰色细砂
	PM05	云溪村北	高潮线	2. 1	>2	2 m 以下为细砂
烟台大辛家	PM01	西山北头村	高潮线	2. 17	>2	
烟台马家	PM01	沙窝孙家后	高潮线	2. 1	>2	
	PM02	马家村后	高潮线	2. 1	>2	
烟台蓬莱仙境东	PM01	蓬莱三仙山东	高潮线	2. 1	>2	1. 7 m 左右为青灰色细砂
烟台三山岛—刁龙嘴	PM01	三山岛黄金海岸	高潮线	2. 1	>2	剖面点破坏
烟台东泊子	PM01	养马岛西	高潮线	2. 1	>2	
烟台烟大海水浴场	PM01	烟大浴场	高潮线	2. 13	>2	
烟台夹河东	PM03	夹河东	高潮线	2. 1	>2	
烟台开发区海水浴场	PM03	夹河西	滩肩顶	2. 1	>2	TC01
			中潮区	2. 1	>2	TC02
	PM05		高潮线	2. 1	>2	TC01
			中潮区	2. 1	>2	TC02
烟台小皂北	PM01	三仙山东	高潮线	2. 1	>2	上部似人工填埋，含建筑垃圾
烟台蓬莱阁东	PM01	蓬莱阁东	高潮线	2	>2	2 m 以下无法钻动，基岩

续表

沙滩名称	剖面编号	地点	钻孔位置	钻探深度（m）	沙层厚度（m）	备注
烟台栾家口—港栾	PM01	港栾—栾家口	高潮区	2.1	>2	
	PM02		高潮区	2.1	>2	
	PM03		高潮线	2.1	1.65	1.65 m 以下为淤泥
			中潮区	1.6	1.5	1.5 m 以下为淤泥
	PM04		高潮线	1.77	1.7	1.7 m 以下为淤泥
			中潮区	1.8	1.75	1.75 m 以下为淤泥
烟台龙口港北	PM02	龙口港北	潮间带	2.1	>2	
烟台界河西	PM02	湖汪村后	高潮区	2.1	>2	
	PM05	宅上村后	高潮区	2.1	>2	
烟台石虎嘴—海北嘴	PM01	后坡村后	潮间带	2.1	>2	2 m 左右见黑色淤泥
威海国际海水浴场	PM01	威海国际海水浴场	潮间带	2.1	>2	
威海伴月湾	PM01	威海半月湾	潮间带	1.1	1.1	1.1 m 左右为石头，无法钻探
威海纹石宝滩	PM01	纹石宝滩	高潮区	2.1	>2	
	PM02		高潮区	2.1	>2	
威海朝阳港	PM01	朝阳港	中潮区	2.1	>2	
威海天鹅湖	PM02	天鹅湖	中潮区	2.1	>2	
威海荣成海滨公园	PM02	荣成海滨公园	高潮区	2.05	>2	
威海马栏阱—褚岛	PM02	马栏曝褚岛	低潮区	1.9	1.9	其下为砾石，无法钻探
	PM03		低潮区	1.1	1.1	其下为砾石，无法钻探
威海东镆铘	PM01	东镆铘岛	中潮区	2.1	>2	
威海石岛湾	PM01	石岛湾	中潮区	2.1	>2	
威海靖海卫	PM02	靖海卫南	中潮区	2.1	>2	
威海文登金滩	PM02	文登金滩	高潮线	2.1	>2	
威海仙人湾	PM01	乳山白浪湾	中潮区	1.6	1.5	1.5 m 左右为黑色泥质沉积物
威海乳山银滩	PM02	乳山银滩	中潮区	2.1	>2	
烟台大辛家	PM01	大辛家	中潮区	2.1	>2	
烟台高家庄	PM03	高家庄	高潮区	2.1	>2	
烟台海阳万米沙滩	PM03	海阳万米沙滩	中潮区	2	>2	
烟台潮里—庄上—羊角盘	PM03	庄上	中潮区	2	>2	
	PM04		高潮区	2	>2	
青岛石老人海水浴场	PMA－1	崂山区石老人海水浴场	中潮区	2	>2	
	PMA－2		中潮区	2	>2	
	PMC		中潮区	2	>2	

续表

沙滩名称	剖面编号	地点	钻孔位置	钻探深度（m）	沙层厚度（m）	备注
青岛第二海水浴场	PMB	市南区第二海水浴场	中潮区	0.5	0.35～0.55	0.5 m以下为砾石
青岛第三海水浴场	PMA	市南区第三海水浴场	中潮区	0.5	0.30～0.50	0.5 m以下为砾石
青岛流清河海水浴场	PMB	崂山区沙子口街道西麦窑村流清河	中潮区	2	>2	
青岛仰口湾	PMA	崂山曲家庄村仰口湾	中潮区	2	>2	表层较粗向下变细
青岛南营子	PMA	即墨田横镇南营子村	中潮区	2	>2	细砂
青岛银沙滩	PMA	黄岛区石岭子村银沙滩	中潮区	2	>2	
青岛金沙滩海水浴场	PMA	黄岛区金沙滩海水浴场	中潮区	2	>2	
青岛胶南海水浴场	PMB	胶南珠山街道烟台前村	中潮区	2	>2	
	PMC		中潮区	2	>2	
青岛白果	PMA	胶南灵山卫街道白果村	中潮区	2	>2	表层较粗多砾
青岛周家庄	PMA－1	山东省青岛市胶南琅琊镇周家庄	高潮带	2	>2	表层较粗向下变细
	PMA－2		中潮区	2	>2	
日照万平口海水浴场	PMC	日照东港区万平口浴场	中潮区	2	>2	
	PME		中潮区	2	>2	
	PMF		中潮区	2	>2	表层略粗
日照涛雒镇	PMB	日照虎山镇（南段）及涛雒镇（北段）	中潮区	2	>2	
	PMD		中潮区	2	>2	
日照大陈家	PMA	日照东港区大陈家村	中潮区	2	>2	

通过对山东半岛沙滩的资料汇总分析，发现山东半岛滨海沙滩资源丰富，部分沙滩，尤其是靠近市区的较大型的沙滩已经开发成为旅游胜地，每年为区域经济发展，尤其是旅游业的发展做出了巨大的贡献。

3.1.2　山东半岛滨海沙滩开发利用现状

通过对山东半岛沙滩的大面普查，研究发现山东半岛沙滩数量大、分布广，部分沙滩周边随着人类活动的增多而逐渐发展成为城市的中心区域，部分沙滩已经成为城市的名片。

沙滩长度是依据砂质海岸岸线的长度进行测量，如海岸堤顶部的植物边界线或人工构筑物等。沙滩宽度的测量上限为海岸线向陆200 m，或止于永久构筑物；下限为平均低潮线，可以延伸到海图的0 m等深线，海滩宽度为野外测量的数据与遥感影像及海图相结合来确定。干滩厚度是使用麻花钻在高潮带进行测量。

在众多沙滩中，目前已经开发利用的沙滩如表 3 - 3 所列。

表 3 - 3　山东半岛滨海沙滩开发利用汇总

区域	沙滩名称	沙滩长度（km）	沙滩宽度（m）	干滩厚度（m）	水质	区域特征
日照	万平口海水浴场	6.39	150	3.2	一类水质	名胜景区
日照	海滨国家森林公园	5.24	173	3.06	一类水质	乡镇周边
青岛	王家台后	2.78	141	1～2	二类水质	名胜景区
青岛	胶南海水浴场	9.97	161	1.3	二类水质	县市周边
青岛	银沙滩	1.5	227	0.96	一类水质	名胜景区
青岛	金沙滩海水浴场	2.73	204	0.73	一类水质	名胜景区
青岛	第六海水浴场	0.63	48	0.5	一类水质	中心城市周边
青岛	第一海水浴场	0.64	222	1～2	一类水质	中心城市周边
青岛	第二海水浴场	0.4	109	1.2	一类水质	中心城市周边
青岛	第三海水浴场	1.06	164	1.2	一类水质	中心城市周边
青岛	石老人海水浴场	2.1	213	1.6	二类水质	中心城市周边
青岛	流清河海水浴场	0.94	122	1.3	二类水质	名胜景区
青岛	仰口湾	1.46	122	1.5	二类水质	县市周边
威海	乳山银滩	8.9	290	2.1	二类水质	名胜景区
威海	石岛湾	2.3	140	2.1	二类水质	乡镇周边
威海	荣成海滨公园	5.4	190	2.1	二类水质	县市周边
威海	天鹅湖	5.1	80	2.1	一类水质	乡镇周边
威海	伴月湾	0.59	30	1.1	一类水质	中心城市周边
威海	国际海水浴场	1.97	60	2.1	一类水质	中心城市周边
烟台	海阳万米沙滩	4.5	70	2	二类水质	县市周边
烟台	烟大海水浴场	2.8	60	2	二类水质	中心城市周边
烟台	烟台第一海水浴场	0.68	70	2	二类水质	中心城市周边
烟台	开发区海水浴场	8.56	134	2	一类水质	中心城市周边
烟台	蓬莱阁东	1.08	90	2	一类水质	名胜景区
烟台	南山集团月亮湾	2.7	62	2	一类水质	县市周边
烟台	烟台月亮湾	0.26	39	2	二类水质	中心城市周边
烟台	蓬莱仙境东	1.25	53	1.7	一类水质	名胜景区
烟台	三山岛—刁龙嘴	7.7	90	1.75	一类水质	名胜景区

山东半岛沙滩开发利用主要包括以下几个方面。

（1）观景资源开发

在一些交通便利、离城市较近的沙滩做了一定的开发，主要是依托海水浴场建疗养院、度假村及旅游点，如青岛、烟台、威海、龙口、日照等地的海水浴场以及海阳万米沙滩、蓬莱的度假村等。

（2）矿产资源开发

山东砂质海岸的矿产资源很丰富，开采量最大的是建筑用砂和玻璃砂。据1983年沿海12个市县的67个采砂点的统计，建筑砂采砂量为$6\,950\times10^{3}$ t，实际采砂量超过1倍以上。莱州、龙口等市县的玻璃厂的原料主要来自沙滩砂，有些玻璃厂就建在沿岸沙坝上，就地取材。

（3）水产资源开发

近年来水产品，特别是对虾和贝类的增养殖业发展迅速，除在粉砂淤泥质潮滩上进行增养殖外，在沙坝后沼泽与潟湖，甚至在沙坝上辟池养虾者也不乏其例，如涛雒、万平口、朝阳港、双岛港、金山港就属前者，而海阳、龙口、日照等地的沙坝养虾就属后者。

另外，滨海沙滩上贝类的增养殖也逐渐发展起来，如日照涛雒沙滩增养殖文蛤出口日本，创造了大量财富。

（4）盐业资源开发

利用沙坝后低地或干潟湖晒盐是砂质海岸开发的重要项目，如万平口、涛雒、潮里、朝阳港、双岛港、金山港等处均有盐田，每年生产大量海盐。

（5）林果业开发

山东砂质海岸的沙堤沙地上种有大片林木，这些海岸森林除有防风固沙、调节气候的环境效益外，还蕴藏大量的经济效益，有的树木已经成材，部分可用作薪材。经济价值更高的则是果林，主要水果品种有苹果、葡萄、桃、梨，其中尤以苹果和葡萄居多，早些年水果产量达$35\,682\times10^{4}$ kg，干果190.8×10^{4} kg，产量以青岛、烟台地区为最多（王文海，1993）。

3.2　山东半岛滨海沙滩类型及其分布

目前，国内外没有一个公认的海岸地貌类型的分类原则和标准。国内海岸地貌的分类主要依据的是陈吉余等（1995）所提出的四级分类系统。蔡锋等（2005）按照岸滩形态组合特征和成因将华南砂质海岸地貌类型划分为岬湾岸、沙坝潟湖岸和夷直岸3种基本类型。夏东兴等（1992）以浪潮作用指数K作为重要参数，将山东半岛虎头崖至岚山头岸段分为5段4种类型：平直海岸、潟湖沙坝海岸、低平海岸和岬湾海岸。因此，结合蔡锋和夏东兴的分类方案，参考庄振业等（1989）对山东半岛沙坝分布的研究，将山东半岛砂质海岸地貌类型划分为3种：岬湾型海岸、沙坝潟湖海岸和夷直型海岸，其中沙坝潟湖海岸又可分为沙坝型、沙嘴型和连岛型3个亚型。

3.2.1　岬湾型海岸

岬湾型海岸多发育在基岩岬角之间的海湾中，是山东常见的海岸类型。受两端出露的基岩岬角掩蔽，沙滩多发育在湾底，呈凹弧形。沙滩坡度较大，长度和宽度较小，一般不发育风成沙丘。K值一般大于1，发育浪控型地貌（蔡锋等，2005）。

岬角一般定义为：①一般的高地伸入到水中的点；②陆地或岩石伸入到水中的高点。

所以岬湾沙滩是被辖制在岬角之间的沙滩，或者至少有一个岬角相毗连（Schwartz，2005）（图3－1）。关于岬湾沙滩的描述或者其相同意义的描述在许多文献中都可以见到，如有称湾形沙滩、袋状沙滩、弓形沙滩、半心形沙滩等。

依据有无输沙，平衡岬湾沙滩可以分为两种类型：一种是静态平衡岬湾，湾内无输沙，与湾外也无泥沙交换；另一种是动态平衡岬湾，即其形态受到输沙的影响，输沙条件变化时，海湾的形态也随之发生改变，达到新的平衡（Hsu et al.，2000）。

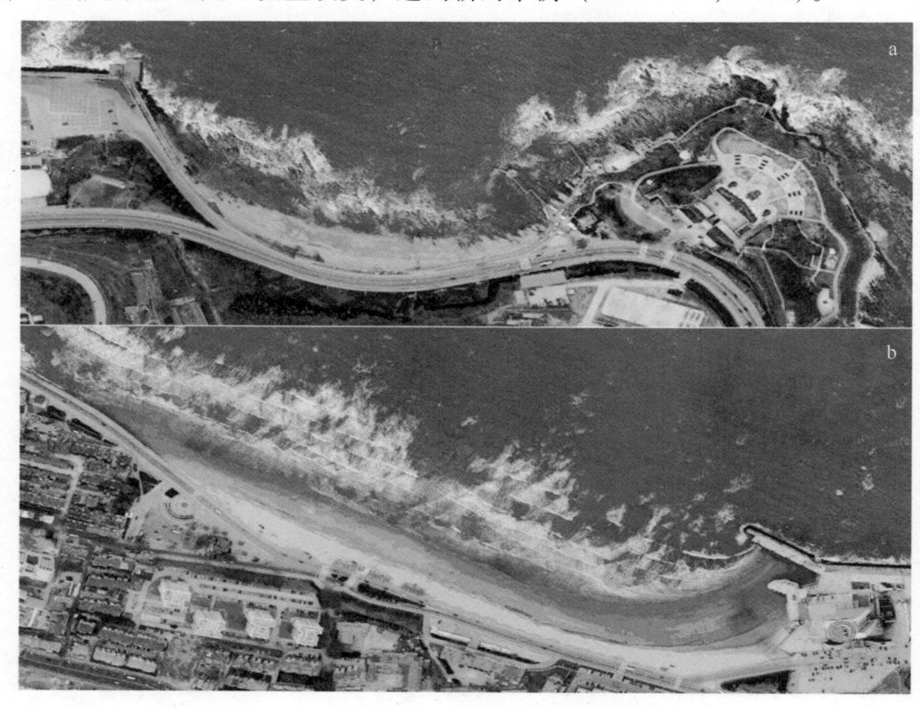

图3－1　岬湾型沙滩
a. 烟台月亮湾；b. 烟台第一海水浴场

3.2.2　沙坝潟湖海岸

沙坝潟湖海岸是在研究区分布最多的海岸类型。沙坝潟湖海岸有沙坝型、沙嘴型和连岛型3种形式。

（1）沙坝型海岸

末次冰消期海侵过程中，在波浪力的作用下发育平行海岸的沙坝，不断被推向海岸，海平面达到最大海泛面后缓慢下降，沙坝随之露出水面发育形成障壁海岸的障壁岛体系。随着时间的推移，岛后的潟湖被陆源沉积物或向陆风沙充填，将障壁岛与海岸连接在一起，沙坝型海岸发育沙滩多顺直而绵长，长者可至10 km。

（2）沙嘴型海岸

均发育障壁海湾的接岸沙嘴，沙嘴生长方向和与岸线斜交的波浪引起的沿岸输沙方向一致，沙嘴末端多弯曲，弯曲方向由末端涨落潮流的孰强孰弱决定，沙滩多呈凹弧形。沙坝潟湖海岸发育的沙滩长度均较长。

（3）连岛型海岸

由于近岸的岛屿对波浪的遮蔽作用，在岛陆间的波影区发育三角形砂体，最终将海岛与陆地连为一体形成连岛砂体，多有潟湖伴生。连岛型海岸原始地势多为低平岸，因此发育低缓而又宽广的沙滩，并伴有沙丘发育。威海东段的褚岛和镆铘岛岸段发育的连岛沙滩长度均较长，分别为 3 km 和 4 km（杨继超等，2012）。

典型沙坝潟湖岸段特征如下。

（1）莱州刁龙嘴至蓬莱栾家口

刁龙嘴是复式羽状沙嘴，其发育过程几乎代表了刁龙嘴至龙口岸线全部变化过程。目前沙嘴经常被风所改造，并掩埋了附近的潟湖及冲积—海积平原。沙嘴末端冲积变化显著，并逐渐向西延伸。另外，在三山岛至龙口区间的古海湾、古潟湖发育，一般在沙坝的内侧多有潟湖存在。由于陆源物质较丰富，局部地区的河口岸线在逐渐向海推进。三山岛一带沙滩宽度 100～200 m 不等。

龙口至栾家口段沙滩平均宽度约 150 m，屺坶岛连岛坝的存在，说明沿岸泥沙以自东向西纵向运动为主。屺坶岛连岛坝是本段最大的连岛沙坝，其北岸沙滩较窄，约 100 m，南部较宽，大于 150 m。

（2）牟平养马岛（象岛）至双岛港

本段海岸特点是海岸沙丘发育，分布广，面积大。仅金山港至双岛港一线，沙丘海岸就长达 18 km ，宽 2～3. 5 km，是山东沿海沙丘岸规模最大的区段。

（3）威海皂埠至河口村（马兰湾西）

该段在柳疥以西有大面积的沙坝和潟湖发育，沙坝在风的作用下形成海岸风成沙丘。

（4）荣成桑沟湾沿岸

沿岸多海湾，湾内沙嘴、沙坝和潟湖发育。位于沙坝中部的大疃钻孔（孔深 15. 9 m），基本揭示了本段沙坝—潟湖海岸的大致发育过程。剖面由上到下的层序分别为①：

⑤ 0～6 m：较粗的中粗砂和砂砾石层

④ 6～9. 5 m：砂质粉砂层

③ 9. 5～11. 1 m：黏土质粉砂层

② 11. 1～14. 4 m：砂砾石层

① 14. 4～15. 9 m：黏土质砂、粉砂和粉砂质黏土层

其形成过程大体是：晚更新世形成第①层，第②层为河湖环境的堆积物，冰后期形成第③层和第④层的海湾潟湖相沉积，沙嘴和沙坝的发育逐渐在海湾沉积的顶部形成了第⑤层的粗砂砾石堆积物。

在褚岛沙坝的坝脊钻孔，打到 18 m 未见底，均为各种粒级的砂质松散沉积物，说明该区沙坝沉积物堆积厚度较大，物质成分比较复杂，随着海面变化经历了多个环境演变阶段。

（5）乳山南寨至白沙口

本段为一开阔型的砂质海湾，湾内自常家庄有一条长约 6 km 的大沙嘴由北东向南西

---

① 按照各地层的形成顺序从早到晚排序，①最早形成，所以在最底层；⑤最晚形成，所以在最上层。

延伸，至海阳所南部，与西南的角滩隔一潮汐通道，沙嘴北是潟湖。由于白沙滩河泥沙的累年输入发育了潟湖口潮汐三角洲。三角洲附近因受波能、潮流、径流的相互作用，泥沙活跃，形成许多沙洲、沙岛等堆积体。沙嘴在泥沙横向运动的影响下，具有沿岸沙坝的特征，并且发育了复式沙坝。

（6）海阳凤城至马河港

本段岸线较平直，普遍发育了几道主要由小砾石和粗砂组成的沿岸沙堤。这些沙堤规模大，形态完整，结构清晰。沙堤主要分布在纪疃河和东村河之间，呈帚状向北东方向散开，总宽度随之增大。东村河的东侧也有沙堤发育，其内侧（向陆侧）是狭长的潟湖洼地，湖内淤积了厚层的泥沙，覆盖于冲积层之上。沙堤的外侧是一条规模大的沙坝，向西南方向延伸，坝高与坡度随着坝体延伸而逐渐变小，粒度变细。沙坝以下是沙滩和水下岸坡。

（7）胶南利根湾南部

从王家台后村起向北2 km，为典型的沙坝—潟湖海岸。相互平行的两条沙坝与潟湖相间排列。内侧的老沙坝由北向南延伸，外侧的新沙坝由南向北延伸，几乎与岸相连。老沙坝形成后阻断了北侧的泥沙供应，相继发育了由南向北的新沙坝。目前新沙坝基部南侧为大片岩滩，北端隔潮汐通道与小岬角相邻。泥沙主要源于南侧湾口。

（8）日照臧家荒至东潘家村

臧家荒至东潘家村为复式（多列）沙坝—潟湖海岸，岸滩泥沙来自涛雒河和傅疃河，因河口宽大，泥沙横向运动强烈，在河口南侧形成比较宽的沙坝系列，有4条较明显的新老沙坝发育，其中后3条至东南沙岭附近合并为一条，并向南延伸到韩家营子附近与前述沙坝汇合。

韩家营子至东潘家村有海岸风成沙丘发育。沙丘高6 ~ 9 m，沙丘弧顶指向东北。沙丘带宽达600 m左右。本段海岸潮间浅滩自北向南逐渐变窄，自韩家营子外的500 m缩至刘家海屋外，岸滩已不足50 m（李荣和赵善伦，2002）。

3.2.3 夷直型海岸

夷直型海岸主要分布在以新构造期形成的断陷盆地和断陷区为背景的河口三角洲平原岸段。这些岸段的第四纪沉积层厚度大，海相层和陆相层多次交替叠置，岩性一般为砾砂、砂、砂质黏土和黏土质粉砂等质地疏松的陆源碎屑沉积物，是典型的软质海岸。全新世海侵海面相对稳定后，上述岸段平原边缘由于缺乏基岩岬角（或岛礁）对向岸入射波浪的遮挡，整个岸段在波浪直接而长期的塑造下自我调整响应机能，以致形成的砂质海岸较为平直。夷直型砂质海岸的地貌特征如下：①海岸地势低平，岸线平直，不见基岩岬角；②由于原始岸坡坡度小，向岸入射波浪的波能较为分散，滨海输沙能力弱，常形成以细粒砂为主的宽阔平缓且长度较大的沙滩；③岸滩地貌呈现弱侵蚀—堆积状态，少见潟湖、沙嘴或沿岸沙坝之类的明显堆积地貌或岩礁、砂砾滩等强侵蚀地貌（蔡锋等，2005）。

典型夷直型岸段特点：此类岸段是山东砂质海岸中淤涨最迅速的岸段，平均每年可达数十米。河流带来的泥沙使冰后期海侵时的海湾逐渐变浅、淤死，而成为一个镶在砂质海岸上的低平小型平原。

（1）烟台大沽夹河小型平原海岸

大沽夹河年均输沙量在 35.4 × 10^4 t 左右，在河口区淤积形成平原。该平原南北长约 6 km，东西宽 4 km。位于大沽夹河西岸胜利东村的钻孔剖面层序大体代表了平原发展演变的过程。

0～11 m 为中细砂；11～17 m 为黏土质砂质粉砂；17～17.5 m 为黏土质粉砂和砂质粉砂；17.5～21.6 m 为粗砂砾石层。根据粒度、矿物、孢粉和微体古生物等多项分析结果表明，17.5 m 以下为晚更新世的陆相沉积层，17.5 m 以上层位为全新世海积与冲积共同作用的结果。

（2）文登母猪河—昌阳河小型平原海岸

流入五垒岛湾的母猪河与昌阳河等河流在湾口形成大面积的河口平原。该平原南北长约 8 km，东西宽达 16 km，是山东海岸面积最大的小型河口平原。目前河口并没有溺谷显示，河口地貌形态也复杂多样。据花山盐场等全新世中前期堆积的贝壳砂与卵石滩层剖面的研究，推测当时五垒岛湾湾顶在小洛村—石羊—宋村集—姚山头—虎山口—花山一带。大量的泥沙入海，使河口向海延伸，全新世中期以来湾顶向外推进了 10～19 km。

（3）胶南两城河—白马河—吉利河小型平原海岸

诸河每年有大量泥沙入海，入海段因出流分散，造成众多的河汊，故而边滩、心滩发育。潮水沿河上溯可达白马河与吉利河汇合处的王家港。河口平原南北长约 10 km，东西宽约 3 km，岸滩宽平，河口滩面物质主要为黑灰色的淤泥质砂砾。王家滩附近是三河的汇集处，在砂质潮滩上，可见 4～5 条明显的潮间沙垄。

马家滩以下，河口心滩下移，两个老的河口心滩现已淤高，20 年时间淤高 2 m。在河口沙坝和平沙地之间，多为潮汐通道，口内为潟湖和海积—冲积平原，现已多被开垦为盐田和农田（李荣和赵善伦，2002）。

山东半岛沿海形成许多基岩岬角，蓬莱和青岛以东砂质海岸被基岩岬角分割成岬间袋状沙滩，而以西，砂质海岸则为较平直的沙坝潟湖海岸（庄振业等，1989）。表 3－4 是山东半岛滨海沙滩类型及分布。

表 3－4　山东半岛滨海沙滩类型及分布

地市	县区	沙滩名称	沙滩类型
烟台	芝罘区	第一海水浴场	岬湾型
烟台	芝罘区	第二海水浴场	岬湾型
烟台	芝罘区	月亮湾	岬湾型
烟台	福山区	夹河东	夷直型
烟台	福山区	开发区海水浴场	夷直型
烟台	福山区	芦洋	岬湾型
烟台	福山区	黄金河西	夷直型
烟台	福山区	马家	岬湾型
烟台	莱州市	石虎嘴—海北嘴	沙坝—潟湖/沙嘴型
烟台	莱州市	海北嘴—三山岛	沙坝—潟湖/沙嘴型

续表

地市	县区	沙滩名称	沙滩类型
烟台	莱州市	三山岛—刁龙嘴	沙坝—潟湖/沙嘴型
烟台	龙口市	南山集团月亮湾	岬湾型
烟台	龙口市	龙口港北	沙坝—潟湖/沙嘴型
烟台	龙口市	界河北	夷直型
烟台	龙口市	南山集团西	沙坝—潟湖/沙坝型
烟台	招远市	界河西	夷直型
烟台	蓬莱市	小皂北	岬湾型
烟台	蓬莱市	蓬莱阁东	岬湾型
烟台	蓬莱市	栾家口—港栾	夷直型
烟台	蓬莱市	谢宋营	岬湾型
烟台	蓬莱市	蓬莱仙境东	岬湾型
烟台	莱山市	东泊子	岬湾型
烟台	莱山市	烟大海水浴场	岬湾型
烟台	牟平市	金山港东	沙坝—潟湖/沙嘴型
烟台	牟平市	金山港西	沙坝—潟湖/沙嘴型
烟台	海阳市	丁字嘴	沙坝—潟湖/沙嘴型
烟台	海阳市	潮里—庄上—羊角盘	沙坝—潟湖/沙嘴型
烟台	海阳市	海阳万米沙滩	沙坝—潟湖/沙嘴型
烟台	海阳市	高家庄	岬湾型
烟台	海阳市	远牛	岬湾型
烟台	海阳市	大辛家	岬湾型
烟台	海阳市	梁家	岬湾型
烟台	海阳市	桃源	岬湾型
威海	环翠区	黄石哨	沙坝－潟湖/沙坝型
威海	环翠区	逍遥港	沙坝－潟湖/沙坝型
威海	环翠区	卫家滩	岬湾型
威海	环翠区	杨家滩	岬湾型
威海	环翠区	海源公园	岬湾型
威海	环翠区	伴月湾	岬湾型
威海	环翠区	山东村	岬湾型
威海	环翠区	靖子	岬湾型
威海	环翠区	葡萄滩	岬湾型
威海	环翠区	玉龙湾	岬湾型
威海	环翠区	威海金沙滩	岬湾型
威海	环翠区	国际海水浴场	岬湾型

续表

地市	县区	沙滩名称	沙滩类型
威海	环翠区	后荆港	岬湾型
威海	环翠区	金海路	沙坝—潟湖/沙嘴型
威海	环翠区	初村北海	沙坝—潟湖/沙嘴型
威海	荣成市	靖海卫	岬湾型
威海	荣成市	山西头	岬湾型
威海	荣成市	西海崖	岬湾型
威海	荣成市	东泉	岬湾型
威海	荣成市	石岛宾馆	岬湾型
威海	荣成市	石岛湾	沙坝—潟湖/沙嘴型
威海	荣成市	镆铘岛	岬湾型
威海	荣成市	东镆铘	沙坝—潟湖/连岛型
威海	荣成市	乱石圈	沙坝—潟湖/连岛型
威海	荣成市	小井石	沙坝—潟湖/连岛型
威海	荣成市	马栏阱—褚岛	沙坝—潟湖/连岛型
威海	荣成市	红岛圈	岬湾型
威海	荣成市	白席	岬湾型
威海	荣成市	褚岛东	岬湾型
威海	荣成市	东褚岛	沙坝—潟湖/连岛型
威海	荣成市	马家寨东	沙坝—潟湖/沙嘴型
威海	荣成市	马家寨	沙坝—潟湖/沙嘴型
威海	荣成市	荣成海滨公园	沙坝—潟湖/沙嘴型
威海	荣成市	张家	岬湾型
威海	荣成市	爱连	岬湾型
威海	荣成市	瓦屋口—金角港	岬湾型
威海	荣成市	纹石滩	岬湾型
威海	荣成市	马道	岬湾型
威海	荣成市	天鹅湖	沙坝—潟湖/沙嘴型
威海	荣成市	松埠嘴	沙坝—潟湖/沙坝型
威海	荣成市	成山头	岬湾型
威海	荣成市	马栏湾	岬湾型
威海	荣成市	龙眼湾	岬湾型
威海	荣成市	美霞湾	岬湾型
威海	荣成市	柳夼	岬湾型
威海	荣成市	仙人桥	岬湾型
威海	荣成市	成山林场	沙坝—潟湖/沙嘴型

续表

地市	县区	沙滩名称	沙滩类型
威海	荣成市	朝阳港	沙坝—潟湖/沙嘴型
威海	荣成市	香子顶	岬湾型
威海	荣成市	纹石宝滩	沙坝—潟湖/沙坝型
威海	文登市	文登金滩	沙坝—潟湖/沙坝型
威海	文登市	前岛	岬湾型
威海	文登市	南辛庄	岬湾型
威海	文登市	港南	岬湾型
威海	乳山市	大乳山	岬湾型
威海	乳山市	驳网	岬湾型
威海	乳山市	乳山银滩	沙坝—潟湖/沙嘴型
威海	乳山市	仙人湾	岬湾型
威海	乳山市	白浪	沙坝—潟湖/沙坝型
青岛	市南区	第一海水浴场	岬湾型
青岛	市南区	第二海水浴场	岬湾型
青岛	市南区	前海木栈道	岬湾型
青岛	市南区	第三海水浴场	岬湾型
青岛	市南区	第六海水浴场	岬湾型
青岛	即墨市	巉山	岬湾型
青岛	即墨市	南营子	岬湾型
青岛	崂山区	石老人海水浴场	岬湾型
青岛	崂山区	流清河海水浴场	岬湾型
青岛	崂山区	元宝石湾	岬湾型
青岛	崂山区	仰口湾	岬湾型
青岛	崂山区	峰山西	岬湾型
青岛	崂山区	港东	岬湾型
青岛	黄岛区	鱼鸣嘴	夷直型
青岛	黄岛区	银沙滩	夷直型
青岛	黄岛区	鹿角湾	岬湾型
青岛	黄岛区	金沙滩海水浴场	岬湾型
青岛	胶南市	王家台后	岬湾型
青岛	胶南市	周家庄	沙坝—潟湖/沙坝型
青岛	胶南市	古镇口	岬湾型
青岛	胶南市	南小庄	岬湾型
青岛	胶南市	高峪	岬湾型
青岛	胶南市	胶南海水浴场	岬湾型

续表

地市	县区	沙滩名称	沙滩类型
青岛	胶南市	白果	岬湾型
日照	岚山区	虎山	夷直型
日照	岚山区	涛雒镇	夷直型
日照	岚山区	万平口海水浴场	沙坝—潟湖/沙嘴型
日照	东港区	富蓉村	岬湾型
日照	东港区	东小庄	夷直型
日照	东港区	大陈家	夷直型
日照	东港区	海滨国家森林公园	夷直型

4　山东半岛滨海沙滩演变规律

4.1　滨海沙滩变化现状

4.1.1　冲淤变化现状

近几十年来，在全球海平面上升、河流入海物质减少和海岸工程建设日益增多的综合影响下，沙滩系统内的沉积动力过程发生变化，致使许多沙滩发生侵蚀。沙滩侵蚀已成为世界性的灾害，许多沙滩和沿海建筑物遭受破坏，大片滨海土地被海水吞噬（蔡锋等，2008）。20 世纪 80 年代开始海岸冲淤问题在我国引起关注，海岸侵蚀已经成为了山东半岛乃至全国砂质海岸共同面对的难题，山东滨海沙滩冲淤变化问题也主要是指海岸侵蚀。

山东半岛的滨海沙滩虽然多分布在全新世以来的淤长岸段，但是目前也同样面临侵蚀破坏的问题。目前 80% 的砂质海岸遭受侵蚀，沙滩颗粒粗化，绝大部分已变为侵蚀的重灾段，岸线蚀退率达 2.0 ~ 3.0 m/a 以上（表 4 - 1）。

表 4 - 1　山东半岛部分砂质海岸侵蚀速率

侵蚀岸段	长度（km）	侵蚀速率（m/a）
虎头崖—龙口港	99	2
屺坶岛—栾家口	32	1 ~ 2
蓬莱西海岸	11	3 ~ 5
蓬莱北部	8	1 ~ 2
套子湾	23	2 ~ 3
养马岛—双岛湾口	33	2 ~ 3
威海湾	8	1
荣成北部	23.3	1
天鹅湖及其附近	11	1
褚岛—镆铘岛周围	22	2 ~ 3
五垒湾—白沙口	36	1 ~ 2
冷家庄西北	5.6	1 ~ 2
董家庄—凤城	11.3	0.5 ~ 1
凤城—羊角畔	6.6	2 ~ 3
羊角畔—马河港	14.3	1
崂山大西庄	1.5	2

续表

侵蚀岸段	长度（km）	侵蚀速率（m/a）
石老人—汇泉湾	11	0.5～1
灵山湾	12	2～3
龙湾	5	1
棋子湾—石臼所	30	1～2
石臼所—绣针河口	46	2～3

根据调查结果和沙滩评价分析，可将山东省滨海沙滩侵蚀现状分为4个等级：严重侵蚀、侵蚀、微弱侵蚀和平衡状态（图4-1）。

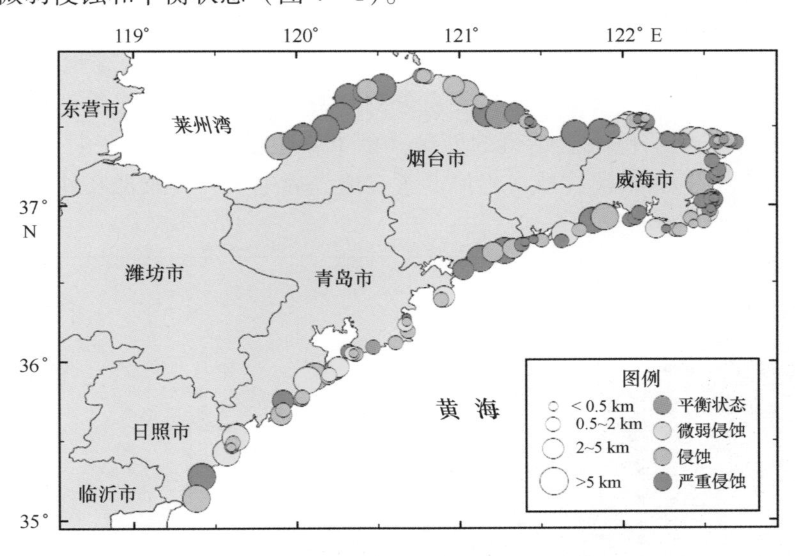

图4-1　山东半岛滨海沙滩分布与侵蚀程度

（1）严重侵蚀型

高潮时刻无干滩或干滩宽度小于沙滩宽度的1/5，沙滩后部的软质陡崖、风成沙丘、防护林带以及人工构筑物经大浪冲击受到破坏，滩面出露潟湖泥、基岩等。这类沙滩有55处，累计长度177.44 km，如烟台三山岛至龙口港岸段、威海荣成沿岸、烟台海阳岸段等处。

（2）侵蚀型

高潮时刻干滩宽度为沙滩宽度的1/5～1/3，滩面坡度变大，物质粗化，常见砾石带，滩肩后退。这类沙滩有43处，累计长度96.7 km，如烟台蓬莱市至开发区岸段、青岛市南区至即墨市岸段等处。

（3）微弱侵蚀型

高潮时刻干滩宽度约为沙滩宽度的1/3～1/2，局部出现侵蚀情况，可见侵蚀陡坎。这类沙滩有21处，累计长度76.96 km，如威海环翠区沿岸、青岛黄岛区沿岸、日照北部沿岸等岸段。

（4）平衡状态型

高潮时刻有宽广的干滩，干滩宽度大于等于沙滩宽度的1/2，沙滩受短期作用如风暴潮等作用侵蚀，但能通过自我调整恢复。这类沙滩仅有4处，累计长度14.1 km。

研究发现，长度小于2 km的沙滩遭受侵蚀的程度要比长度大于2 km的沙滩严重；面向开阔海域的敞开性岸段的沙滩要比发育在岬湾底部的沙滩更容易遭受侵蚀；尚未开发利用，或仅作为生产使用的乡村沙滩侵蚀情况最为严重，当然，即便是作为旅游观光使用的沙滩，受只使用不保护的开发方式的影响，其现状也并不乐观。

4.1.2 人为改造现状

（1）养殖池众多

牟平沿海一线几乎全是养殖池，烟台开发区至蓬莱间岸段沙滩上也大都建养殖池，栾家口—港栾岸段、龙口港北部、龙口港—石虎嘴、石虎嘴—三山岛等地，威海的成山林场、荣成的南港沙滩潮间带及潮下带被圈占分割，用于养殖虾、螃蟹等海产品；乳山的白浪湾整个潮间带被完全承包用于蛤蜊的养殖，潮下带也是养殖区，在潮下带向海约2 km处是海带的养殖区，这种情况在威海沿岸非常普遍。养殖场、养殖池在沙滩后滨的分布也十分广泛（图4－2）。

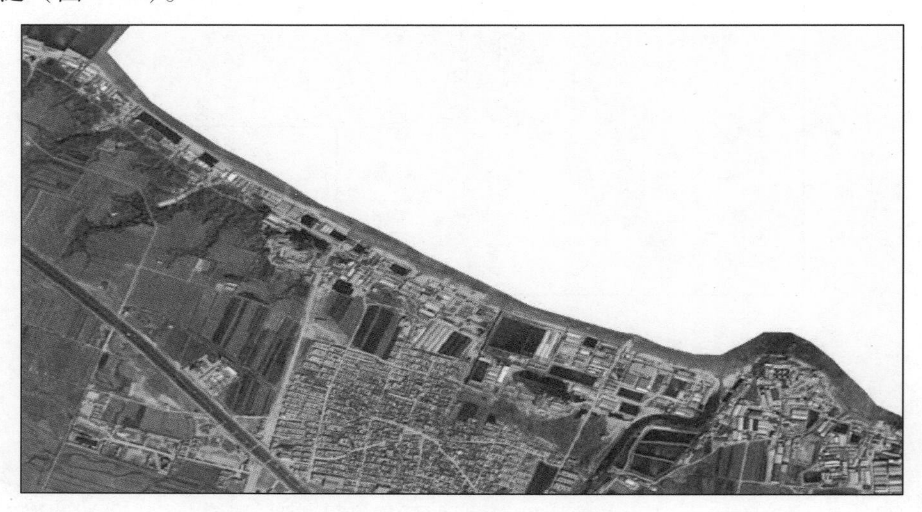

图4－2　蓬莱谢宋营沙滩后滨全部被养殖场占用

（2）海岸构筑物密布

几乎所有岸段都建有丁坝、码头、突堤、海堤等海岸构筑物（图4－3，图4－4，图4－5），在养殖密集的岸段建有许多水泵房抽取海水，水泵房向海突出，也起到了类似构筑物的作用。此种情况在牟平、乳山、海阳、荣成等地比较常见，后滨有养殖池的沙滩滩面均有养殖池排水给水的硬质管道。

烟台市区、烟台开发区及蓬莱市区的沿海、荣成的成山林场沙滩普遍分布有海堤，沿海城市在开发过程中土地资源愈发稀缺，海岸带成为获取土地资源的目标，因此许多沙滩后滨修建有滨海公路，滩面上建筑物肆意修建，滨海沙滩空间越来越小，周边环境发生严

图 4 -3 荣成东镆铘沙滩的海堤与养殖池

图 4 -4 威海崮山镇卫家滩村沙滩海堤

重改变（图 4 -6，图 4 -7）。

（3）滩面抛石防护

由于人类活动（主要是采砂）造成砂质海岸破坏，使得岸线后退逼近沿岸建筑（房屋、养殖池等），为了防止岸线继续蚀退，沙滩常建造有大量劣质的护岸工程，常见抛石防护堆于滩面之上（图 4 -8）。

（4）排污管道与生活垃圾

由于环境保护意识淡薄，环境保护执法力度不够，污水通过海岸直接注入海洋，生活

图4－5　威海成山林场突堤众多

图4－6　蓬莱海堤

垃圾也随意丢弃于海岸，造成部分海岸带生态环境的持续恶化（图4－9）。

4.1.3　退化现状

根据调查结果，山东半岛滨海沙滩在普遍遭受侵蚀的基础上，主要呈现出以下5种形式的退化甚至消失。

图4－7　烟台开发区海堤

图4－8　被破坏的防浪墙和残留滩面上的抛石

图4－9　沙滩上的排污管道与生活垃圾

（1）海岸侵蚀后退和沙滩变窄

这是最为常见的沙滩退化形式。绝大部分的滨海沙滩均有不同程度的岸线侵蚀后退现象。以威海地区为例，在一年内，威海国际海水浴场沙滩宽度缩短8.5 m；伴月湾沙滩宽度缩短1.7 m，滩肩被完全破坏，陡斜的滩面推到沙滩后部公园的台阶上；纹石宝滩沙滩宽度缩短1.1 m，原有的滩肩消失，整个剖面变得平滑；天鹅湖沙滩宽度缩短11.8 m，侵蚀陡坎后退4 m，沙滩后的防护林遭到破坏；荣成海滨公园沙滩宽度缩短2.4 m，滩肩遭受严重侵蚀；马栏阱—褚岛沙滩宽度缩短0.2 m，变化不大；靖海卫沙滩宽度缩短13 m，侵蚀陡坎后退了8.2 m；乳山银滩沙滩宽度缩短4.5 m（表4－2）。

表4－2　威海市滨海沙滩宽度变化（杨继超等，2012）

沙滩名称	沙滩宽度（m）	
	2010年6—9月测量值	2011年9月测量值
威海国际海水浴场	64.4	55.9
伴月湾	38.0	36.3
纹石宝滩	45.7	44.6
天鹅湖	24.7	12.9
荣成海滨公园	55.8	53.4
马栏阱—褚岛	52.9	52.7
靖海卫	27.5	14.5
乳山银滩	60.7	56.2

（2）侵蚀陡坎频现和老地层裸露

侵蚀陡坎和老地层裸露是山东省滨海沙滩遭受侵蚀和岸线后退最直观的地貌特征，在所调查的沙滩中很常见。侵蚀陡坎和侵蚀崖还常可见其上的防护林根系裸露、倒塌等现象（图4－10）。

图4－10　受侵蚀的沙滩后滨树根裸露

此外，部分由第四纪沙坝潟湖体系演变形成的滨海沙滩，在岸线蚀退的影响下，沉积物不断向海搬运，沉积地层不断裸露出来，被泥沙掩盖的下层潟湖沉积物随之出露（图4－11）。

图4－11　沙滩上出露的潟湖沉积物

（3）沙滩坡度变陡和滩面物质粗化

这是沙滩侵蚀的一种常见表现形式。在山东半岛不同岸段滨海沙滩中均有发现，尤其在修建近岸构筑物的各岸段沙滩，一些不合理的构筑物常会改变近岸的水动力环境，改变的流场、波浪场等沉积动力条件会打破原有的平衡状态，在波浪、流速增强的岸段，海洋动力的搬运能力加强，沙滩沙粒度也随之变化，更强的水动力留下更粗的沉积物以及贝壳碎屑等，沙滩沙粗化。

以威海地区为例（杨继超等，2012），在一年内，威海国际海水浴场沙滩剖面坡度由2.7°变为3.1°，滩面物质的平均中值粒径由1.17 ϕ 变为0.78 ϕ；纹石宝滩沙滩剖面坡度由4.9°变为5.0°，滩面物质的平均中值粒径由1.24ϕ 变为0.99ϕ；天鹅湖沙滩剖面坡度由6.0°增大到11.4°，滩面物质的平均中值粒径由1.39ϕ 变为0.58ϕ（图4－12）。

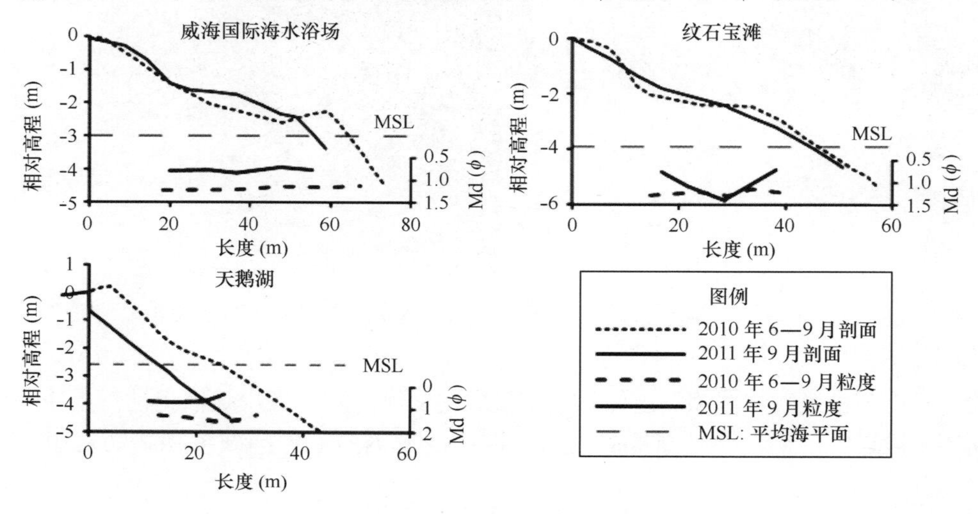

图4－12 威海市滨海沙滩剖面的粒度变化

（4）人工构筑物遭破坏

滨海沙滩侵蚀和岸线后退导致海洋动力直接作用于沙滩后部的人工构筑物，致使构筑物损坏和倒塌，给人们带来巨大的经济损失，也威胁到人们的生命安全。威海环翠区金海路沙滩后部的养殖厂房因地基掏蚀而倾倒，现这一处厂房废弃（图4－13a）；环翠区后荆港沙滩建于20世纪50年代距岸线百米以上的碉堡现已位于潮间带上（图4－13b）；文登市初村北海沙滩的一处废弃的养殖厂围墙已经被后退的沙丘吞没（图4－13c）；荣成靖海卫一鱼苗厂的厂房在2011年还位于沙滩后部，2012年时已位于潮间带上，期间被破坏数次，图4－13d为一次大浪过程后工人正在加固抛石护岸。

（5）滨海沙滩泥化

山东半岛这种沙滩质量下降、功能退化的现象并不多见，主要分布在威海个别岬湾岸段。这种现象主要由不合理的近岸工程引起的水动力场改变造成，在调查期间，威海数个砂质沙滩由于港口建设，致使岬湾内水动力变弱，更多的细颗粒沉积物覆盖于砂质沙滩上，沙滩功能退化，逐渐发展为沙泥混合滩甚至泥滩（图4－14）。

4.2 滨海沙滩动态变化

山东省的滨海沙滩虽然多分布在全新世以来的淤长岸段（中国海湾志第三分册，

图 4 – 13 滨海沙滩人工构筑物遭受破坏
a. 环翠区金海路；b. 环翠区后荆港；c. 文登市初村北海；d. 荣成靖海卫

图 4 – 14 文登港南海沙滩泥化现象

1991；中国海湾志第四分册，1993），但是自 20 世纪 50 年代以来也同样面临着普遍性的侵蚀后退的问题。庄振业等（1989）认为山东滨海沙滩侵蚀始于 20 世纪 70 年代，80 年代末侵蚀加速，侵蚀速率约为 2 ~ 3 m/a。对山东滨海沙滩近期变化的分析研究，可以从以下几个方面考虑。

（1）沙滩剖面研究

沙滩剖面变化的相关研究是了解沙滩沉积动力地貌的重要手段之一，通常将沙滩剖面分为后滨、前滨、内滨和滨外 4 个部分（图 4 – 15）。后滨的范围从前滨的后缘向陆方向一直延展到自然地理特征发生改变的地方，一般只有风暴潮涌浪水能覆盖到这里；滩肩属于后滨，是沙滩剖面中相对较平的部位，有时滩肩不止发育一个；滩面是滩肩以下的常受到波浪冲溅作用的剖面倾斜部分；前滨指介于高潮时波浪上冲的边界和低潮时回冲流达到的位置之间的斜坡部分；内滨指自然前滨向海延展到大陆架边缘的部分。

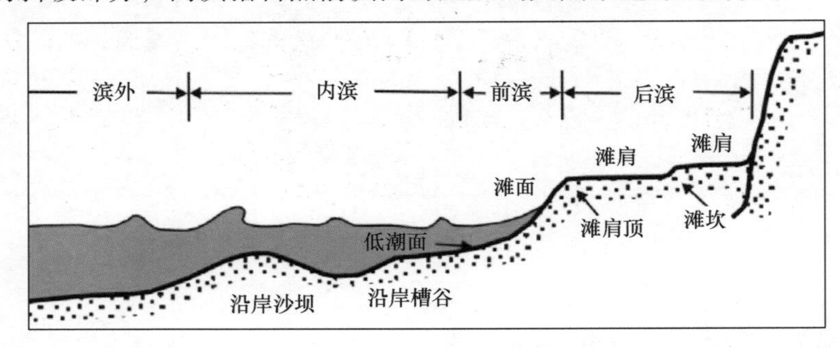

图 4－15　沙滩剖面示意图

波浪、潮汐、风等动力作用都会对沙滩剖面形态产生一定的影响，沙滩剖面存在着动态的变化，剖面的形态在其所处沉积动力环境下同时会发生改变。通常，在不同的沉积动力条件下的典型剖面形态是风暴剖面和涌浪剖面（图 4－16）。在山东沙滩的实地风、浪情况下，两种剖面的具体转换过程是，冬季主要受 NW 向浪的影响，大的风暴会使泥沙从滩肩处发生离岸运动，产生侵蚀，被侵蚀的泥沙堆积在离岸区域形成沿岸沙坝。沙坝形成后削弱了波浪对沙滩的作用，对海岸起到保护，逐渐形成风暴剖面。随着季节的变化，夏季以 SE 向浪为主，在波浪的作用下，沙坝的泥沙开始向岸运移，不断堆积的泥沙逐渐形成沙滩的滩肩，而且滩肩不断增长，沙滩逐渐形成涌浪剖面。此时，沙滩总的坡度较风暴剖面陡。沙滩剖面在以上两种典型剖面之间不断发生季节性转换。

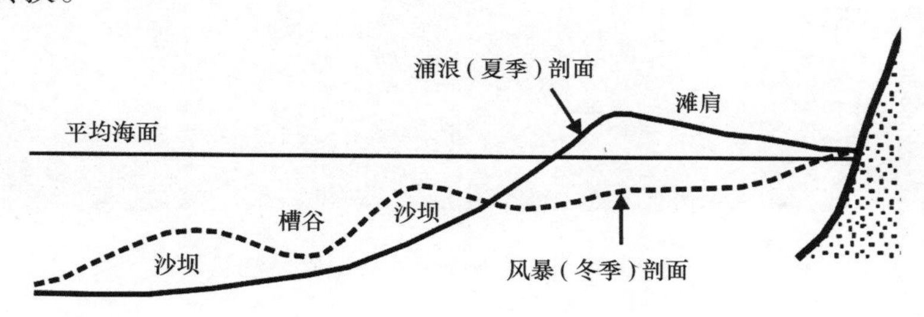

图 4－16　沙滩风暴剖面和涌浪剖面示意图

（2）沙滩沉积物变化特征研究

山东滨海沙滩的沉积物类型主要为砂、粉砂质砂等，总体沉积物粒度向海深处有不断变细的趋势。沙滩沉积物粒度分布的影响因素很多，粒度分布的研究有助于了解沉积物所处的沉积动力环境。具体指标有：①沉积物的平均粒径（Mz）表示其粒度分布的集中趋势，也能够体现出沉积环境平均动能的大小；②分选系数（σ_i）用于表征沉积物颗粒大小的均匀程度。如果粒级小，主要粒级突出，所占的百分含量高，那么其对应的分选程度就差；②偏态（S_k）是用以表明沉积物粒径的平均值与中位数的相对位置，体现出沉积过程中能量的变化情况。当 $S_k=0$ 时，即平均粒径和中位数重合，粒度曲线呈对称分布。若 $S_k<0$，则表示沉积物的平均值在中位数的左侧，曲线的峰偏向细粒的一侧，粒度集中在细端。若 $S_k>0$，则表示沉积物的平均值在中位数的右侧，曲线的峰偏向粗粒一侧，粒度集中在粗端；③峰态（K_g）可以说明沉积物粒度频率曲线的中部与尾部展开程度的比例，反映出环境对沉积物的影响程度。

（3）沙滩层理研究

沙滩层理可分为冲流作用形成的向海倾斜的前滨层理与冲越流作用形成的向陆倾斜的后滨层理，前滨层理与后滨层理的结构记录了较长时期的沙滩淤蚀动态（Hughes et al.，1997），涵盖了沙滩的长、短演变周期，开挖垂岸沙滩探槽，能阐明近数十年的沙滩进退过程。

山东半岛沙滩层理结构多样，成因与机制迥异，庄振业等（1989）曾对山东滨海沙滩的层理做了细致的研究，在此基础上，根据层理的调查结果，山东滨海沙滩近期变化大致分为侵蚀型和稳定或淤长型。①侵蚀型。该类型沙滩层理比较常见，大多数表现为沙滩的前滨层理覆盖后滨层理，可推断下部后滨层理的前滨部分已被冲刷掉，由此证明沙滩为侵蚀型。山东半岛大部分滨海沙滩层理均为侵蚀型；②稳定或淤长型。山东省所调查的滨海沙滩层理中，稳定型层理并不多见，只在烟台套子湾夹河西侧岸段、威海马栏阱—褚岛岸段、青岛石老人海水浴场等处存在。稳定或淤长型沙滩层理主要表现为平行层理或后滨层理覆盖前滨层理的交错层理，若后滨层理覆盖前滨层理，可推断后滨层理的前滨部分在向海较远处，则说明海岸是向海淤长的。

（4）遥感影像资料研究

多年份的遥感影像对比可以直观地反映出砂质海岸岸线的变迁，也可从平面上计算分析沙滩近期的变化速率，但遥感资料收集的难度较大，因此仅部分滨海沙滩通过此法分析近几十年的变化，如烟台龙口栾家口沙滩、威海荣成靖海卫沙滩等。

龙口栾家口沙滩：通过遥感影像提取了该岸段从1979年至2010年31年间4个时期的岸线，计算可知平均侵蚀后退速率为3 m/a，岸段不同位置侵蚀后退速率不尽相同，其中河口位置侵蚀较剧烈（图4－17）。

河口位置是海岸冲淤变化突出的地方，在供沙充足的年份，河口向海生长，在岸线上表现为向海凸出，而泥沙供给断绝之后，河口侵蚀的泥沙随着向海、向下游岸段扩散，河口岸线必然后退。本区大的河口不多，最主要的是黄水河、界河、夹河，其中夹河受人为改造影响较大，无法体现其自然状态下岸线演变趋势，因此以界河和黄水河表现最为明显。

靖海卫沙滩：通过遥感影像提取了该岸段从1980年至2010年30年间3个时期的岸线（图4－18），选取2005年的目的在于研究当地工程对沙滩侵蚀的影响。侵蚀速率两段岸线差距较大，计算得到不同岸段不同时段的平均侵蚀速率（表4－3）。

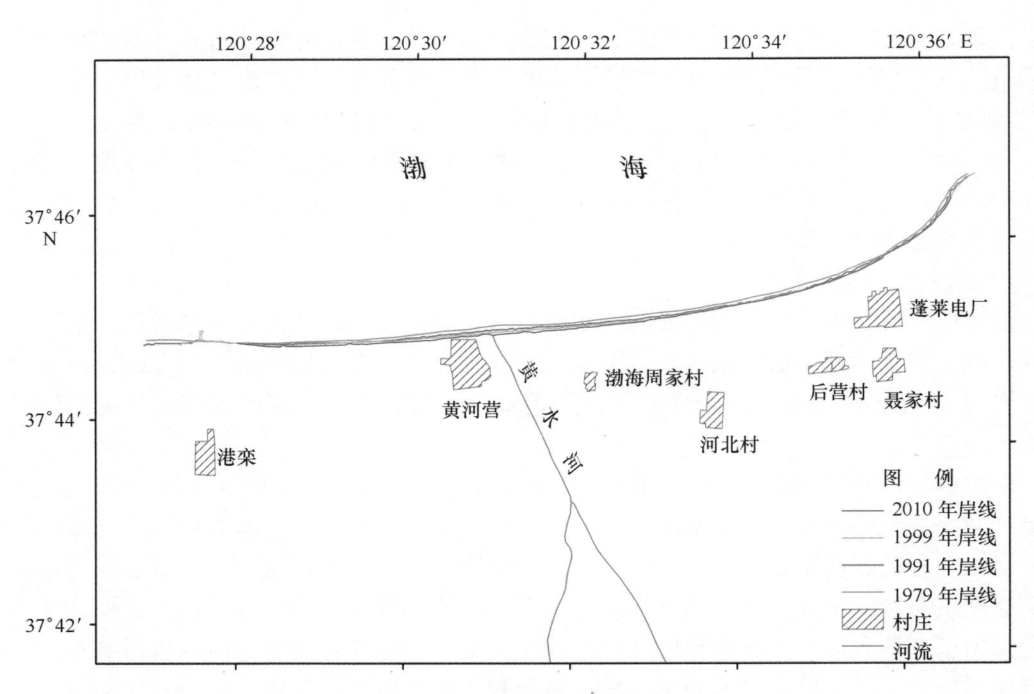

图 4－17　黄水河河口岸线变化

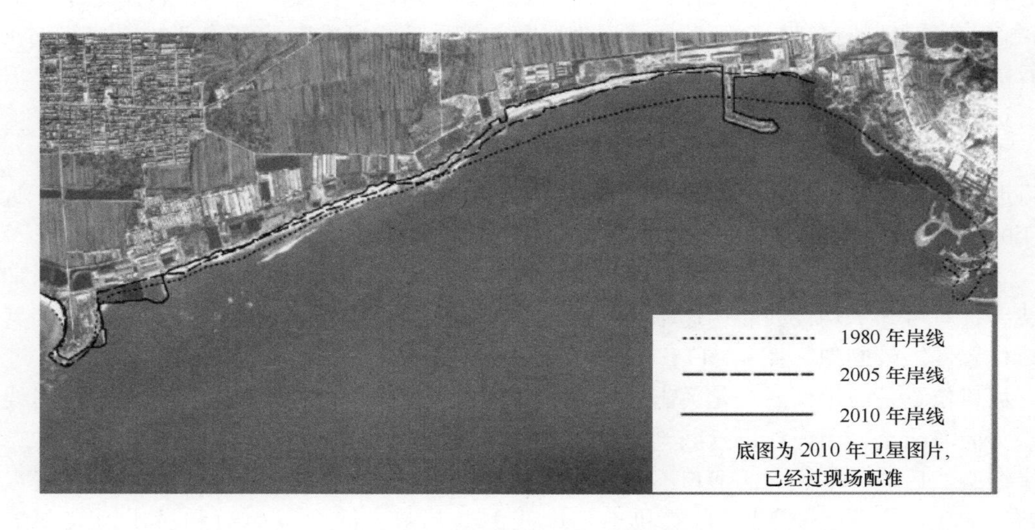

图 4－18　靖海卫沙滩历史岸线对比

表 4－3　靖海卫沙滩平均侵蚀速率　　单位：m/a

地段	1980—2004 年	2005—2009 年	2010—2011 年
沙滩东段	2 ~ 4	8 ~ 10	9 ~ 10
沙滩西段	1 ~ 2	4 ~ 5	5 ~ 6

从靖海卫沙滩侵蚀速率来看，自20世纪80年代以来总体上呈较快的侵蚀后退状态，东段侵蚀严重，西段稍缓，1980—2004年沙滩整体的平均侵蚀速率约为2～4 m/a，这与庄振业等（1989）20世纪80年代研究的侵蚀速率相接近；自2005年后，沙滩的平均侵蚀速率提高一倍，尤其东段侵蚀速率大大增加，原因是此后人类活动的加强，东段遭受挖砂和不合理工程更加频繁的影响，加剧了沙滩的侵蚀（王楠等，2012）。

具体而言，山东半岛滨海沙滩的动态变化可按地域分为北部、东部和南部进行研究。

（1）山东半岛北部沙滩

山东半岛北部沙滩指的是烟台北部沿岸沙滩，主要分布在牟平至刁龙嘴一线，总岸线长度约为140 km，砂质海岸约占总岸线长度的45%。砂质海岸以岬湾沙滩为主，普遍遭受侵蚀，淤长或稳定岸段仅在少数地区有所发现。大部分沙滩已为人类开发利用，人类建筑主要为养殖池和旅游度假区。

大致以蓬莱为界，将研究区海岸侵蚀分为两个区域。蓬莱以东的各个沙滩，一般朝向为北东向，而蓬莱以西的沙滩则一般朝向为北向或北西向，而此处沿海波型几乎全是风浪，强浪向和常浪向为偏北向、北东向。所以，蓬莱以东各岸段以横向输沙为主，而以西各岸段则以纵向输沙为主。两侧侵蚀机制不同，横向输沙为主的岸段，被侵蚀沉积物向外海输运，因此采砂和河流输沙减少成为海岸侵蚀的主要原因；纵向输沙为主的岸段，被侵蚀的沉积物除了向外海输移外，更主要的是随沿岸流向下游输移。该岸段侵蚀的主要因素还有构建岸滩建筑物，如丁坝、顺岸坝等，对下游区域造成急剧侵蚀（栾天，2011）。

（2）山东半岛东部沙滩

山东半岛东部沙滩海岸指的是威海沿岸，总岸线长度约为986 km，占山东岸线总长的1/3。按走向可分为3段，即北段、东段和南段。北段西起于双岛湾口，东止于成山角，该段西部和东部为岬湾海岸，湾底多发育沙滩，中部为全新世海侵沙堆积形成的海积平原，多发育沙坝型和沙嘴型沙滩。东段北起于成山角，南止于靖海湾，该岸段岸线曲折，岬湾众多，湾底堆积岬角侵蚀物质、河流挟带的陆源物质以及外海来沙，常形成沙滩，另外湾口常发育沙嘴，障壁海湾形成潟湖。南段西起于靖海湾，东止于乳山湾，该段海岸低平，除个别小岬角外，其余海岸为全新世海侵沙滩沙堆积成的海积平原，沙滩发育较为平直，长度较长。

据杨继超等（2012）的分析，威海市约有90%的滨海沙滩遭受侵蚀，其中长度小于2 km的沙滩和未开发利用交通不便的沙滩受侵蚀情况较为严重。长度小于2 km的沙滩共41处，其中40处遭受侵蚀或严重侵蚀；长度大于2 km的沙滩18处，其中14处遭受侵蚀或者严重侵蚀。未经开发利用或者仅作为生产使用的沙滩有42处，其中41处遭受侵蚀或严重侵蚀；已开发作旅游观光地的沙滩17处，其中13处遭受侵蚀或者严重侵蚀。

（3）山东半岛南部沙滩

山东半岛南部沙滩指的是青岛、日照沿岸沙滩。

青岛海岸线（含所属海岛岸线）总长870 km，其中大陆岸线730 km，占山东省岸线的1/4（崔猛等，2012）。沙滩可以按照地理位置的不同大致划分为胶南、黄岛、市区、崂山和即墨5个岸段。近几十年来，由于人为因素和自然因素的影响，青岛市沿海各海湾砂质沙滩不断遭受侵蚀，岸线侵蚀后退的速度不断加大。近10年来胶南灵山湾附近的砂质海岸约后退了70 m，平均蚀退率约7 m/a。青岛第一海水浴场和石老人海水浴场是青岛市最著名的海水浴场，由于海岸侵蚀，目前沙滩不断退化。第一海水浴场每年需要依靠大量的人工补沙来维持；由于海岸蚀退和滩面蚀低，石老人海水浴场东侧沙滩的一些礁石已经开始露出沙滩；崂山清水河附近的砂质沙滩也因侵蚀作用几乎损失殆尽（杨鸣等，2005）。

日照海岸南起岚山头，北至棋子湾，长约100 km。其中沙滩主要分布于东港区和岚山区，达64 km。日照海岸数千年来曾是淤长岸段，直到20世纪50—60年代仍可视为沙滩沙收支平衡时期，70年代至今却持续侵蚀。这不是一个局部的（例如某海岸工程引起）和短期的（例如某一次暴风浪引起）因素所能造成的，陆源沙减少、人为前滨采砂和海平面上升三个因素导致沙滩泥沙收支长期失去平衡，从而产生大范围的海岸侵蚀（庄振业等，2000）。

调查期间，对关键沙滩开展了重点监测，包括烟台龙口栾家口沙滩、青岛石老人海水浴场、日照万平口海水浴场。这些区域的滨海沙滩都有其典型的环境和变化特征，在对其进行一年内季节性连续观测调查的基础上，分别分析总结了其各自的变化规律以及相互之间的内在联系。

4.2.1 烟台龙口栾家口沙滩

（1）沙滩概况

栾家口沙滩位于山东半岛北部，烟台龙口市北部，西起港栾码头，东至栾家口港，总长度为13.63 km，平均宽度约为60 m，为一沙坝潟湖型砂质海岸。海岸较为平直，在东侧受栾家口基岩岬角的影响，呈弧形，滩面宽缓，西侧则相反，窄而且陡，通过钻探得到砂层厚度，结果表明，西侧砂层较厚，普遍超过2 m，麻花钻钻探至2.2 m未见底，而在东侧砂层一般小于2 m，约为1.7 m，砂层之下为黑色淤泥，可以证实此处原为潟湖，砂层覆盖在潟湖之上。通过计算可得该岸段滩面沙资源总量约为$163\times10^4\ m^3$。

海蚀地貌主要分布在基岩岬角处，如桑岛、屺坶岛、栾家口港等地方，调查区主要为海积地貌，龙口市海岸广布海积平原，以砂质为主，部分为砾石，其沉积超覆于陆相冲洪积层之上，有浅滩海湾相、潟湖相、沙坝沙堤相等。

注入调查区最主要的河流为黄水河，黄水河于龙口北部黄河营村东侧入海，为境内最大河流，发源于栖霞猪山、狼当顶和寺口西境十字坡，干流总长55 km，1959年，其中上游建一大型水库——王屋水库，总库容$1.49\times10^8\ m^3$，拦截大量泥沙。

龙口市近海潮汐性质属不规则半日混合潮，潮汐形态数$F=0.92$。累年平均潮差为0.91 m。最大潮差为2.87 m，最小潮差为0.03 m。最高潮位为3.40 m，出现在1972年7月27日。最低潮位为-1.23 m，出现在1972年4月1日。

依据龙口屺坶岛海洋水文站波浪资料分析可知，该海域以风浪为主，频率为97%～99%，涌浪频率一般为40%，最多风浪向为北北东，频率20%左右，最多涌浪向亦为北北东，频率为15%左右，年均波高为0.7 m，平均周期为3.3 s。最大波高为7.2 m，波向北东，最大周期13.1 s。

（2）沙滩特征

港栾—栾家口砂质海岸为沙坝潟湖型海岸（庄振业等，1989），形成于冰后期海侵淤长过程。该岸段受 NE、NNE 常浪向波浪影响，沉积物向西运移，在沿岸输沙的影响下，逐渐形成了下游的屺坶岛连岛沙坝；海平面稳定后，岸线变化主要受河流输沙的影响，20 世纪 50 年代以前基本保持稳定，河流上游建设水库后，海岸遭受侵蚀。

该调查区共布设 6 条剖面，对沙滩剖面连续观测两年，共调查 4 ~5 次（图 4 -19）。

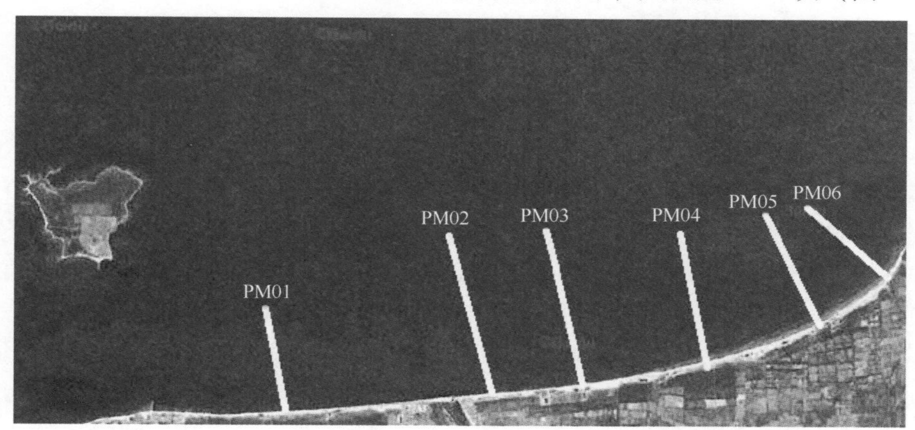

图 4 -19　港栾至栾家口岸段测量剖面位置

港栾至栾家口岸段在东侧为栾家口港，玄武岩基岩出露，而且栾家口港的建设加强了该基岩岬角的作用，受这个岬角的遮蔽作用，该岸段东侧沉积物以细砂、中细砂为主，而向西沉积物粒度逐渐变粗（图 4 -20），在岬角无法影响的区域，沉积物以中砂、粗中砂为主；沉积物的粒度在该岸段的中间部分变化较大，在 -0.2 ~0.8 ϕ 之间，这是由于该岸段直接面对外海，沉积物容易受地形和水动力作用影响，甚至受到沙滩上构筑物的影响，第三个站位沉积物比东西两侧细正是因为在其东西两侧数十米各有一个小型的丁坝，最西侧第一个站位沉积物较细是由于受到桑岛的遮蔽作用和港栾码头的影响，栾家口港的影响在第五、第六个站位体现比较明显，沉积物很快从 -0.2 ϕ 变为 2.5 ϕ。

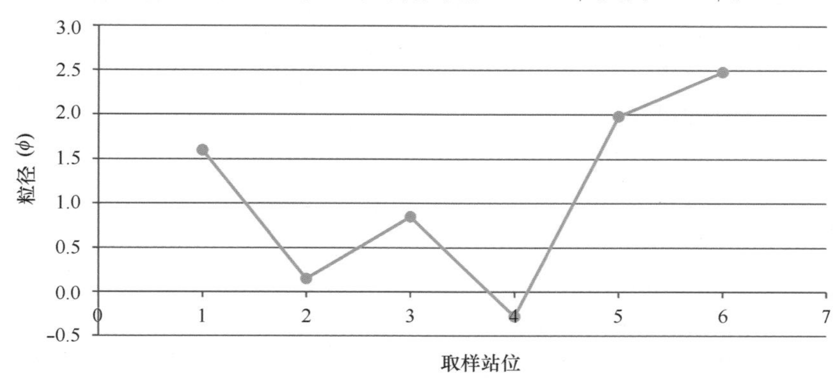

图 4 -20　港栾至栾家口沉积物粒径和沉降速率沿途变化（从西向东）

（3）剖面动态变化

沙滩的剖面形态也发生极大的改变，东侧为沙坝消散型沙滩、低潮沙坝型沙滩，向西过渡为沙坝沙滩，甚至在最西侧出现了反射型沙滩。在西侧滩面宽度均不超过40 m，其中最窄的只有25 m（PM02），坡度约为6.5°，从PM04开始滩面宽度增加，从40 m增加到超过80 m，而且滩面坡度变缓，PM05坡度大约为2.5°，而PM06坡度仅为2.2°，而且在PM05和PM06的潮间带低潮时可以看到沙坝出露，其水下部分仍然发育有沙坝。从测量的剖面中选取重复测量的4条来分析剖面的动态变化，重复测量时间着重于冬、夏两季（图4－21）。

根据PM02与PM05剖面连续两年的观测结果显示，岸段沙滩基本处于稳定有少量淤长状态。而PM04剖面由于观测季节分别为秋季与翌年春季，处于夏季滩肩型与冬季沙坝型转换过程中，沙滩基本处于稳定状态。PM06剖面上部滩面没有明显变化，但由于常浪向与强浪向均以北东向为主，岸线朝向西北，泥沙运动以沿岸输沙为主，但岸段东部的丁坝对沿岸流起到了一定阻断作用，减少了泥沙的沿岸向西输运，泥沙在此处有少量堆积，水下部分呈现淤长状态。

该区沙滩人为因素影响（采砂、不合理人工建筑）较小，自然作用为主，海岸没有产生明显的蚀退现象，但由于丁坝的拦截及没有河流输沙，导致此岸段缺乏沙源，总体分析应处于侵蚀状态。

4.2.2 青岛石老人海水浴场

（1）沙滩概况

石老人海水浴场长约2.1 km，平均宽210 m，滩肩平均宽约80 m，滩肩至滩面厚度超过2 m，浴场中段和北段发育宽阔的滩肩，往南滩肩逐渐变窄至几乎不发育。浴场两头剖面较短，最北端建筑垃圾堆积较多，游人罕至，最南端有海蚀崖和海蚀柱。浴场为知名旅游景点，管理良好。

青岛市滨海沙滩是全新世中—后期在近岸波浪作用下形成的，没有较大的河流在这个时期向海输沙，海岸岬角、近岸海底的侵蚀是沙滩砂的主要来源。石老人海水浴场属岬湾型海岸，海湾和岬角相间分布，岬角突出入海，海湾凹向陆地。波浪进入岬湾后形成复杂的水动力环境，不断地调整沙滩沉积物的分布。一般认为近岸带泥沙的运移主要分成两个方向：一个是垂直于海岸的横向运动，主要由波浪的轨迹运动产生；另一个是平行于海岸方向的沿岸运动，与波浪斜向作用产生的沿岸流相关。在波浪的冲刷和拍打下，被侵蚀的物质逐渐被搬运、沉积，由于重点区周边缺少大的河流，这些侵蚀物质成为了沙滩沉积物的主要来源，形成了宽阔的沙滩。

在石老人海水浴场沙滩布设监测剖面3条（图4－22），开展两年四季地形重复测量，并选择合适沙滩地貌部位开展地质钻孔取样。据此进行沙滩动态变化和稳定性的分析研究。

（2）剖面动态变化

3条剖面的连续观测选取2次冬季和夏季剖面作对比，研究沙滩季节性变化（图4－23）。

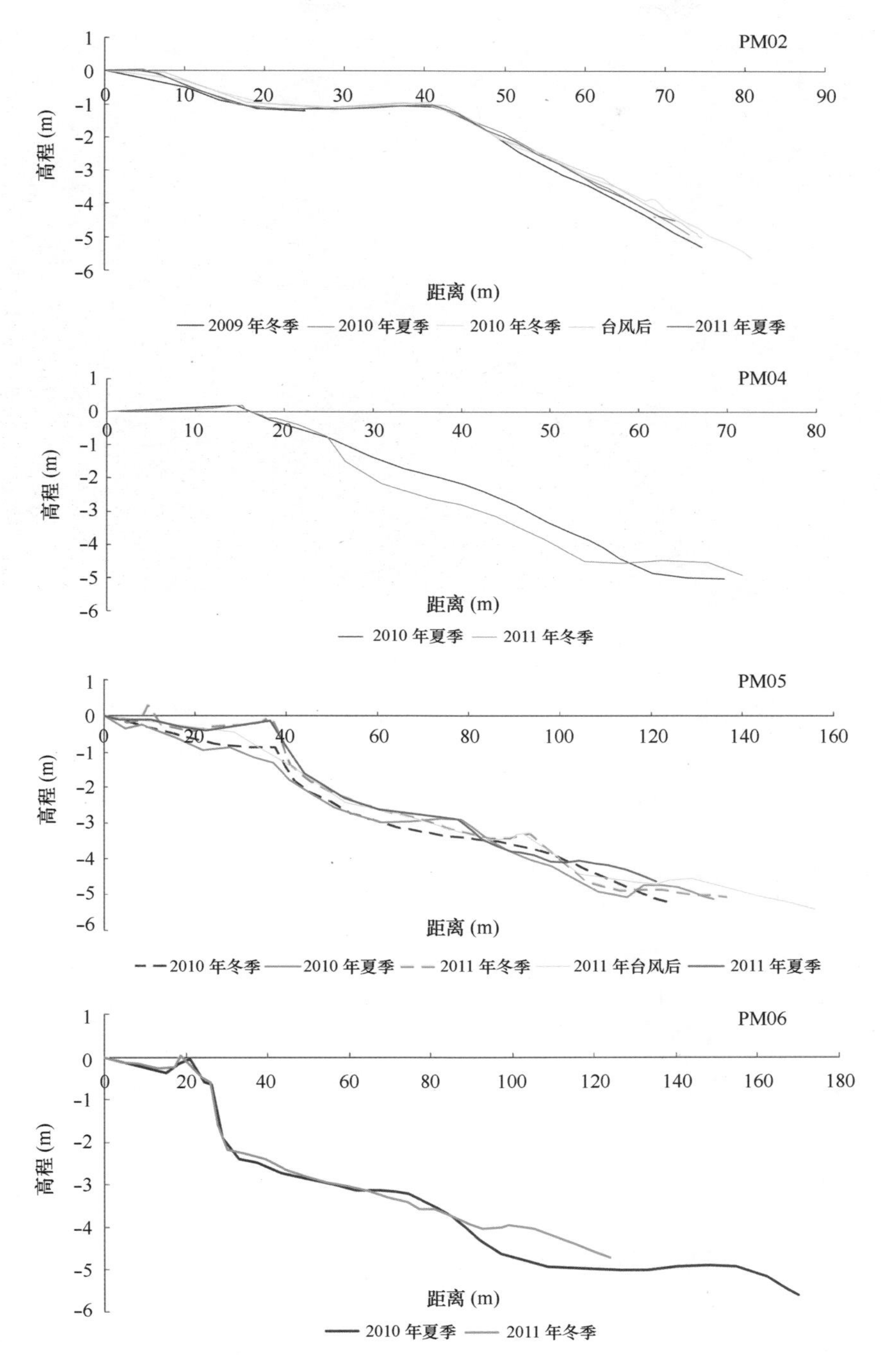

图 4－21　港栾—栾家口岸段剖面重复测量结果对比

石老人海水浴场冬季剖面形态变化较大，泥沙运移较不均匀，夏季剖面变化相对较小，泥沙运移较均匀，这与动力的强弱变化有关，也可看出沙滩随季节动力特征而自我调整，将泥沙的不均匀分布变为均匀剖面。3 条剖面的变化均符合冬、夏剖面交换特征，说

图 4-22　青岛石老人海水浴场监测剖面位置分布

明该处沙滩处于相对稳定的状态，冲淤随季节变化而相对处于平衡状态。

在连续观测的同时，每条剖面上还进行了表层样品采集。2010 年分别在 4 月和 10 月各采样 17 个，并分析了其粒度特征参数的变化（图 4-24）。

剖面粒度参数的变化与水动力的变化以及剖面的季节性变化相关联，夏季剖面粒度参数具有趋向粒径偏小，偏态负偏等特性，冬季反之。10 月剖面样品的平均粒径均不同程度地减小，分选程度普遍变好，其中剖面三的样品颗粒最细，分选程度最好；两次剖面一（pma）、剖面二（pmb）、剖面三（pmc）的分选程度分别为较好、较好、较差；两次取样的沉积物偏态都为负偏，即细偏；剖面一和剖面三的偏态都是 10 月的比 4 月的小，而剖面二是增大的，剖面二的偏态由 4 月的极负偏变为 10 月的负偏；10 月取样的沉积物峰态都比 4 月的变大，颗粒的集中程度变大，剖面一的峰态由窄变为很窄。

4.2.3　日照万平口海水浴场

（1）沙滩概况

万平口浴场长 6.39 km，宽度 50～160 m，滩肩最宽处有 50 m，最窄处约 10 m，滩肩至滩面厚度超过 2 m，属夷直型砂质沙滩，沙滩岸线宽阔平直，不见基岩岬角。沙滩剖面平缓，坡度 0.03～0.06，大部分岸段后滨发育宽阔平缓的滩肩。沙滩作为旅游景点开发管理较完善。

日照万平口海水浴场所处岸段为低平海岸，位于地壳稳定的胶南台地上，海岸形态出现了滨外沙坝和潟湖，由丰富的沙源和波浪潮汐的混合作用形成。日照境内有多条河流如吉利—白马河、两城河、巨峰河、付疃河等，为其提供了丰富的泥沙。研究区海岸为东北走向，与区域构造方向线一致，为平直砂质海岸，附近波浪常浪向和强浪向为东南方向，

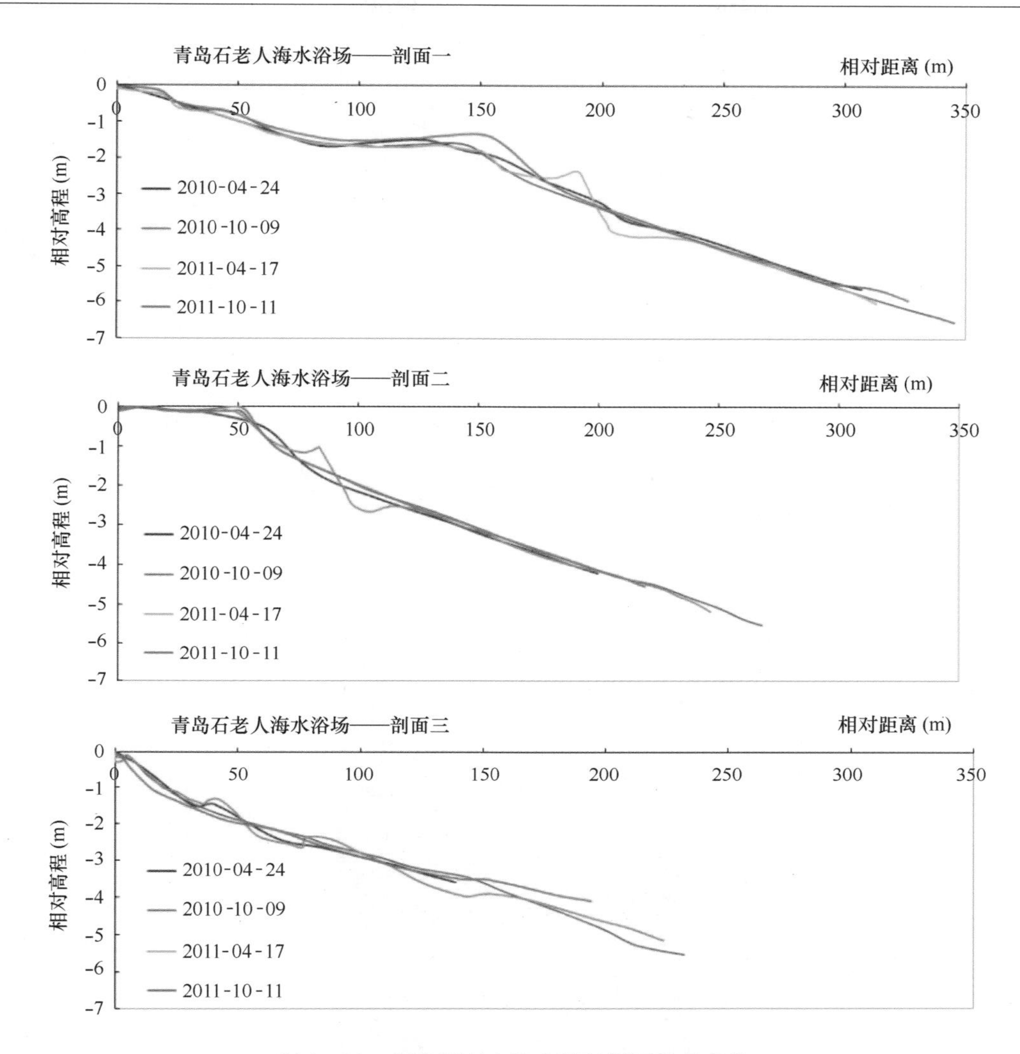

图 4－23　青岛石老人海水浴场剖面季节变化

与岸线垂直，丰富的沙源在波浪潮汐的均衡作用下，形成平缓的沙滩剖面。

在万平口浴场沙滩布设 6 条测线（图 4－25），进行连续地形重复测量，并选择合适沙滩地貌部位开展地质钻孔取样，据此进行沙滩动态变化和稳定性的分析研究。

（2）剖面动态变化

6 条测线 PMA、PMC～PMG 的观测从 2010 年 4 月进行至 2011 年 10 月，共重复测量 4 次，分别代表两年冬、夏剖面，如图 4－26 所示。

通过剖面测量结果的对比，可以看出沙滩滩面季节性变化较小，冬、夏季的冲淤差异较小，各剖面总体处于相对稳定的状态。PMA 位于沙滩最北端，由于测量期间后滨人类活动频繁，基点构筑物被破坏，故仅有两次观测，也由于 PMA 处的挖沙活动，沙滩滩面发生蚀减，沙滩冬季剖面自然状态下就有侵蚀趋势，在此基础上的人为破坏，更促进了侵蚀过程；PMC 处冬季剖面和夏季剖面特征明显，冬季滩肩泥沙向水下沙坝运动，夏季水下

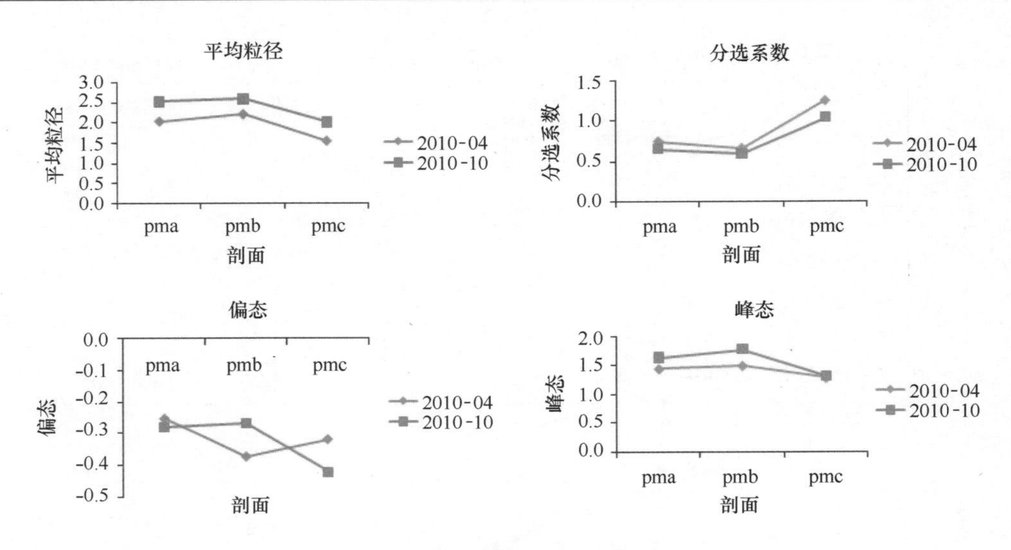

图4-24　石老人浴场沙滩粒度参数折线图

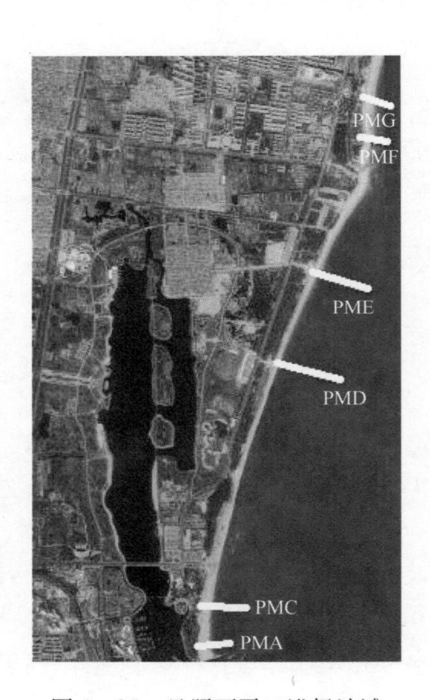

图4-25　日照万平口浴场沙滩

泥沙向陆运动；PMD、PME水下部分变化不大，高潮线附近冬季少量侵蚀；PMF和PMG位于沙滩最南端，剖面的冬、夏季变化相对较稳定。

剖面表层样品的采集也随剖面连续观测进行，粒度参数的变化与剖面形态变化结合，可进一步呈现剖面的季节性变化，万平口海水浴场沙滩剖面的粒度参数变化如图4-27所示。

平均粒径方面，夏季相对冬季较细，剖面平均粒径由冬季的0.89～1.91 ϕ 变为夏季

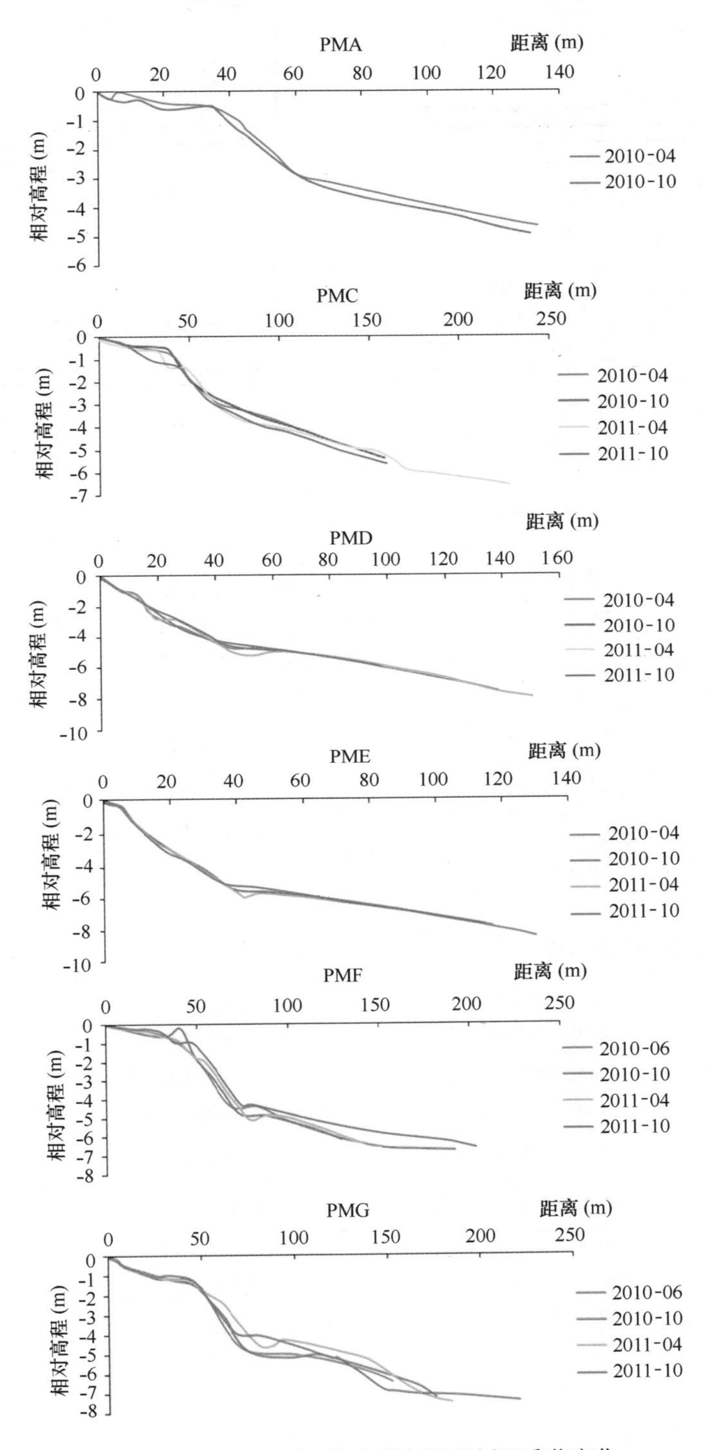

图 4－26　日照万平口海水浴场沙滩剖面季节变化

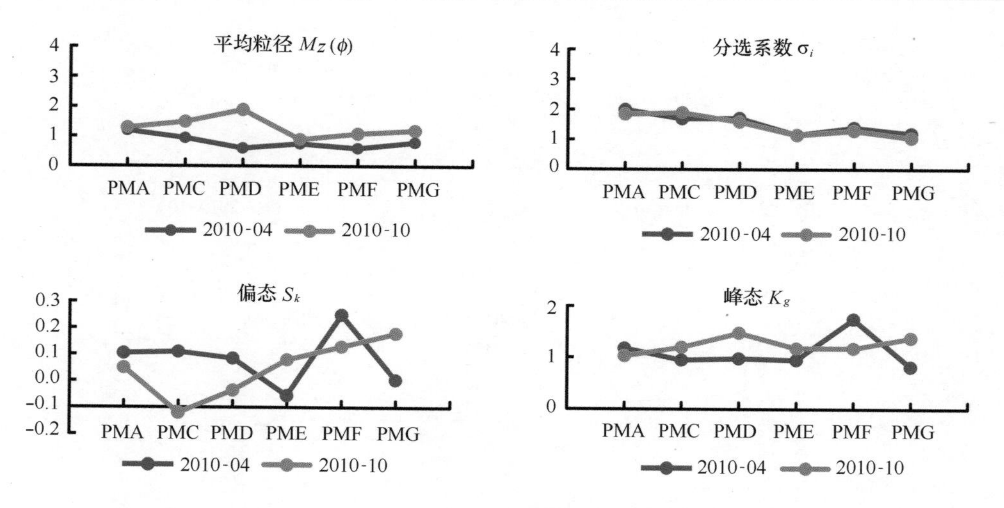

图 4－27　万平口浴场沙滩沉积物粒度参数折线图

的 0. 57～1. 23 ϕ，反映了夏季剖面水动力减弱的特点，也响应了夏季剖面泥沙向陆运移的特点；分选系数方面，沙滩沙分选性变化不大，分选系数由冬季的 1. 12～1. 93 变为夏季的 1. 10～1. 85，略微优化，反映了该处沙滩年内变化较为稳定的特点；偏态和峰态方面，二者变化相对复杂，偏态值由冬季的－0. 5～0. 25 变为夏季的－0. 12～0. 31，峰态由冬季的 0. 93～1. 78 变为夏季的 1. 03～1. 49，PMA、PMC、PMD 和 PMF 的偏态值夏季较冬季低，PME、PMH 和 PMG 则呈相反变化，PMC、PMD、PMF、PMG 夏季较冬季变宽，PMA 和 PMG 则变窄。从整体上看，粒度参数反映了季节性剖面的变化特性，也反映了该处沙滩年内变化相对稳定的特性。

4. 3　影响滨海沙滩演化因素

在相对稳定的海岸地质与动力环境下，沙滩本身具有形态上的自我调节能力（Dean，1991），各个部分相互协调组成了一个完整的自然体系，成熟的沙滩体系短时期内通常会在一定范围内处于平衡状态。山东半岛滨海沙滩自 20 世纪 80 年代以来遭受严重侵蚀，这是多重因素共同作用的结果，其中既有自然因素，如全球海平面上升、极端天气事件等，更有人类活动的影响，如河流建坝导致入海泥沙急剧减少，滩面及近滨采砂对附近沿岸造成大面积侵蚀，沙滩上随意建筑养殖池、海堤、丁坝等构筑物改变小区域沙滩冲淤格局等。人为因素的影响在近几十年的演化中已成为主要因素，所造成的严重侵蚀往往是不可逆的，更为严重的是，当以上诸多人为因素与极端天气事件作用耦合时，沙滩所遭受的破坏将不可估量。

4. 3. 1　人为因素

（1）阻断沙源供应

沙源供应减少主要包括陆源沉积物供应减少和海岸侵蚀碎屑供应减少两个方面，根据不同沙滩的物源供应方式而有不同表现。大型岬湾沙滩、河口沙坝型沙滩以及夷直型沙滩往往有河流注入，自然状态下河流带来大量陆源沉积物，成为沙滩沉积物的重要来源。山东省入海河流众多，多为丘陵山溪性河流，砂质海岸分布的入海河口其流域多为不易冲刷的基岩山地，虽年平均输沙量不大，但以粗颗粒物质为主，是沙滩沙的良好物源。然而近30年来，山东半岛入海河流几乎全部修建水库、河闸等水利工程设施，大量的泥沙供给被截断，河流除洪季外几乎没有入海泥沙输送，年输沙量原本100多万吨至几十万吨不等的河流几乎全降为零，由此造成的沙滩泥沙亏损是不可逆转的，人类活动打破了沙滩泥沙的收支平衡，海岸侵蚀在所难免。山东半岛北岸王河、界河等河流上游共有中、小型水库上百座，拦截流域面积396.76 km^2，1958—1984年共拦截沙量为$2\times10^7\sim3\times10^7$ t，王河口沙嘴消失，三山岛—刁龙嘴岸段由淤积转为蚀退（王庆等，2003）。

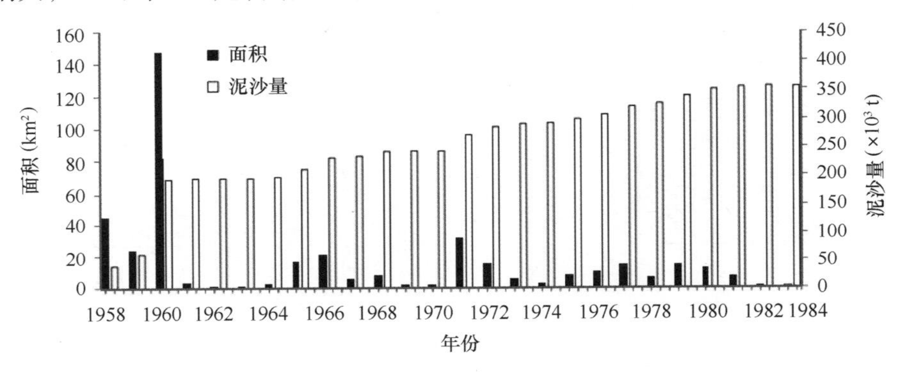

图4－28　1958—1984年刁龙嘴以东水库拦截流域面积及泥沙量（王庆等，2003）

而对于小型岬湾沙滩来说，其沙源主要为当地周围基岩直接侵蚀而来，或者附近丘陵低地的残—坡积物搬运而来，后滨形成的海积沙地规模较小，因此容易被破坏。如在烟台芝罘区海水浴场、蓬莱阁岸段、月亮湾等处，由于滨海旅游需要，进行了开发利用，沿岸修筑了公路，起到了海堤的作用，截断沙源，导致泥沙供应不足，最终泥沙向海大量流失，被侵蚀殆尽，只在路基底部有宽不足10 m的沙滩，沉积物以砾石质粗砂为主，细粒沉积物流失掉，低潮时露出基岩海底（图4－29）。

（2）滩面及近滨采砂

滩面采砂和近滨采砂都会对沙滩的平衡剖面造成破坏，而沙滩始终向着平衡模式发展，所以后滨大量的沙会逐渐补充到滩面和近滨，最终导致整个沙滩剖面的下蚀（图4－30），并且伴随着沙滩的下蚀，海水深度的相对增加，水动力侵蚀作用相应加强，形成恶性循环，最终致使海岸侵蚀日益严重，此种现象在荣成靖海卫沙滩非常明显。在2011年春节前后的两次重复调查中均可以见到滩面采砂现象（图4－31），在一年的调查期内，沙滩蚀退约10 m。

滩面采砂在山东半岛滨海沙滩曾广泛进行，严重地破坏了沙滩结构。自20世纪80年代开始的侵蚀，到现在也没有停止。庄振业等（1989）对烟台地区的统计与研究表明，大规模采砂外运是20世纪80年代初期开始加剧，掖县和龙口等靠近港口的砂岸较为严重

图 4－29　烟台月亮湾侵蚀现状

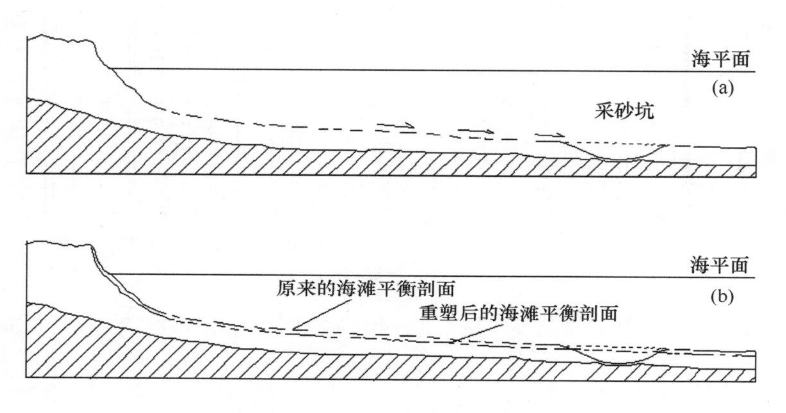

图 4－30　近滨采砂后沙滩剖面下蚀重塑

图 4－31　靖海卫沙滩的滩面采砂活动

（表4－4），实际采砂量往往为统计数目的2～3倍，1984年的采砂量也远远大于1982年和1983年。河流输沙和人工采砂的数量可以在这些岸段上铺就40 m宽的沙滩，而且使岸线每年向海淤长约1.24 m。牟平1991年的采砂量为5.0×10^{6} t，是1983年采砂量的3.8倍，导致部分海岸后退几十米到几百米不等。虽然现在法律法规已经严禁采砂，但是滩面采砂仍经常见到。在招远诸流河西侧老店村北沙滩后滨有大的采砂坑，长宽均数十米，破坏了防护林。

表4－4　山东半岛北岸沙滩砂场及采砂量

地区	沙滩砂场数目（个）	年采砂量（$\times10^{4}$ t）		资料来源
		1982年	1983年	
牟平	7	70	130	牟平砂石管理站
福山	9	80	100	福山县化建公司
蓬莱	10	20	50	蓬莱砂石办公室
黄县	5	80	130	龙口砂石办公室
招远	1	20	50	招远砂石办公室
掖县	7	30	50	掖县矿产公司
总计	39	300	510	

近滨采砂在山东半岛沿海也很常见（图4－32），半岛近海有砂质海底发育的地区均有此现象。无限制地采掘海砂，使得海底深度加大，水动力增强，同时改变了原来平衡剖面的形态，造成了严重的海岸侵蚀。尤其在烟台的登州浅滩地区，1986—1991年，长岛县海运公司在登州浅滩采砂的总量为969 849 t，长岛县鹊嘴海运公司和烟台港修建公司也同时在此采砂，大规模地开采海砂，导致登州浅滩区海水变深，5 m等深线范围由1974年的3.96 km^2缩小为1991年的0.5 km^2，平均水深加深了1.1 m，水深加大导致波高变大，海浪侵蚀作用增强，被侵蚀的海岸长达20.08 km，海岸后退的最大距离达200 m，烟台—潍坊沿海公路被迫改道，大片村落被海水淹没，在此期间西庄村海岸侵蚀，导致土地面积减少了110 194 m^2，西庄村将长岛县海运公司上告至海事法庭，也成为中国海岸侵蚀方面第一案例。近期对胶州湾测量发现，盗采已经在海底形成多个大型坑槽。

（3）不合理海岸构筑物的影响

近年来在法律法规的保护下，山东半岛滨海沙滩的采砂活动得到一定控制，但随着经济的发展，众多的近海构筑物不断修筑，其中部分缺少科学指导，已逐渐成为影响周边沙滩冲淤变化的重要因素，由不合理构筑物引起的沙滩侵蚀与退化在山东滨海沙滩的近期演化中经常出现。

不合理的构筑物如养殖池、丁坝、突堤、码头等，在近海修建时不了解当地的水动力环境，往往会改变近海的流场与波浪场，改变近海泥沙运移路径，导致沙滩的局部冲淤特征发生改变，一方面阻断了沙源供应，另一方面打破了沙滩对水动力的平衡响应，导致沙滩遭受侵蚀。在滩面修建时，不仅占用滩面空间，更截断了剖面纵向自平衡的泥沙运移，造成的侵蚀更加直接。对于大型夷平砂质海岸这种影响尚有机会逆转，但对于以海洋动力

图 4－32　烟台近海采砂船偷采海砂

输砂为主的小型岬湾型砂质海岸，这种影响往往是极其严重的。

以威海荣成靖海卫沙滩为例（王楠等，2012），在采砂和不合理构筑物的双重影响下，这类以波浪输砂为主的中小型沙滩近年来局部侵蚀速率达到 9 m/a，遭到严重破坏。2005 年前后，沙滩东端采石填海活动与渔港码头等近岸工程日渐兴起，海岸线向南延伸，并修有一条相对 1980 年海岸线伸长出近 1.5 km 的突堤，而沙滩外海平均波高不大，夏季东南强浪向波浪输沙是沙滩砂的重要来源，由工程带来的海洋动力环境的改变不仅阻断了物源，更改变了近岸的波浪场，加剧了沙滩的侵蚀（图 4－33）。

图 4－33　近岸工程修建前后，夏季强浪向（140°）波高及波向对比（STWAVE 模型模拟结果）

4.3.2　自然因素

（1）极端天气下的海洋动力过程

主要为冬季寒潮大风、夏季台风所引起的风暴潮和风暴浪，是在极短时间内造成海岸快速侵蚀的主要因素。山东半岛滨海沙滩因地处纬度较高，夏季受台风影响次数有限，所受极端天气影响主要来自冬季寒潮大风引发的风暴潮和大浪。每次风暴过后，大量沉积物被带到海中，滩面形成明显的侵蚀陡坎，大多数时候这些侵蚀陡坎只是季节性的，在夏季时，由于长周期涌浪的作用，沉积物会向岸搬运，重塑滩肩，掩盖掉原来的侵蚀陡坎，所以风暴潮对海岸侵蚀来说只是一个诱因。但近年来在人类活动的影响下，这种自然因素所带来的侵蚀影响被放大，当人为因素已造成沙滩沉积物收支失衡时，沙滩自然防护体系被打破，自我调整功能被破坏，风暴过后，没有泥沙重塑沙滩，其所造成的大量侵蚀无法恢复，季节性侵蚀陡坎变成永久性侵蚀陡坎（图 4－34），并随时间逐步向陆地移动。

图 4－34　风暴潮造成的永久侵蚀陡坎

（2）海平面上升

海平面上升是一种缓慢的、不可抗拒的海岸侵蚀自然因素，海平面上升速率约为 2.5 mm/a（蔡锋等，2008），短时期内不易看出其影响，从较长的沙滩演化时间尺度上来看，这也是一个不可忽略的因素。就新构造活动相对稳定的山东半岛滨海沙滩而言，庄振业等（2000）对鲁南砂质海岸的研究表明，在人类活动影响较大的沙滩，海平面上升造成侵蚀所占的比例约为 10%，在 20 世纪 80 年代以前，海平面上升对沙滩的侵蚀有着一定量的持续的影响；而从 80 年代以后，这一因素对山东半岛滨海沙滩快速侵蚀的影响远小于人为因素。

5 滨海沙滩质量评价

滨海沙滩是良好的休闲旅游资源，由地貌、水体、气候气象、生物、人文等多种资源要素共同作用而组成（刘康，2007）。我国海岸线长 32 000 km（含海岛岸线），其中 1 400 km 可用作浴场（胡镜荣等，2000）。2006 年我国滨海旅游收入 4 706 亿元，占全国主要海洋产业总产值的 25.6%，位居首位（国家海洋局，2007）。滨海沙滩质量评价是极为有效的管理工具，不仅为滨海沙滩使用者选择沙滩提供更多的帮助，为进一步提高滨海沙滩作为休闲旅游场所的质量提供了指导方法（Micallef et al.，2004），也对滨海沙滩周边企业、社区，甚至个人针对沙滩的行为进行约束，同时为相关部门提供了沙滩管理的重要参考和策略（孙静和王永红，2012）。

5.1 滨海沙滩质量评价体系与方法

5.1.1 国外质量评价体系与方法

国外对滨海沙滩质量评价的研究起步较早，国外的学者对滨海沙滩质量评价做了大量的研究工作，美国、英国、法国、澳大利亚等国都已提出并推行各自的滨海沙滩评价标准（Williams et al.，1995；Morgan，1999；Nelson et al.，2000；Staines et al.，2002；Micallef，2003，2004；Vinau et al.，2005），各评价标准现在应用得也比较成熟。欧洲的滨海沙滩评价开展得较早，应用得也较为广泛，主要以“蓝旗”评价标准为代表。欧洲“蓝旗”评价体制（欧洲环境教育联邦委员会采用）共有 26 个指标，其中，水质 7 个，环境教育和信息 6 个，沙滩旅游资源管理 13 个。1993 年后，水质标准由强制性（“Ⅰ”级）提高到指令性（级）。必须达到的强制指标如下。

（1）环境教育和信息

关于蓝旗标准的信息必须显示。

必须向沙滩的用户提供环境教育活动，且教育内容需不断改进。

浴场海水质量状况必须显示。

必须有描述关于当地的生态系统和环境现象的信息。

必须有标有不同的设施位置的一个沙滩地图。

必须标示反映管理的沙滩及周边地区的相应的法律规范。

（2）水质

沙滩检测必须完全符合水质采样频率的要求，一个季度至少 5 次样，采样间隔不能超过 30 d。

沙滩样品必须完全符合标准和水质分析的要求。

没有工业废水或与污水相关的排放影响沙滩区。

沙滩水质必须遵守蓝旗标注对微生物参数：粪便大肠菌（大肠杆菌）和肠道肠球菌、链球菌的要求分别为250 cfu/100 mL和100 cfu/100 mL。

沙滩水质必须遵守蓝旗对物理和化学参数的标准。

（3）环境管理

地方当局/沙滩经营者应建立一个沙滩管理委员会。

地方当局/沙滩经营者必须遵守该沙滩经营的所有规定。

沙滩必须干净。

藻类植被或天然砂砾应留在沙滩上。

在沙滩上必须有足够数量的垃圾桶，且必须定期维护。

对于可再生废物原料分离的设施应设置在沙滩上。

沙滩上必须设置有足够数量的厕所或卫生间设施。

厕所或卫生间设施必须保持清洁。

厕所或卫生间设施必须控制污水处理。

禁止任何未经授权的野炊、机动车辆进入以及在沙滩上倾倒废物。

禁止携带狗及其他家畜进入沙滩。

沙滩上所有的建筑物和设备必须妥善保护。

必须监控沙滩附近的珊瑚礁。

沙滩地区应有一种推广使用的便捷交通工具。

（4）安全服务

在沙滩上必须有足够数量的救生员和救生设备。

急救设备在沙滩上必须是可用的。

必须有应对污染风险的应急计划。

必须有沙滩的用户管理机制和突发事件的处理机制以预防处理冲突和事故。

必须有保护用户安全的措施。

沙滩上有能提供饮水的饮水机。

在每个城市至少有一个蓝旗沙滩要有轮椅通道和有辅助功能的设备帮助残疾人。

“蓝旗”标准要求严格，需按季度申请，32项都要求必须达标。“蓝旗”评价标准于1985年在法国开始实施后（Vinau et al.，2005），得到了广泛的认可，目前遍布全球多个大洲的2 934处沙滩被授予“蓝旗”（蓝旗官方网站 http://www. blueflag. org/）。意大利国内125个省份中共有233处沙滩荣获蓝旗沙滩称号。到2009年法国有蓝旗沙滩285处。很多人会选择在气候温暖、风景如画的法国南部度假，尤其是埃罗省，这里有12处蓝旗沙滩，是法国蓝旗沙滩最集中的区域。

其他旅游业发达的国家也建立了自己的评价标准，如英国的优秀沙滩指导标准和海滨奖励标准（孙静和王永红，2012）。优秀沙滩指导标准由海洋保护学会提出，主要评价标准是水质。但是若存在如信息不完整、附近有污染排放、报纸中有负面报道等情况，即使水质达到要求，也不会被推荐。评价中也包含沙滩描述、安全、垃圾管理和清洁、沙滩设施、海滨活动、公共交通等方面的信息。海滨奖励标准将旅游地和乡村的沙滩分开进行评价，分别从水质、沙滩和潮间带、安全、管理、清洁、信息和教育6个方面提出了29项和13项评价标准。管理方面的要求相差最大，其他5项的内容相差稍小。将沙滩监管者、沙滩入口安全、对驾驶车辆和露营等的管理、建筑物和设施的状态列入乡村沙滩管理中。旅游地沙滩在管理方面除了包含乡村沙滩要求的4项外，还涉及公共设施、公共服务和动物管理方面。

哥斯达黎加评价体系（李占海，2000）用于区分沙滩大众适宜性和个体适宜性，有113个评价因子，分6组：水体、沙滩、沙子、岩石、沙滩总体环境和周围地区。每一组又分有益类和有害类。哥斯达黎加体系庞大，内容全面而复杂，且主观性强。

美国国家健康滨海沙滩评价标准（于帆，2011）：国家健康沙滩评价标准是来自美国佛罗里达国际大学的 Stephen Leatherman 博士的沙滩评价方法，其目标是维持高标准的沙滩管理，并确保沙滩使用者能够得到可靠的信息。Stephen Leatherman 曾对美国650处沙滩做了专门调查，制定了专业的评级和评分表，划分了被广泛采纳的50个评级因子和5级评分标准，但未考虑各因子的权重及游客的喜好。另外，还有美国蓝色波浪评价标准、澳大利亚的 Short 滨海沙滩评价标准等。

通对国外沙滩评价标准的研究，我们发现各个成熟的标准不仅很好地适用于当地的沙滩，而且对其他地域的沙滩也有很好的应用价值和参考意义。国外学者普遍将旅游地滨海沙滩和乡村滨海沙滩的标准差异化，以适应其利用程度、管理模式、服务对象等的差异。

5.1.2 国内沙滩的评价体系与方法

国内关于滨海沙滩质量评价的研究起步较晚，且多集中于对旅游地沙滩的评价，乡村沙滩基本不涉及。淮河以北的滨海沙滩质量评价研究多集中在山东青岛、日照、烟台等地（郑建瑜等，1998；刘煜杰等，2009）。淮河以南的滨海沙滩质量评价研究集中在福建省和海南省（陈怀生等，1990；陈春华，1992；马祖友等，2006）。国内的评价标准虽然能够适用于局部区域，但因为指标不统一，标准不同，所以普遍的适用性不强。

郑建瑜（1998）对青岛第一、第二海水浴场和石老人海水浴场的沙滩进行了质量评价和对比（表5－1）。

表5－1　青岛南海岸海水浴场质量评价对比（郑建瑜，1998）

资源项目	要求条件	第一海水浴场	第二海水浴场	石老人海水浴场
海滨宽度	50～100 m	240 m	170 m	400 m
海底倾斜	1/10～1/60	1/40	1/40	1/100
流速	<0.5 m/s	0.2 m/s	0.2 m/s	0.3 m/s
波高	0.6 m	<0.5 m	<0.5 m	<0.6 m
水温	23℃以上	6月、7月、8月<23℃	6月、7月、8月<23℃	6月、7月、8月<23℃
气温	23℃以上	6月、7月、8月适宜	6月、7月、8月适宜	6月、7月、8月适宜
风速	<5 m/s	4.8 m/s	4.8 m/s	4.8 m/s
水质	pH 7.3～8.8	7.6	7.6	7.6
有害物质	无	无	无	无
砂质状况	无泥和岩石	适宜	人工补沙，优良	细砂，优良

续表

资源项目	要求条件	第一海水浴场	第二海水浴场	石老人海水浴场
有害生物	不能辨认	无	无	无
藻类	不能接触泳者	少量可见	很常见	少见
危险物	无	无	无	无
浮游物	无	有时可见	有时可见	无
配套设施		完善	缺乏	完善
评价		B	B	A

A——很好，90%以上指标符合要求；B——较好，75%～90%的指标符合要求；C——情况较差，75%的指标符合要求。任何单项指标都不能对沙滩造成严重伤害。

石老人海水浴场的优势明显，拥有海滨宽度400 m；海底倾斜1/100，坡度平缓安全性高；流速浪高适中；水质突出，pH为弱碱性趋于中性，无有害生物，藻类少见。而第一海水浴场、第二海水浴场曾出现大量浒苔，影响了人们出游的选择。海水表面漂浮的垃圾也破坏了人们出游的兴致。石老人海水浴场的砂质为天然细砂，粒度小，而第二海水浴场为人工补沙，耗费大。所以石老人海水浴场有更大的开发价值。

李占海等（2000）提出了分为旅游资源条件（包含地貌、水体、气候气象、生物、人文亚类）和资源可利用条件（包含基础设施及管理、安全、卫生亚类）2个大类，共80个评价因子的沙滩旅游资源质量评比体系。于帆等（2011）在此基础上，采用了权重法：

$$\frac{\sum \text{因子得分} \times \text{各自权重}}{\sum \text{因子最高得分} \times \text{各自权重}} = \text{百分比得分}$$

权重法反映了各因子在体系中的重要程度。建立了包含自然（30个因子）、社会经济（24个因子）两大类共54个因子的沙滩质量标准分级体系。并选取山东、福建的6个沙滩进行了评价对比。其中自然因子分类如表5－2所示。

表5－2 沙滩旅游资源质量评比体系自然类因子（于帆等，2011）

因子	权重	得分		
		1	2	3
平均低潮位时滩面宽度（m）	3	<50	50～300	>300
平均高潮位时滩面宽度（m）	3	<20	20～200	>200
沙滩长度（m）	3	<500	500～2 000	>2 000
高潮线以上的平均坡度（°）	2	>20	5～20	<5
平均高潮线以上物质	2	砂砾—粗砂	中砂	细砂
平均高潮线以下物质	2	砂砾—粗砂	中砂	细砂
沙滩的弯曲度	1	平直	较弯	螺线型
向海的开阔度	1	小	较大	很大
中潮线到水深1 m处的距离（m）	2	<80	80～200	>200
沙滩侵蚀状况	3	严重	轻微	平衡
沙的柔软性	3	较硬	较柔软	柔软

续表

因子	权重	得分		
		1	2	3
沙色	2	暗灰、黑	浅灰、土黄	白、金黄
海水透明度	3	<1 m	2~3 m	>4 m
裂流	2	频繁出现	偶尔出现	不出现
水色	1	黑/褐色	浅灰/蓝色	浅绿/蔚蓝
水质	3	污染	尚清洁	很清洁
水下危险地形、地物	2	较多	很少	无
空气异味	2	很强烈	可察觉	无
后滨植被情况	2	缺少植被	分散的植被	被植被覆盖
沙滩区位	1	很差	一般	优越
海岸的城市化进程	1	高度城市化	城市化进程中	未城市化
生态条件	3	恶劣	中等	良好
存在海堤等硬结构护岸	3	许多	少量	无
沙滩或海水中的油污	3	形迹明显	有一些形迹	无
沙滩上海洋废弃物的堆积（沿海岸线每米的数目）	3	>10	5~10	<4
漂浮垃圾	3	频繁出现	偶尔出现	无
赤潮	2	频繁发生	偶尔发生	无
污水排放形迹	3	形迹明显	有一些形迹	无
鲨鱼	2	频繁	偶尔	无
水母	1	频繁	偶尔	无

评价体系着重考虑的因素有：沙滩在低潮和高潮时期的滩面宽度、沙滩长度。长度及宽度决定了沙滩可开发利用的空间和整体环境的容纳量；沙滩的侵蚀状况关系着沙滩岸线的变化，侵蚀也对沙滩开发的投入有很大影响，人工补沙费用较高。沙质柔软性、海水透明度是衡量沙滩质量的重要指标，柔软性越高，舒适度越高，清澈透明的海水有更好的视觉效果。水质、垃圾、油污、生态条件等因子评价效果略有重复，但都关系着人们的直观感受。

社会经济类因子在不同开发水平沙滩间的差异是相当大的，它们随沙滩利用的类型和强度而变化。开发程度高的沙滩往往位于或接近人口稠密的城市，或是度假胜地，对基础建设、配套设施和商业活动有更大的需求，而许多此类因子不会出现在正在开发或待开发的沙滩中（如淋浴室、公共交通等）（表5-3）。

表5-3　沙滩旅游资源质量评价体系社会因子（于帆等，2011）

因子	权重	+	-
卫生间和淋浴室	3	方便	不方便
餐馆	2	方便	不方便
旅店条件	1	良好	差
垃圾箱和回收站	3	充足	无或少
停车场	2	充足	无或少

续表

因子	权重	+	-
服务水平及质量	2	良好	差
公共娱乐设施	1	充足	无或少
供残疾人使用的设施	2	多	无或少
附近的公共交通	1	方便	不方便
铺设的沙滩入口	1	有	无或少
进入沙滩过程中的安全性	1	良	差
自行车专用道	1	有	无
沙丘木栈道	2	有	无
噪声	3	无或较小	较大
占滩建筑	3	无或极少	较多
环境保护区	2	是	否
安全标志	3	健全	无或不健全
植被的危害性	1	轻微或无	较大
急救设施和救生员	3	充足	无或少
明显的信息展示（天气、水温等）	3	有	无
公共警报系统	2	有	无
是否允许车辆/动物进入沙滩	3	不允许	允许
社会治安	2	良好	较差
卫生清洁人员	2	有	无

计算两大类因子的最终总得分为：因子得分×各自权重，最高总得分为因子最高得分×各自权重，两者相除为百分比得分。对于自然类因子，得分在67～201之间。对于社会经济类因子，只计算指定为“+”的因子以及它们各自的权重，所以最后的得分在0～49之间。最后两类因子的总得分以百分比来计，自然类因子的范围从33%（67分）到100%（201分），社会经济类为0%（0分）到100%（49分）。由于自然类因子独立于沙滩的开发程度之外（例如沙滩的长度和宽度、沉积物特征），所以对于不同开发水平的沙滩，自然类因子的百分比评分都是相同的，得分范围90%～100%为A级，70%～89%为B级，50%～69%为C级，33%～49%为D级。而开发成熟的城市沙滩与未开发的乡村沙滩的社会因子差异很大，应在评分中有所区别对待。开发成熟地区A级：71%～100%，B级51%～70%，C级21%～50%，D级20%。未开发地区A级：51%～100%，B级31%～50%，C级11%～30%，D级10%。

在评价沙滩质量等级时，一般只有一个综合的结果（表5－4），自然和社会经济两类因子在最终结果中都应当有同样的体现，故最终得分定为：N×50%＋SE×50%（N、SE分别表示自然与社会经济类因子百分比得分）。

表5－4 沙滩旅游资源质量评价体系最终得分等级评定（于帆等，2011）

沙滩等级	钻石级	金级	银级	铜级	不合格
最终得分	>85%	70%～85%	55%～69%	40%～54%	≤39%

程胜龙（2009）在广西滨海旅游资源开发评价中将指标分为两部分（表5－5）。一部

表 5－5　广西滨海旅游资源开发评价体系（程胜龙，2009）

<table>
<tr><th colspan="3">生态类旅游资源评价体系</th><th colspan="2">水体－沙滩类旅游资源评价体系</th><th colspan="2">人文类旅游资源评价体系</th></tr>
<tr><th>评价因子</th><th>一级指标</th><th>二级指标</th><th>评价因子</th><th>评价指标</th><th>评价因子</th><th>评价指标</th></tr>
<tr><td rowspan="7">C1 环境与影响
(0.30)</td><td rowspan="3">D1 自然因素
(0.25)</td><td>台风暴潮
(0.61)</td><td>C1 沙滩质量
(0.23)</td><td>沙子粒度
(0.22)</td><td rowspan="3">整体状况
C1 (0.20)</td><td>形态形象醒目程度
(0.20)</td></tr>
<tr><td>水动力
(0.29)</td><td rowspan="3">C2 海水质量
(0.23)</td><td>沙子洁净度
(0.22)</td><td>奇异华美程度
(0.60)</td></tr>
<tr><td>水土流失
(0.10)</td><td>颜色和纯度
(0.08)</td><td>装饰艺术特色
(0.20)</td></tr>
<tr><td rowspan="4">D2 人为因素
(0.75)</td><td>环境污染
(0.49)</td><td>沙滩人工污染物
(0.49)</td><td rowspan="2">单体特质
C2 (0.20)</td><td>历史文化内涵
(0.75)</td></tr>
<tr><td>外来种引入
(0.08)</td><td rowspan="3">C3 资源价值
(0.23)</td><td>休闲游憩价值
(0.61)</td><td>形成时代久远性
(0.25)</td></tr>
<tr><td>围海养殖
(0.22)</td><td>文化历史价值
(0.29)</td><td rowspan="4">规模与体量
C3 (0.09)</td><td>资源规模
(0.51)</td></tr>
<tr><td>城市开发
(0.22)</td><td>科普教育价值
(0.10)</td><td>类型组合
(0.14)</td></tr>
<tr><td rowspan="10">C2 资源特点
与价值
(0.51)</td><td rowspan="3">D3 资源
整体状况
(0.10)</td><td>生物多样性
(0.61)</td><td rowspan="4">C4 气候与环境
(0.09)</td><td>气候舒适度
(0.51)</td><td>聚集度
(0.30)</td></tr>
<tr><td>完整性
(0.10)</td><td>紫外线指数
(0.14)</td><td>周边环境
(0.05)</td></tr>
<tr><td>规模
(0.29)</td><td>灾害天气记录
(0.05)</td><td rowspan="3">资源价值
C4 (0.28)</td><td>观赏游憩价值
(0.10)</td></tr>
<tr><td rowspan="4">D4 资源特点
(0.29)</td><td>珍稀度
(0.49)</td><td>植被与自然风光
(0.30)</td><td>文化历史价值
(0.61)</td></tr>
<tr><td>奇特性
(0.22)</td><td rowspan="2">C5 区域条件
(0.04)</td><td>可进入性
(0.25)</td><td>科普教育价值
(0.29)</td></tr>
<tr><td>组合特征
(0.08)</td><td>市场远近
(0.75)</td><td rowspan="2">区域条件
C5 (0.03)</td><td>可进入性强
(0.50)</td></tr>
<tr><td>积聚度
(0.22)</td><td rowspan="2">C6 保护与开发
(0.02)</td><td>开发情况
(0.25)</td><td>市场远近
(0.50)</td></tr>
<tr><td rowspan="3">D5 生态
旅游价值
(0.61)</td><td>生态保存价值
(0.60)</td><td>保护措施
(0.75)</td><td rowspan="3">保护与开发
C6 (0.05)</td><td>保存现状
(0.61)</td></tr>
<tr><td>观赏游憩价值
(0.20)</td><td colspan="2">C7 知名度 (0.15)</td><td>保护措施
(0.29)</td></tr>
<tr><td>科研、科普价值
(0.20)</td><td></td><td></td><td>开发情况
(0.10)</td></tr>
</table>

续表

生态类旅游资源评价体系			水体－沙滩类旅游资源评价体系		人文类旅游资源评价体系	
评价因子	一级指标	二级指标	评价因子	评价指标	评价因子	评价指标
C3 保护与开发（0.14）	D6 保护现状（0.43）				知名度 C7（0.14）	
	D7 保护措施（0.43）				关联事物 C8（0.01）	
	D8 开发情况（0.14）					
C4 区域条件（0.05）	D9 可进入性（0.50）					
	D10 市场远近（0.50）					

分为客观观测数据。对这一部分数据的采集，采用直接仪器观测法，结合历史观测数据，获得对资源的客观、科学的评价指标，如建筑面积或占地面积、水体清洁度、空气质量、沙滩走向、坡度、沙子的粒度、水体的浪高、流速、水温、水质以及其他有关环境、气候、生物等指标的采集等。

另一部分为主观数据。旅游业其体验经济的本质要求相关指标测定必须要运用到一些主观的方法，纯粹客观的方法不成熟也不科学，如旅游资源的观赏价值、装饰艺术特色、奇异华美度等。程胜龙对这些指标的评价采用特尔斐法，通过专家和业内人士对各景点进行评分，然后采用灰色系统理论的灰色统计方法，运用白化方程，将各专家的评价指标进行统计分析，最大程度地消除个人主观因素在评价过程中的影响。该体系内容全面，涵盖沙滩旅游业的各个层次，表中因子括号中标示的是因子的权重，因子繁杂计算繁琐，不够简易。

目前我国滨海沙滩旅游资源的重要性越来越受到重视，滨海沙滩评价的作用也逐渐被人们所认识。所以以本次研究为契机，建立一个尽可能适用于全国滨海沙滩的统一的评价体系显得尤为迫切和必要。

5.2　山东半岛滨海沙滩质量评价

5.2.1　山东半岛滨海沙滩质量评价体系

根据山东半岛滨海沙滩实际情况，并参考国外较为成熟的滨海沙滩评价和评奖体系，按照简洁、有效和易获得的原则选取评价因子，每个因子均能够较好地指示目标滨海沙滩的质量状况，从而便于进行长期的监测和可持续的评价（表 5－6）。表中评价因子选取主要为了评价滨海沙滩自然属性，以达到反映山东省沙滩资源整体状况的目的，因此不涉及对沙滩的人为开发的评价，因子兼顾滨海沙滩规模、状态、沉积物组成、动力条件、气候条件和区位条件等多个方面。因子的权重分根据因子的重要性设置为 1、2、3。当然，如果具体到某个滨海沙滩，由于其独特性，在评价因子选取时，就应依据评价目的，同时考虑地质、生态、环境等自然因子、人为因子和社会经济等因子，建立适应当地的完善的评价体系。

表 5 - 6　山东半岛滨海沙滩质量评价因子体系

类别	序号	因子得分 评价因子	因子评价标准					权重 (W_f)
			1	2	3	4	5	
沙滩规模	1	沙滩长度（km）	<0.5	0.5 ~ 1.0	1.0 ~ 2.0	2.0 ~ 5.0	>5.0	3
	2	沙滩宽度（m）	50 ~ 100	100 ~ 150	150 ~ 200	200 ~ 300	>300	3
	3	干滩厚度（m）	<1		1 ~ 2		>2	2
沙滩状态	4	后滨（海岸）状况	侵蚀崖岸	山地台地	人工地貌	平原海岸	沙丘/防护林	1
沉积物组成	5	沉积物粒径 Mz（ϕ）	< -1	-1 ~ 2	6 ~ 8	4 ~ 6	2 ~ 4	3
	6	泥质沉积物含量	>3%	2% ~ 3%	1% ~ 2%	0% ~ 1%	0	1
动力条件	7	波高（m）	>3.0	<0.5	1.5 ~ 3.0	0.5 ~ 1.0	1.0 ~ 1.5	2
	8	潮差（m）	>4.0	3.0 ~ 4.0	2.0 ~ 3.0	1.0 ~ 2.0	<1.0	1
	9	8 级大风天气（d）	>50	35 ~ 50	20 ~ 35	10 ~ 20	<10	2
海水特征	10	水质	Ⅴ	Ⅳ	Ⅲ	Ⅱ	Ⅰ	3
区位条件	11	区域特征	原始沙滩	乡镇周边	县市周边	名胜景区	中心城市周边	2
	12	交通便利程度	极不便利	自助到达	景区配套交通	公共交通	便捷的公共交通	1

沙滩规模是滨海沙滩开发利用空间的体现，利用沙滩长度、宽度以及干滩的厚度作为因子进行评价，权重分别为 3、3 和 2。长度是指滨海沙滩所处岸线的长度，宽度为滨海沙滩潮间带的平均宽度，干滩厚度为沙滩干滩处砂体的厚度。

滨海沙滩状态包括滨海沙滩稳定性、剖面变化情况、海域开阔度、后滨（海岸）特征等方面，结合数据的可获得性和重要性选择后滨（海岸）特征作为控制因子，权重为 1。

沉积物组成是关系滨海沙滩自然质量最重要的一个方面，包括沉积物类型、矿物组成、松散密实程度、沙色和纯净度等多个方面。根据数据的可获得程度和重要性这两个方面，选取平均粒径、泥质沉积物含量两个控制因子，权重分别为 3 和 1。

动力条件用基本的波浪、潮差和风来控制，权重分别为 2、1 和 2。波浪为多年平均波高，波浪过大或过小都是不利因素；潮差过大则对滨海沙滩利用空间有较大的限制，只有低潮时才能有较宽的滩面出露；大风天气为滨海沙滩面临的极端动力状况的控制因子，本体系以出现 8 级及以上风力为大风天气。

滨海沙滩所属海区水质是评价海水浴场的决定性因素，选为评价滨海沙滩质量控制因子，权重 3。

区位条件属于滨海沙滩开发潜质范畴，选择区域特征和与中心城市连接的交通便利程度进行控制，权重为 2 和 1。特别注意的是，这个因子具有时效性，随着沿海地区发展，城镇和交通会发生变化，区位价值不高的沙滩，随时间会逐步提高。另外，大型沙滩还会拉动城市和交通的发展。

5.2.2　山东半岛滨海沙滩质量评价方法

（1）评价因子的权重得分（S_w）

为使权重分数的计算方法简化、准确，我们借鉴了国内外的评价办法，将每个评价因子划分为5个等级标准，以因子所处的等级作为因子的评价得分（S_f）。评价因子的等级尽量采用定量的描述。采用该标准进行逐项评价时，若滨海沙滩某个评价因子的实际情况同时符合两个等级标准，则选择低分值的等级。

评价因子的权重得分（S_w）为各个评价因子的因子得分（S_f）与该因子的权重（W_f）的乘积再除以5，即：

$$S_w = S_f \cdot W_f/5$$

式中，S_f 为评价因子对应的等级级别得分；W_f 为评价因子对应的权重。

（2）滨海沙滩质量分级指数（B_i）

滨海沙滩质量分级指数（B_i）为滨海沙滩所有因子权重得分的总和，即：

$$B_i = \sum Sw_i$$

（3）滨海沙滩质量分级标准

按照上述求得各沙滩的质量分级指数，按表5－7的分级标准对滨海沙滩质量进行分类：当 $B_i \leq 12$ 时沙滩质量为差，当 $12 < B_i \leq 15$ 时沙滩质量为中，当 $15 < B_i \leq 18$ 时沙滩质量为良，当 $18 < B_i \leq 24$ 时沙滩质量为优。

表5－7　山东省滨海沙滩质量分级标准

滨海沙滩质量	优	良	中	差
B_i	$18 < B_i \leq 24$	$15 < B_i \leq 18$	$12 < B_i \leq 15$	$B_i \leq 12$

5.3　山东半岛滨海沙滩质量评价结果

山东半岛共有滨海沙滩123处，考虑到评价因子的易获取程度，我们选择其中的62处使用本书方法进行沙滩的质量评价。由于大部分的乡野沙滩、短小的沙滩和破坏严重的沙滩，其评价因子不易获取或者开发和利用的价值不大，因此未进行沙滩质量评价。根据遥感影像、地形剖面测量、沙滩属性调查、地质地貌调查、沉积物样品的采集和分析，结合海湾区域波高潮差资料、山东地区气象站、水文站气象水文数据得到各滨海沙滩的评价因子（见表5－8），获得滨海沙滩评价结果（见表5－9）。

本次评价的62处滨海沙滩中，质量评价为优的沙滩2处，评价为良的9处，评价为中的37处，评价为差的14处，优、良、中、差沙滩占比分别为3.23%、14.52%、59.67%和22.58%。由评价结果可以看出，山东半岛参评的滨海沙滩有17.75%处在优、良的水平，总体质量是一般的。

表 5－8　山东半岛滨海沙滩质量评价因子

	沙滩名称	沙滩长度（km）	沙滩宽度（m）	干滩厚度（m）	后滨（海岸）状况	沉积物粒径 $Mz(\phi)$	泥质沉积物含量	波高（m）	潮差（m）	8 级大风天数（d）	水质	区域特征	交通便利程度
青岛	王家台后	2.78	141	1～2	人工地貌	2.1	0%～1%	0.3	2.64	9.8	二类水质	名胜景区	自助到达
	周家庄	1.93	166	1.12	沙丘/防护林	1.2	0%～1%	0.3	2.64	9.8	二类水质	乡镇周边	自助到达
	古镇口	9.35	95	<1	人工地貌	－0.1	0%～1%	0.3	2.64	9.8	二类水质	乡镇周边	自助到达
	南小庄	1.22	104	1.1	沙丘/防护林	0.6	0%～1%	0.3	2.64	9.8	二类水质	乡镇周边	自助到达
	高峪	1.19	31	0.45	沙丘/防护林	0.7	0%～1%	0.3	2.64	9.8	二类水质	乡镇周边	自助到达
	胶南海水浴场	9.97	161	1.3	人工地貌	1.9	0%～1%	0.2	2.8	39.5	二类水质	县市周边	有公共交通
	白果	3.39	161	1.7	沙丘/防护林	0.8	0%～1%	0.2	2.8	39.5	二类水质	县市周边	有公共交通
	鱼鸣嘴	0.57	139	0.95	沙丘/防护林	1.7	0%～1%	0.2	2.8	39.5	一类水质	县市周边	自助到达
	银沙滩	1.5	227	0.96	人工地貌	2.1	0%～1%	0.2	2.8	39.5	一类水质	名胜景区	有公共交通
	鹿角湾	3	95	0.9	沙丘/防护林	2.1	0%～1%	0.2	2.8	39.5	一类水质	县市周边	有公共交通
	金沙滩海水浴场	2.73	204	0.73	人工地貌	2.2	0%～1%	0.2	2.8	39.5	一类水质	名胜景区	便捷的公共交通
	第六海水浴场	0.63	48	0.5	人工地貌	1.5	0%～1%	0.2	2.8	39.5	一类水质	中心城市周边	便捷的公共交通
	第一海水浴场	0.64	222	1～2	人工地貌	1.1	0%～1%	0.2	2.8	39.5	一类水质	中心城市周边	便捷的公共交通
	第二海水浴场	0.4	109	1.2	人工地貌	1.9	0%～1%	0.2	2.8	39.5	一类水质	中心城市周边	便捷的公共交通
	前海木栈道	1.19	29	0.84	人工地貌	－0.3	0%～1%	0.2	2.8	39.5	一类水质	中心城市周边	便捷的公共交通
	第三海水浴场	1.06	164	1.2	人工地貌	1.2	0%～1%	0.2	2.8	39.5	一类水质	中心城市周边	便捷的公共交通
	石老人海水浴场	2.1	213	1.6	人工地貌	1.9	0%～1%	0.2	2.8	39.5	二类水质	中心城市周边	便捷的公共交通
	流清河海水浴场	0.94	122	1.3	人工地貌	1.4	0%～1%	0.2	2.8	39.5	二类水质	名胜景区	有公共交通
	元宝石湾	0.97	60	1.25	山地台地	－0.2	0%～1%	0.56	2.41	21.6	二类水质	名胜景区	景区配套交通
	仰口湾	1.46	122	1.5	人工地貌	1.1	0%～1%	0.56	2.41	21.6	二类水质	县市周边	有公共交通
	峰山西	0.55	64	1.2	人工地貌	1.3	0%～1%	0.56	2.41	21.6	二类水质	县市周边	自助到达
	南营子	2.84	193	0.46	人工地貌	2.3	0%～1%	2.2	2.41	17.8	二类水质	县市周边	自助到达

续表

地区	沙滩名称	沙滩长度（km）	沙滩宽度（m）	干滩厚度（m）	后滨（海岸）状况	沉积物粒径 $Mz(\phi)$	泥质沉积物含量	波高（m）	潮差（m）	8级大风天数（d）	水质	区域特征	交通便利程度
日照	虎山	15.01	145	2	人工地貌	1.7	0～1%	1.016	3.01	<10	一类水质	乡镇周边	自助到达
	万平口海水浴场	6.39	150	3.2	人工地貌	1.4	0～1%	1.016	3.01	<10	一类水质	名胜景区	有公共交通
	富蓉村	0.5	175	7.2	平原海岸	2.4	0～1%	1.016	3.01	<10	一类水质	乡镇周边	自助到达
	东小庄	1.44	110	3.38	平原海岸	2.1	0～1%	1.016	3.01	<10	一类水质	乡镇周边	自助到达
	大陈家	2.13	102	3.6	平原海岸	1.7	0～1%	1.016	3.01	<10	一类水质	乡镇周边	自助到达
	海滨国家森林公园	5.24	173	3.06	平原海岸	2.7	0	1.016	3.01	<10	一类水质	乡镇周边	自助到达
	涛雒镇	7.67	140	2	人工地貌	2.0	0～1%	1.016	3.01	<10	一类水质	乡镇周边	自助到达
烟台	潮里—庄上—羊角盘	10.1	160	2	人工地貌	1.9	0～1%	0.6	2.65	25.3	二类水质	乡镇周边	极不便利
	海阳万米沙滩	4.5	70	2	人工地貌	1.0	0～1%	0.6	2.58	25.3	二类水质	县市周边	便捷公共交通
	高家庄	6.6	100	2.1	沙丘	1.1	0～1%	0.6	2.58	25.3	二类水质	乡镇周边	公共交通
	远牛	4.5	80	/	沙丘	1.6	0～1%	0.6%	2.58	25.3	二类水质	乡镇周边	极不便利
	大辛家	1.7	90	2.1	沙丘	1.8	0～1%	0.6	2.58	25.3	二类水质	原始沙滩	极不便利
威海	乳山银滩	8.9	290	2.1	人工地貌	1.9	0～1%	0.5	2.44	42	二类水质	名胜景区	公共交通
	仙人湾	1.9	110	1.6	沙丘	1.0	0～1%	0.5	2.44	42	二类水质	乡镇周边	自助到达
	靖海卫	2.9	110	2.1	侵蚀崖岸	0.5	0～1%	0.5	2.53	19.1	二类水质	原始沙滩	极不便利
	石岛湾	2.3	140	2.1	人工地貌	2.1	0～1%	0.4	1.7	66.3	二类水质	乡镇周边	公共交通
	东镆铘	3.7	150	2.1	人工地貌		0	0.4	1.7	66.3	二类水质	原始沙滩	极不便利
	马栏阱—褚岛	3.1	180	1.9	防护林	2.1	0～1%	0.4	1.1	35.8	二类水质	原始沙滩	公共交通
	荣成海滨公园	5.4	190	2.1	人工地貌	1.6	0～1%	0.4	1.1	35.8	二类水质	县市周边	便捷公共交通
	天鹅湖	5.1	80	2.1	防护林	1.5	0	0.4	0.91	>50	一类水质	乡镇周边	自助到达
	松埠嘴	2.8	40	2.1	平原海岸	0.9	0～1%	0.4	0.91	>50	一类水质	乡镇周边	极不便利
	成山林场	6.3	110	/	平原海岸	1.5	0～1%	0.4	0.75	124.5	一类水质	乡镇周边	公共交通
	朝阳港	2.2	90	2.1	平原海岸	1.5	0～1%	0.4	0.75	124.5	二类水质	原始沙滩	公共交通
	纹石宝滩	5.75	130	2.1	平原海岸	1.1	0～1%	0.4	0.75	124.5	二类水质	原始沙滩	公共交通
	伴月湾	0.59	30	1.1	人工地貌	0.6	0～1%	0.4	1.35	41.5	一类水质	中心城市周边	便捷公共交通
	国际海水浴场	1.97	60	2.1	人工地貌	1.1	0	0.4	1.66	41.5	一类水质	中心城市周边	便捷公共交通

续表

	沙滩名称	沙滩长度（km）	沙滩宽度（m）	干滩厚度（m）	后滨（海岸）状况	沉积物粒径 $Mz(\phi)$	泥质沉积物含量	波高（m）	潮差（m）	8级大风天数（d）	水质	区域特征	交通便利程度
烟台	四十里湾东泊子村	2.7	70	2	平原	2.1	0～1%	0.9	1.64	20～35	二类水质	中心城市周边	便捷的公共交通
	烟大海水浴场	2.8	60	2	公路	1.2	0～1%	0.9	1.64	20～35	二类水质	中心城市周边	便捷的公共交通
	夹河东	3.95	100	2	沙丘	2.1	0～1%	0.9	1.64	20～35	二类水质	中心城市周边	自助到达
	开发区海水浴场	8.56	134	2	沙地	2.2	0～1%	0.9	1.64	20～35	一类水质	中心城市周边	便捷的公共交通
	蓬莱阁东	1.08	90	2	公路	1.7	0～1%	0.9	1.07	35～50	一类水质	名胜景区	便捷的公共交通
	栾家口—港栾	13.63	60	1.7	平原	1.9	0～1%	1	1.07	>50	一类水质	县市周边	自助到达
	龙口港北	8.59	50	2	养殖池	0.2	0～1%	1	0.92	>50	一类水质	县市周边	自助到达
	界河北	5.8	35	2	养殖池	1.2	0～1%	1	0.89	35～50	二类水质	乡镇周边	自助到达
	界河西	17.3	50	2	养殖池	1.1	0～1%	1	0.9	35～50	二类水质	乡镇周边	极不便利
	石虎嘴—海北嘴	7	35	2	养殖池	0.1	0～1%	1	0.9	35～50	二类水质	乡镇周边	极不便利
	牟平金山港东	15.7	120	2	养殖池	1.7	0～1%	0.9	1.66	20～35	一类水质	乡镇周边	极不便利
	牟平金山港西	5.6	100	2	养殖池	1.6	0～1%	0.9	1.66	20～35	一类水质	乡镇周边	极不便利
	马家村	5.3	80	2	养殖池	2.0	0～1%	0.9	1.07	20～35	一类水质	乡镇周边	自助到达
	三山岛—刁龙嘴	7.7	90	1.75	养殖池	1.2	0～1%	1	0.9	20～35	一类水质	名胜景区	自助到达

表 5－9 山东半岛滨海沙滩质量评价结果

滨海沙滩名称		评价因子得分 S_f												沙滩质量分级指数（B_i）	沙滩质量
		沙滩长度	沙滩宽度	干滩厚度	后滨（海岸）状况	沉积物粒径	泥质沉积物含量	波高	潮差	8 级大风天气	水质	区域特征	交通便利程度		
权重 W_f		3	3	2	1	3	1	2	1	2	3	2	1		
青岛	王家台后	4	2	3	3	5	4	2	3	5	4	4	2	17.0	中
	周家庄	3	3	3	5	2	4	2	3	5	4	2	2	14.8	中
	古镇口	5	1	1	3	2	4	2	3	5	4	2	2	13.6	差
	南小庄	3	2	3	5	2	4	2	3	5	4	2	2	14.2	中
	高峪	3	1	1	5	2	4	2	3	5	4	2	2	12.8	差
	胶南海水浴场	5	3	3	3	2	4	2	3	2	4	3	4	15.2	中
	白果	4	3	3	5	2	4	2	3	2	4	3	4	15.0	中
	鱼鸣嘴	2	2	1	5	2	4	2	3	2	5	3	2	12.6	差
	银沙滩	3	4	1	3	5	4	2	3	2	5	4	4	16.6	中
	鹿角湾	4	1	1	5	5	4	2	3	2	5	3	4	15.4	中
	金沙滩海水浴场	4	4	1	3	5	4	2	3	2	5	4	5	17.4	良
	第六海水浴场	2	1	1	3	2	4	2	3	2	5	5	5	13.0	差
	第一海水浴场	2	4	3	3	2	4	2	3	2	5	5	5	15.6	中
	第二海水浴场	1	2	3	3	2	4	2	3	2	5	5	5	13.8	差
	前海木栈道	3	1	1	3	2	4	2	3	2	5	5	5	13.6	差
	第三海水浴场	3	3	3	3	2	4	2	3	2	5	5	5	15.6	中
	石老人海水浴场	4	4	3	3	2	4	2	3	2	4	5	5	16.2	中
	流清河海水浴场	2	2	3	3	2	4	2	3	2	4	4	4	13.2	差
	元宝石湾	2	1	3	2	2	4	4	3	3	4	4	3	13.4	差
	仰口湾	3	2	3	3	2	4	4	3	3	4	3	4	14.6	中
	峰山西	2	1	3	3	2	4	4	3	3	4	3	2	13.0	差
	南营子	4	3	1	3	5	4	3	3	4	4	3	2	16.4	中

续表

滨海沙滩名称		评价因子得分 S_f											沙滩质量分级指数（B_i）	沙滩质量
		沙滩长度	沙滩宽度	干滩厚度	后滨（海岸）状况	沉积物粒径	泥质沉积物含量	波高	潮差	8级大风天气	水质	区域特征	交通便利程度		
日照	虎山	5	2	5	3	2	4	5	2	5	5	2	2	17.4	良
	万平口海水浴场	5	2	5	3	2	4	5	2	5	5	4	4	18.6	良
	富蓉村	1	3	5	4	5	4	5	2	5	5	2	2	17.6	良
	东小庄	3	2	5	4	5	4	5	2	5	5	2	2	18.2	良
	大陈家	4	2	5	4	2	4	5	2	5	5	2	2	17.0	良
	海滨国家森林公园	5	3	5	4	5	5	5	2	5	5	2	2	20.2	优
	涛雒镇	5	2	5	3	5	4	5	2	5	5	2	2	19.2	良
烟台	潮里—庄上—羊角盘	5	3	5	3	2	4	4	3	3	4	2	1	16.2	中
	海阳万米沙滩	4	1	5	3	2	4	4	3	3	4	3	5	15.6	中
	高家庄	5	2	5	5	2	4	4	3	3	4	2	4	16.6	中
	远牛	4	1	/	5	2	4	4	3	3	4	2	1	14.0	差
	大辛家	3	1	5	5	2	4	4	3	3	4	1	1	13.8	差
威海	乳山银滩	5	4	5	3	2	4	2	3	2	4	4	4	17.0	中
	仙人湾	3	2	3	5	2	4	2	3	2	4	2	2	13.0	差
	靖海卫	4	2	5	1	2	4	2	3	4	4	1	1	13.8	差
	石岛湾	4	2	5	3	5	4	2	4	1	4	2	4	16.0	中
	东镆铘	4	3	5	3	/	5	2	4	1	4	1	1	14.6	中
	马栏阱—褚岛	4	3	3	5	5	5	2	4	2	4	1	4	16.4	中
	荣成海滨公园	4	3	5	3	2	4	2	4	2	4	3	5	15.8	中
	天鹅湖	5	1	5	5	2	4	2	5	1	5	2	2	15.0	中
	松埠嘴	4	1	5	4	2	4	2	5	1	5	2	1	14.0	中
	成山林场	5	2	/	4	2	4	2	5	1	5	2	4	15.1	中
	朝阳港	4	1	5	4	2	4	2	5	1	4	1	4	13.6	差
	纹石宝滩	5	2	5	4	2	4	2	5	1	4	1	4	14.8	中
	伴月湾	2	1	3	3	2	4	2	4	2	5	5	5	14.0	中
	国际海水浴场	3	1	5	3	2	5	2	4	2	5	5	5	15.6	中

续表

地区	滨海沙滩名称	评价因子得分 S_f												沙滩质量分级指数（B_i）	沙滩质量
		沙滩长度	沙滩宽度	干滩厚度	后滨（海岸）状况	沉积物粒径	泥质沉积物含量	波高	潮差	8级大风天气	水质	区域特征	交通便利程度		
烟台	四十里湾东泊子村	4	1	5	4	5	4	4	4	3	4	5	5	18.6	良
	烟大海水浴场	4	1	5	3	2	4	4	4	3	4	5	5	16.6	中
	夹河东	4	1	5	5	5	4	4	4	3	4	5	2	18.2	良
	开发区海水浴场	5	2	5	3	5	4	4	4	3	5	5	5	20.2	优
	蓬莱阁东	3	1	5	3	2	4	4	4	2	5	4	5	15.8	中
	栾家口—港栾	5	1	3	4	2	4	4	4	1	5	3	2	15.0	中
	龙口港北	5	1	5	3	2	4	4	5	1	5	3	2	15.8	中
	界河北	5	1	5	3	2	4	4	5	2	4	2	2	15.2	中
	界河西	5	1	5	3	2	4	4	5	2	4	2	1	15.0	中
	石虎嘴—海北嘴	5	1	5	3	2	4	4	5	2	4	2	1	15.0	中
	牟平金山港东	5	2	5	3	2	4	4	4	3	5	2	1	16.4	中
	牟平金山港西	5	1	5	3	2	4	4	4	3	5	2	1	15.8	中
	马家村	5	1	5	3	2	4	4	4	3	5	2	2	16.0	中
	三山岛—刁龙嘴	5	1	3	3	2	4	4	5	3	5	4	2	16.2	中

典型优质沙滩包括烟台开发区海水浴场和日照海滨国家森林公园。烟台市开发区海水浴场西起柳林河，东至夹河口。全长超过 10 km 余，沙滩长度 8.5 km，宽度 134 m。图 5 - 1 为烟台开发区沙滩图片。

图 5 - 1　烟台开发区沙滩

a. 夹河口；b. 岸段东侧抛石丁坝；c. 岸段后滨全为护岸；d. 碉堡跌落沙滩；e. 后滨残留的风成沙丘沙地；f. 被破坏的沙丘；g. 沙滩上的排水口；h. 房地产开发占据沙滩

烟台开发区沙滩面积大，坡度平缓，又称万米金沙滩，沙滩砂砾幼细，沉积物粒径 2.2 ϕ，含有少量泥质沉积，砂体色泽金黄，柔软性高，这里是进行日光浴、沙滩排球等沙上运动的极佳之地。海水清澈透净，水质污染少。波高 0.9 m，潮差 1.64 m，岸滩侵蚀程度低。区域地理位置优越，交通便利，具有很大的开发空间。

图 5－2 为日照海滨国家森林公园全景。日照海滨国家森林公园位于山东省日照市北沿海路北首，东濒黄海，北临青岛，西接两（城）石（臼）公路，南连沿海公路，滨海沙滩区域位置优越与烟台金沙滩有很大相似之处，拥有 173 m 的沙滩宽度，5.2 km 的长度，面积广阔，坡度平缓。海水水质清澈，无漂浮污染物。海浪波高 1 m，潮差 3 m，风速与气温适宜。沉积物粒径 2.8 ϕ 细于烟台金沙滩，柔软性更高，且无泥质沉积，品质很高。

图 5－2 日照海滨国家森林公园沙滩全景

山东半岛评分较低的沙滩有 14 处，青岛的古镇口、高峪、鱼鸣嘴、第六海水浴场、第二海水浴场、前海木栈道、流清河海水浴场、元宝石湾、峰山西；烟台的远牛、大辛家；威海的靖海卫、仙人湾、朝阳港。

威海的朝阳港位于荣成东北端的环海路上，区域位置偏僻，公共交通可达。沙滩的侵蚀状态严重。图 5－3 为该地沙滩图片。

朝阳港的沙滩岸滩较小只有 2.2 km，滩肩较窄只有 90 m，沉积物平均粒度 1.5 ϕ，粗砾随处可见，柔软性差，且含有 3% 的泥质沉积，纯净度低。一年中 8 级以上大风天数超过 124 d，气候条件不适宜。沙滩周围遍布工厂，养殖场影响了海水水质，也不适合设立旅游景区。因此总体质量评价为差。

青岛流清河风景区沙滩虽背靠青岛崂山自然风景区，自然条件优越，公共交通便利，但沙滩面积狭小，长度不足 1 km。沙滩分选性差，粗砂砾石较多，走在沙滩上有明显的硌

图5－3 威海朝阳港沙滩

a. 沙滩西北段海岸侵蚀严重；b. 沙滩西北段全景；c. 沙滩中段养殖厂及排污管；d. 沙滩中段侵蚀严重；e. 沙滩东段沙嘴及河道；f. 沙滩东段全景

脚感。这对沙滩的质量产生了较大的影响。另外，靠近海岸的居民区向海中排放生活污水也影响了沙滩海水的水质和透明度。海面上常漂浮着绿色的浮游藻类带。图5－4为该地沙滩图片。

这些评价差的沙滩普遍存在规模小，沉积物分选差，海岸侵蚀严重的问题。本次质量测评以自然因子为主，社会因子只涉及区位条件。而基础设施、配套设施建设，安全警示标示，救生系统，卫生服务业的因子都没有涉及。下面利用已有数据使用于帆（2011）沙滩旅游资源质量评价体系法，对比评价山东滨海沙滩旅游质量（表5－10，表5－11）。

根据沙滩旅游资源质量评价体系法得到的评价表数据分析，山东半岛滨海沙滩旅游质量A级的只有一处，B级沙滩41处占66%，C级沙滩20处占32%，没有D级沙滩。

图5－4 流清河沙滩

a. 流清河沙滩西段；b. 流清河沙滩东段；c 和 d 为流清河沙滩全景

不同的评价体系，评价结果具有差异性。在本书山东半岛滨海沙滩质量评价体系方法中，烟台开发区金沙滩和日照海滨国家森林公园质量为优，而当体系不再侧重于气候、波高、潮差等因子后，鹿角湾脱颖而出，因其沙滩未被开发，除去少量人为破坏，自然环境因子保存较好成为唯一一处 A 级沙滩。不同评价体系评价结果亦具有同一性。烟台开发区金沙滩和日照海滨国家森林公园沙滩旅游资源质量的评级得分分别为 82.83% 和 85.86% 依然名列前茅。青岛的古镇口沙滩、前木栈道沙滩、峰山西地区，以及威海的松埠嘴、靖海卫、仙人湾等地因为自然条件的先天性不足导致沙滩旅游资源质量的评分依然很低。

表 5－10　山东半岛沙滩旅游资源质量评价因子

沙滩名称		沙滩长度（km）	平均低潮位时滩面宽度（m）	平均高潮位时滩面宽度（m）	沉积物质	后滨（海岸）状况	向海开阔度	海岸侵蚀状况	沙的柔软性	沙色	污水排放行迹	漂浮垃圾	水色	水质	区位交通	城市化进程
青岛	王家台后	2.78	209	92	细砂	人工地貌	较大	轻微	较软	土黄	有一些行迹	偶尔出现	蓝色	尚清洁	一般	未城市化
	周家庄	1.93	123	54	中砂	沙丘/防护林	较大	轻微	较硬	土黄	有一些行迹	偶尔出现	蓝色	尚清洁	一般	未城市化
	古镇口	9.35	95	95	粗砂	人工地貌	较小	严重	较硬	褐色	明显	偶尔出现	蓝色	污染	一般	城市化进程中
	南小庄	1.22	108	41	粗砂	沙丘/防护林	较大	轻微	较硬	深灰	无	偶尔出现	蓝色	尚清洁	一般	未城市化
	高峪	1.19	35	17	粗砂	沙丘/防护林	较大	平衡	较硬	土黄	明显	偶尔出现	蓝色	污染	一般	未城市化
	胶南海水浴场	9.97	212	161	中砂	人工地貌	很大	平衡	较软	白色	无	无	蓝色	尚清洁	一般	城市化进程中
	白果	3.39	212	161	中砂	沙丘/防护林	较大	平衡	较软	土黄	有一些行迹	偶尔出现	蓝色	尚清洁	一般	城市化进程中
	鱼鸣嘴	0.57	139	69	中砂	沙丘/防护林	较小	平衡	较软	白色	无	偶尔出现	蔚蓝	清洁	一般	城市化进程中
	银沙滩	1.5	230	170	细砂	人工地貌	较大	平衡	柔软	白色	无	无	蔚蓝	清洁	一般	城市化进程中
	鹿角湾	3	226	75	细砂	沙丘/防护林	较大	平衡	柔软	白色	无	无	蔚蓝	清洁	一般	城市化进程中
	金沙滩海水浴场	2.73	204	139	细砂	人工地貌	较大	平衡	柔软	白色	无	无	蔚蓝	清洁	一般	城市化进程中
	第六海水浴场	0.63	90	37	中砂	人工地貌	较小	平衡	较软	土黄	有一些形迹	无	浅绿	清洁	优越	高度城市化
	第一海水浴场	0.64	251	90	中砂	人工地貌	较小	平衡	较软	土黄	有一些形迹	无	浅绿	清洁	优越	高度城市化
	第二海水浴场	0.4	92	53	中砂	人工地貌	较小	平衡	较软	土黄	无	无	浅绿	清洁	优越	高度城市化
	前海木栈道	1.19	30	19	粗砾	人工地貌	较小	平衡	较硬	土黄	有一些形迹	偶尔出现	浅绿	清洁	优越	高度城市化
	第三海水浴场	1.06	163	65	中砂	人工地貌	较小	平衡	较软	土黄	无	无	浅绿	清洁	优越	高度城市化
	石老人海水浴场	2.1	247	200	中砂	人工地貌	较大	平衡	柔软	白色	无	无	蔚蓝	清洁	优越	高度城市化
	流清河海水浴场	0.94	90	67	中砂	人工地貌	较小	平衡	较软	浅灰	有一些形迹	无	蔚蓝	清洁	一般	未城市化
	元宝石湾	0.97	60	40	粗砾	山地台地	较小	平衡	较硬	浅灰	无	无	蔚蓝	清洁	一般	未城市化
	仰口湾	1.46	104	71	中砂	人工地貌	较小	平衡	较软	浅灰	无	无	蔚蓝	清洁	一般	未城市化
	峰山西	0.55	75	64	中砂	人工地貌	较小	平衡	较软	褐色	有一些形迹	频繁出现	蓝色	尚清洁	一般	未城市化
	南营子	2.84	193	87	中砂	人工地貌	较大	轻微	较软	土黄	无	无	蓝色	尚清洁	一般	城市化进程中

续表

沙滩名称		沙滩长度（km）	平均低潮位时滩面宽度（m）	平均高潮位时滩面宽度（m）	沉积物质	后滨（海岸）状况	向海开阔度	海岸侵蚀状况	沙的柔软性	沙色	污水排放行迹	漂浮垃圾	水色	水质	区位交通	城市化进程
日照	虎山	15.01	170	89	中砂	人工地貌	很大	严重	较软	土黄	无	无	蔚蓝	清洁	一般	城市化进程中
	万平口海水浴场	6.39	150	80	中砂	人工地貌	很大	轻微	柔软	白色	有一些形迹	无	蔚蓝	清洁	一般	城市化进程中
	富蓉村	0.5	175	60	细砂	平原海岸	较小	轻微	柔软	浅灰	有一些形迹	偶尔出现	蔚蓝	清洁	一般	城市化进程中
	东小庄	1.44	110	32	细砂	平原海岸	较小	轻微	柔软	土黄	无	偶尔出现	蔚蓝	清洁	一般	城市化进程中
	大陈家	2.13	102	41	中砂	平原海岸	较大	轻微	较软	浅灰	有一些形迹	偶尔出现	蓝色	尚清洁	一般	城市化进程中
	海滨国家森林公园	5.24	215	105	细砂	平原海岸	较大	轻微	柔软	白色	有一些形迹	无	蔚蓝	清洁	优越	城市化进程中
	涛雒镇	7.67	225	140	细沙	人工地貌	较大	严重	较软	土黄	有一些行迹	偶尔出现	蓝色	尚清洁	一般	城市化进程中
烟台	潮里—庄上—羊角盘	10.1	160	116	中砂	人工地貌	很大	轻微	较软	土黄	有一些行迹	偶尔出现	蓝色	尚清洁	很差	城市化进程中
	海阳万米沙滩	4.5	103	70	中砂	人工地貌	很大	轻微	柔软	白色	无	无	浅绿	清洁	优越	城市化进程中
	高家庄	6.6	89	43	中砂	沙丘	很大	轻微	较软	土黄	有一些形迹	偶尔出现	蓝色	尚清洁	一般	城市化进程中
	远牛	4.5	113	54	中砂	沙丘	很大	平衡	较软	土黄	明显	偶尔出现	蓝色	尚清洁	很差	城市化进程中
	大辛家	1.7	133	65	中砂	沙丘	较小	平衡	较软	土黄	有一些形迹	偶尔出现	蓝色	尚清洁	很差	城市化进程中
威海	乳山银滩	8.9	290	107	中砂	人工地貌	很大	轻微	较软	土黄	无	无	蔚蓝	清洁	优越	未城市化
	仙人湾	1.9	110	67	粗砂	沙丘	较小	严重	较硬	土黄	无	无	蓝色	尚清洁	一般	城市化进程中
	靖海卫	2.9	110	45	粗砾	侵蚀崖岸	较大	严重	较硬	土黄	无	无	蔚蓝	清洁	很差	未城市化
	石岛湾	2.3	140	60	细砂	人工地貌	较小	平衡	柔软	土黄	无	偶尔出现	蔚蓝	清洁	一般	城市化进程中
	东镆铘	3.7	160	150	粗砂	人工地貌	较大	平衡	较硬	浅灰	无	偶尔出现	浅灰	尚清洁	很差	城市化进程中
	马栏阱—褚岛	3.1	180	126	细砂	防护林	较大	平衡	柔软	白色	有一些形迹	无	浅灰	尚清洁	一般	未城市化
	荣成海滨公园	5.4	190	77	中砂	人工地貌	很大	平衡	柔软	土黄	无	无	浅绿	清洁	优越	未城市化
	天鹅湖	5.1	80	42	中砂	防护林	很大	轻微	较软	土黄	无	无	浅绿	清洁	一般	未城市化
	松埠嘴	2.8	45	40	粗砂	平原海岸	较大	严重	较硬	土黄	明显	偶尔出现	蓝色	尚清洁	很差	未城市化
	成山林场	6.3	110	76	中砂	平原海岸	很大	轻微	较软	土黄	有一些形迹	偶尔出现	浅绿	清洁	一般	未城市化
	朝阳港	2.2	90	30	中砂	平原海岸	较大	平衡	较软	土黄	有一些形迹	偶尔出现	蓝色	尚清洁	一般	未城市化
	纹石宝滩	5.75	130	52	中砂	平原海岸	很大	平衡	较软	土黄	有一些形迹	偶尔出现	蓝色	尚清洁	一般	城市化进程中
	伴月湾	0.59	36	30	细砂	人工地貌	较小	轻微	柔软	土黄	无	无	浅绿	清洁	优越	高度城市化
	国际海水浴场	1.97	83	60	中砂	人工地貌	较小	平衡	较软	土黄	无	无	浅绿	清洁	优越	高度城市化

续表

沙滩名称		沙滩长度（km）	平均低潮位时滩面宽度（m）	平均高潮位时滩面宽度（m）	沉积物质	后滨（海岸）状况	向海开阔度	海岸侵蚀状况	沙的柔软性	沙色	污水排放行迹	漂浮垃圾	水色	水质	区位交通	城市化进程
烟台	四十里湾东泊子村	2.7	70	50	细砂	平原	较大	平衡	柔软	土黄	无	无	浅灰	尚清洁	优越	城市化进程中
	烟大海水浴场	2.8	60	50	中砂	公路	较大	平衡	较硬	土黄	明显	频繁出现	浅灰	尚清洁	优越	高度城市化
	夹河东	3.95	100	43	细砂	沙丘	较大	严重	柔软	土黄	无	偶尔出现	蓝色	尚清洁	优越	高度城市化
	开发区海水浴场	8.56	162	134	细砂	沙地	很大	轻微	柔软	土黄	无	无	蔚蓝	清洁	优越	高度城市化
	蓬莱阁东	1.08	90	62	中砂	公路	较小	严重	较硬	深灰	明显	频繁出现	浅灰	尚清洁	优越	高度城市化
	栾家口—港栾	13.63	81	60	中砂	平原	很大	严重	较软	土黄	无	无	蔚蓝	清洁	一般	城市化进程中
	龙口港北	8.59	50	31	粗砂	养殖池	很大	严重	较硬	土黄	有一些形迹	偶尔出现	浅灰	清洁	一般	城市化进程中
	界河北	5.8	70	35	中砂	养殖池	很大	严重	较硬	土黄	有一些形迹	无	浅灰	尚清洁	一般	城市化进程中
	界河西	17.3	50	39	中砂	养殖池	很大	严重	较硬	金黄	有一些形迹	无	浅灰	尚清洁	很差	城市化进程中
	石虎嘴—海北嘴	7	50	35	粗砾	养殖池	很大	严重	较硬	白色	有一些形迹	无	蔚蓝	尚清洁	很差	城市化进程中
	牟平金山港东	15.7	161	120	中砂	养殖池	很大	轻微	较软	白色	有一些形迹	无	浅灰	清洁	很差	城市化进程中
	牟平金山港西	5.6	100	70	中砂	养殖池	很大	严重	较软	白色	有一些形迹	偶尔出现	浅灰	清洁	很差	城市化进程中
	马家村	5.3	126	80	细砂	养殖池	很大	严重	较软	土黄	有一些形迹	无	浅灰	清洁	一般	城市化进程中
	三山岛—刁龙嘴	7.7	90	40	中砂	养殖池	很大	严重	较软	土黄	有一些形迹	无	蔚蓝	清洁	一般	未城市化

表 5－11　山东半岛沙滩旅游资源质量评价结果

滨海沙滩名称		评价因子得分 S_f															沙滩质量
		沙滩长度	平均低潮位时滩面宽度	平均高潮位时滩面宽度	沉积物质	后滨（海岸）状况	向海开阔度	海岸侵蚀状况	沙色	沙的柔软性	污水排放痕迹	漂浮垃圾	水色	水质	交通区位	城市化进程	
权重		3	3	3	2	2	1	3	3	3	1	3	3	1	1	1	
青岛	王家台后	3	2	2	3	1	3	2	2	2	2	2	2	2	2	3	71.71%
	周家庄	2	2	2	2	3	2	2	2	1	2	2	2	2	2	3	66.67%
	古镇口	3	2	2	1	1	1	1	1	1	1	2	2	1	2	2	53.54%
	南小庄	2	2	2	1	3	2	2	1	1	3	2	2	2	2	3	62.63%
	高峪	2	1	1	1	3	2	3	1	2	1	2	2	1	2	3	59.60%
	胶南海水浴场	3	2	2	2	1	3	3	3	2	3	3	2	2	2	2	78.79%
	白果	3	2	2	2	3	2	3	2	2	2	2	2	2	2	2	74.75%
	鱼鸣嘴	2	2	2	2	3	1	3	3	2	3	2	3	2	2	2	77.78%
	银沙滩	2	2	2	3	1	3	3	3	3	3	3	3	3	2	2	84.85%
	鹿角湾	3	2	2	3	3	3	3	3	3	3	3	3	3	2	2	91.92%
	金沙滩海水浴场	3	2	2	3	1	3	3	3	3	3	3	3	3	2	2	87.88%
	第六海水浴场	2	2	2	2	1	1	3	2	2	2	3	3	3	3	1	73.74%
	第一海水浴场	2	2	2	2	1	1	3	2	2	2	3	3	3	3	1	73.74%
	第二海水浴场	1	2	2	2	1	1	3	2	2	3	3	3	3	3	1	71.72%
	前海木栈道	2	1	1	1	1	1	3	1	2	2	2	3	3	3	1	59.60%
	第三海水浴场	2	2	2	2	1	1	3	2	2	3	3	3	3	3	1	74.75%
	石老人海水浴场	3	2	3	2	1	3	2	3	3	3	3	3	3	3	1	85.86%
	流清河海水浴场	2	2	2	2	1	3	2	2	2	2	2	3	3	2	3	70.71%
	元宝石湾	2	2	2	1	2	1	3	1	2	3	3	3	3	2	3	72.73%
	仰口湾	2	2	2	2	1	1	3	2	2	3	3	3	3	2	3	75.76%
	峰山西	2	2	2	2	1	1	3	2	1	2	1	2	2	2	3	61.62%
	南营子	3	2	2	2	1	2	2	2	2	3	3	2	2	2	2	71.72%

续表

滨海沙滩名称		评价因子得分 S_f															沙滩质量
		沙滩长度	平均低潮位时滩面宽度	平均高潮位时滩面宽度	沉积物质	后滨（海岸）状况	向海开阔度	海岸侵蚀状况	沙色	沙的柔软性	污水排放痕迹	漂浮垃圾	水色	水质	交通区位	城市化进程	
日照	虎山	3	2	2	2	1	3	1	2	2	3	3	3	3	2	2	73.74%
	万平口海水浴场	3	2	2	2	1	3	2	3	2	3	3	3	3	2	2	79.80%
	富蓉村	1	2	2	3	2	1	2	3	2	2	2	3	3	2	2	71.72%
	东小庄	2	2	2	3	2	1	2	3	2	3	2	3	3	2	2	75.76%
	大陈家	3	2	2	2	2	2	2	2	2	2	3	2	2	2	2	72.73%
	海滨国家森林公园	3	3	2	3	2	2	2	2	3	2	3	3	3	3	2	85.86%
	涛雒镇	3	2	2	3	1	2	1	2	2	2	2	2	2	2	2	66.67%
烟台	潮里—庄上—羊角盘	3	2	2	2	1	2	2	2	2	2	2	2	2	1	2	66.67%
	海阳万米沙滩	3	2	2	2	1	3	2	2	3	3	3	3	3	3	2	80.81%
	高家庄	3	2	2	2	2	3	2	2	2	2	2	2	2	2	2	70.71%
	远牛	3	2	2	2	2	3	3	2	2	1	2	2	2	1	2	71.72%
	大辛家	2	2	2	2	2	1	3	2	2	2	2	2	2	1	2	67.68%
威海	乳山银滩	3	2	2	2	1	3	2	2	2	3	3	3	3	3	3	78.79%
	仙人湾	2	2	2	1	2	1	1	1	2	3	3	2	2	2	2	61.62%
	靖海卫	3	2	2	1	1	2	1	1	2	3	3	3	3	1	3	67.68%
	石岛湾	3	2	2	3	1	1	3	3	2	3	2	3	3	2	2	79.80%
	东镆铘	3	2	2	1	1	3	3	1	2	3	2	2	2	1	2	66.67%
	马栏阱—褚岛	3	2	2	3	3	3	3	3	3	2	3	2	2	2	3	87.88%
	荣成海滨公园	3	2	2	1	3	3	3	2	3	3	3	3	3	3	3	86.87%
	天鹅湖	3	2	2	2	3	3	2	2	2	3	3	3	3	2	3	81.82%
	松埠嘴	3	1	2	1	2	2	1	1	2	1	2	2	2	1	3	57.58%
	成山林场	3	2	2	2	2	2	2	2	2	2	2	3	3	2	3	74.75%
	朝阳港	3	2	1	2	2	2	3	2	2	2	2	2	2	2	3	70.71%
	纹石宝滩	3	2	2	2	2	3	3	2	2	2	2	2	2	2	2	73.74%
	伴月湾	3	1	1	3	1	2	2	3	2	3	3	3	3	3	1	74.75%
	国际海水浴场	2	2	2	2	1	1	3	2	2	3	3	3	3	3	1	74.75%

续表

滨海沙滩名称		评价因子得分 S_f															沙滩质量
		沙滩长度	平均低潮位时滩面宽度	平均高潮位时滩面宽度	沉积物质	后滨（海岸）状况	向海开阔度	海岸侵蚀状况	沙色	沙的柔软性	污水排放痕迹	漂浮垃圾	水色	水质	交通区位	城市化进程	
烟台	四十里湾东泊子村	3	2	2	3	2	2	3	3	2	3	3	2	2	3	2	82.83%
	烟大海水浴场	3	2	2	2	1	2	3	1	2	1	1	2	2	3	1	63.64%
	夹河东	3	2	2	3	2	2	1	3	2	3	2	2	2	3	1	72.73%
	开发区海水浴场	3	2	2	3	2	2	2	3	2	3	3	3	3	3	1	82.83%
	蓬莱阁东	2	2	2	2	1	1	1	1	1	1	1	2	2	3	1	50.51%
	栾家口—港栾	3	2	2	2	2	3	1	2	2	3	3	3	3	2	2	75.76%
	龙口港北	3	2	2	1	1	3	1	1	2	2	2	2	3	2	2	61.62%
	界河北	3	2	2	2	1	3	1	1	3	2	3	2	2	1	2	67.68%
	界河西	3	2	2	2	1	1	1	3	2	3	3	2	2	1	2	69.70%
	石虎嘴—海北嘴	3	2	2	1	1	3	1	1	3	2	3	3	2	1	2	68.69%
	牟平金山港东	3	2	2	2	1	3	1	2	3	2	2	2	3	2	2	69.70%
	牟平金山港西	3	2	2	3	1	3	1	2	2	2	3	2	3	2	2	71.72%
	马家村	3	2	2	2	1	3	1	2	2	2	3	3	3	2	3	73.74%
	三山岛—刁龙嘴	3	2	2	2	1	3	1	2	2	2	3	3	3	2	3	73.74%

6 山东半岛滨海沙滩开发和保护策略

6.1 山东半岛滨海沙滩开发利用现状和存在的问题

6.1.1 山东半岛滨海沙滩开发利用现状

山东是一个海洋大省，大陆海岸线北起大口河，南至绣针河口，长达3 121 km（童钧安，1992），占全国大陆海岸线总长的1/6，全国第二。依托海洋发展蓝色经济，是山东省经济发展、社会进步的必由之路。山东半岛滨海沙滩共有123处，总长约365 km，是山东半岛蓝色经济区建设中最为宝贵的滨海景观，不仅具有天然的护岸功能，而且是海浴、沙浴和日光浴的最佳旅游场所，是滨海旅游业的重要依托，也是山东经济收入的重要来源。

西方发达国家对滨海沙滩经济价值重视和开发较早，滨海旅游在旅游业中占据了主要地位。目前美国、西班牙、法国、意大利、中国是世界五大旅游目的地。其中，美国、西班牙、法国、意大利是国际四大旅游收入国。这四个国家都无一例外地拥有举世闻名的美丽滨海沙滩，吸引了大批的国内外游客。据统计，滨海旅游的游客在德国占50%，在比利时达到80%。旅游业是美国国民经济的第一支柱产业，同时也是创造外汇收入和就业人员数目第一的产业，而滨海沙滩是旅游首选目的地。滨海沙滩已经成为旅游业发展的引擎，在吸引游客到沿海观光度假、开展海岸海水体育活动等方面具有得天独厚的条件。针对滨海沙滩旅游资源进行旅游开发，最能体现旅游投资少、经济收益大的经济特点，并具有巨大的社会效益。随着我国经济的发展、人民生活水平的提高，沙滩休闲已成为一个重要的度假方式。旅游业是21世纪世界经济发展的驱动力，并且是世界上最大的投资、财富以及工作岗位的创造者。

随着社会经济的发展，人们对于精神生活和户外生活的追求日益增长，旅游产业尤其是滨海旅游产业得到了飞速的发展。我国对滨海沙滩的开发利用起步较晚，把沙滩作为滨海旅游资源进行规模化和产业化的开发利用更是远远落后于西方发达国家。根据目前状况，可将山东半岛滨海沙滩的开发利用大致分为旅游型开发、渔业性开发、港口与工业型开发和城镇化型开发4种类型。

（1）旅游型开发

滨海沙滩最重要的资源价值就是旅游。滨海沙滩作为旅游资源主要的功能是休闲、度假、疗养，是人们在紧张的劳动和工作之后休息放松和病后恢复身体健康的去处。青岛市第一海水浴场的滨海沙滩旅游价值评估计算如下：消费者总剩余达到1.97亿元/年，滨海沙滩年度总使用支付意愿达到6 310万元，环境保护捐赠意愿达到1.74亿元，总滨海沙滩使用价值超过4.3亿元，再加上非使用价值，其价值总量相当可观（刘康，2007）。鉴于滨海沙滩具有极高的旅游资源价值，因此城区滨海沙滩多被开发为旅游区。目前，我国已被开发为旅游区的滨海沙滩超过了100处，仅山东开发的旅游滨海沙滩就有27处（表6-1）。

表6-1 山东半岛滨海沙滩已开发海水浴场情况

沙滩名称		所在位置	资源情况		开发利用情况	
			岸线长（km）	水域面积（km²）	已利用岸线长（km）	水域面积（km²）
青岛	第一海水浴场	市南区	0.6	0.50	0.6	0.50
	第二海水浴场	市南区	0.4	0.20	0.4	0.20
	第三海水浴场	市南区	1.1	0.10	0.4	0.10
	第六海水浴场	市南区	0.6	0.30	0.6	0.10
	石老人海水浴场	崂山区	2.1	0.84	2.1	0.84
	流清河海水浴场	崂山区	0.9	0.36	0.9	0.36
	仰口海水浴场	崂山区	1.5	0.60	1.5	0.30
	金沙滩海水浴场	黄岛区	2.7	1.08	2.7	1.08
	银沙滩海水浴场	黄岛区	1.5	0.60	1.5	0.60
	胶南海水浴场	胶南市	9.6	3.84	3.3	1.32
日照	万平口海水浴场	岚山区	6.4	2.56	4.8	1.92
	海滨国家森林公园	东港区	5.2	2.08	1.0	0.40
烟台	第一海水浴场	芝罘区	0.68	0.03	0.68	0.03
	第二海水浴场	芝罘区	0.36	0.14	0.36	0.14
	烟大海水浴场	芝罘区	2.8	1.12	2.8	1.12
	开发区海水浴场	开发区	8.56	4.28	4.0	1.60
	蓬莱阁海水浴场	蓬莱市	1.08	0.42	1.08	0.42
	海阳万米沙滩	海阳市	4.5	1.80	1.66	0.66
威海	威海国际海水浴场	环翠区	2.0	0.80	2.0	0.80
	威海金沙滩	环翠区	1.0	0.40	1.0	0.40
	葡萄滩海水浴场	环翠区	1.0	0.40	1.0	0.40
	伴月湾海水浴场	环翠区	0.6	0.24	0.6	0.10
	金滩海水浴场	文登市	8.8	3.52	3.9	1.56
	荣成海滨公园	荣成市	5.4	2.16	5.4	2.16
	天鹅湖	荣成市	5.1	2.04	2.3	0
	石岛湾	荣成市	2.3	0.92	2.3	0.46
	乳山银滩	乳山市	8.9	3.56	8.9	3.56

（2）渔业性开发

滨海沙滩可为渔业开发提供空间。一般利用滨海沙滩开挖性好，成本低，且距离海水近的特点，很多滨海沙滩特别是海岸沙丘地带被开发为养殖池塘，养殖品种包括鱼、虾、海参、鲍鱼以及育苗等。图6－1给出了两个在滨海沙滩上开发渔业养殖的例子。图6－1a显示，威海荣成市的一个连岛沙洲北侧滩面完全被渔业生产的厂房、水池占据，南侧宽阔的滩面成为晾晒海带的天然场地；图6－1b是威海市环翠区的一处滨海沙滩中部被人工的养殖池隔断。上述这种对沙滩的渔业性开发，在水产养殖产业发达的荣成市非常普遍，几乎所有的乡村沙滩都存在这种开发利用模式。

图6－1　山东省滨海沙滩卫星图片

a. 荣成市褚岛；b. 威海市黄石哨；c. 海阳市万米沙滩（2001年6月）；d. 海阳市万米沙滩（2006年4月）

（3）港口与工业型开发

有些滨海沙滩稳定性较好，且距离深水岸线较近，是开发港口与临港工业的理想地点。烟台海阳市的万米沙滩现已是广为人知的滨海旅游度假新区，2012年的亚洲沙滩运动会就是在此举行的。而在认识到其巨大的旅游开发价值前，万米沙滩东侧就已建成了海阳市的唯一大型港口——海阳港（图6－1c）。

（4）城镇化型开发

当前，人口、工业向海伸展的趋势愈发明显。为了拓展发展空间，人类向海拓展空间的愿望愈发强烈，而科技的发展，使得这种空间的拓展在技术上变得极为容易。从1949年到20世纪末期，我国平均每年围填海230～240 km^2。进入21世纪以来，我国围填海造地进程加快，从过去平均每年约200 km^2余提高到现在300 km^2余。围填海造地工程的实施从过去单一的农渔业开发向综合性的多功能、多产业的开发利用方向发展，城镇化趋向加速。滨海沙滩处于陆海交互地带，开发成本相对浅水（更不用说深水）区低得多，因此，滨海沙滩被城市化的开发利用越来越多。

以烟台海阳市凤城镇为例，图 6 - 1c、d 显示了这一地区近 5 年内的发展情况。凤城镇坐落于海阳万米沙滩的东北方向，原来社会经济主要由渔业、水产品养殖和加工业构成。由于近几年海阳市政府加大了对滨海沙滩资源的开发力度，并成功申办了 2012 年亚洲沙滩运动会，凤城镇发生了翻天覆地的变化。城镇规模迅速扩张，城市范围开始向西南部逐年扩大，新增大量滨海广场、旅馆、酒店、度假村及住宅区。社会经济结构由过去单一的渔业和水产养殖加工转化为旅游、度假、房地产、海洋渔牧业等产业多元化发展的格局。

6.1.2　山东半岛滨海沙滩开发利用存在的问题

滨海沙滩侵蚀后退引起的沙滩变陡、滩面变窄、粒径粗化等现象，导致了沙滩滨海旅游属性的蜕化和丧失。对滨海沙滩粗放式的开发也是引起沙滩功能蜕化和丧失的重要因素之一。由于缺乏长远的科学论证和合理规划，对滨海沙滩进行粗放式开发，不仅极大地降低了沙滩的景观价值，影响滨海旅游业的可持续发展，而且会对滨海沙滩的平衡系统构成威胁，扰乱或者阻隔了泥沙供应，使沙滩面临消亡的危险。山东半岛滨海沙滩开发利用存在的具体问题如下。

（1）前滨采砂

随着经济发展和城市扩张，工程建筑等用砂量急剧上升，单纯依靠开采河砂已经不能满足需求，因此人们开始大量开采沙滩砂。但是，盲目地开采沙滩前滨的沙体，会严重破坏滨海沙滩的沙量平衡，沙滩系统为了平衡沙量的严重支出，一定要向陆或者向海获得新的泥沙供给来维持新的动态平衡，其表现就是滩面侵蚀和岸线后退。在对山东半岛滨海沙滩调查中，前滨采砂现象非常严重，尤其以偏僻的乡村沙滩最为严重，采砂方式更是呈现多样化和大型机械化的趋势。如靖海卫附近有数个大型港口码头正在建设，需要大量的沙土，因此其沙滩前滨采砂很严重，大型推土机在低潮时进入沙滩大量采砂，翻斗车络绎不绝（图 6 - 2a、b、c）。近几年无序的采砂活动已经给靖海卫西段沙滩带来严重的破坏，沙滩干滩已经在调查的 3 年时间内消失，沙丘上的养殖厂房倒塌，当地为保护养殖场不得不一遍又一遍地加固抛石护岸。在文登市金滩，调查时发现 3 艘大型吸沙船抛锚在低潮线附近取海砂，并且通过管道输送至岸上（图 6 - 2d），挖砂效率极高。

总之，山东半岛多数滨海沙滩都不同程度地受到人工挖砂的影响。由于缺乏必备的知识，特别是缺乏海岸带管理法的严格控制，在利益的驱使下，包括当地居民急于脱贫致富，掠夺性的采掘十分严重，开采量远远大于泥沙补给量，不少岸段的海岸剖面失去天然平衡，大大加剧了海岸的侵蚀后退，沙滩景观消失，甚至构成对土地、公路、建筑物的威胁。

（2）沙滩天然屏障破坏

滨海沙滩后部广泛发育的风成沙丘及其植被带，是阻挡海洋动力和风动力的最后一道天然屏障（图 6 - 3a），是滨海沙滩沙量平衡体系中重要的一环，也是海洋系统向陆地系统的过渡地带。但是海岸沙丘的存在意义并没有为大多数人所知晓，人们在生产生活过程中往往为了扩建养殖厂房或者修建旅游度假场所而破坏了海岸沙丘，或者为了景观需要在沙丘处构筑了海墙或者公园等，阻隔了海陆物质的交换，降低了保沙促淤护岸的功能。沙滩后部的潟湖系统以及人工防风林带也遭受了不同程度的破坏。如图 6－3b 为沙丘处侵蚀陡坎与防护林，图 6－3c 为被破坏的沙丘，图 6－3d 为沙丘后部养虾池，此类的海岸天然防护屏障的破坏，使沙量的支出增大，岸线侵蚀后退加剧。

图 6－2　威海某沙滩采砂活动

a. 荣成市靖海卫（一）；b. 荣成市靖海卫（二）；c. 文登市金滩；d. 荣成市石岛湾

（3）河流输沙量减少

山东半岛的河流多为山地雨源性河流，源短流急，暴涨暴落，季节性明显，夏季流量较大。20 世纪 50 年代开始山东省进行了大规模的小水利工程建设，上游建坝淤地、修筑梯田、植树造林保持水土；下游兴建水库、水利工程。以上工程拦截了大量泥沙，加之河床挖砂量的上升，目前入海的泥沙量极少，直接加剧了原本就很脆弱的滨海沙滩的侵蚀。由表 6－2 可见，山东半岛主要河流的输沙量锐减。1966—1990 年的平均输沙量为 45.83 $\times 10^4$ t/a，相当于每年亏损大约 264.67 $\times 10^4$ t 泥沙，若按照 25% 的泥沙输入滨海沙滩，那么威海市滨海沙滩在 1966—1990 年间每年因河流输沙量减少而亏损的砂量约为 66.17 $\times 10^4$ t。

图6－3　海岸沙丘

a. 烟台莱山区；b. 荣成滨海公园天鹅湖沙滩；c. 烟台高家庄海水浴场；d. 沙丘后部养虾池

表6－2　山东半岛代表性河流年输沙量变化

名称	水文站	流域面积（km^2）	平均年输沙量（$\times 10^4$ t/a）					
			1958—1965年	1966—1970年	1971—1975年	1976—1980年	1981—1985年	1986—1990年
大沽河	南村站	3 735	121.7	20.1	23.83	19.03	0.11	0.17
五龙河	团旺站	2 445	165.4	48.9	52.82	39.07	4.38	0.12
北胶莱河	王家庄站	2 531	15.0	1.25	10.40	2.5	0.01	0.04
清洋河	门楼水库	1 079	8.4	2.32	1.16	1.88	1.03	0.04
合计		9 790	310.5	72.57	88.21	62.49	5.53	0.33
侵蚀模数（$\times 10^4$ t/（a·km^2））			0.032 3	0.007 7	0.009 3	0.006 7	0.000 61	0.000 03

（4）不合理的海岸工程

海岸工程是沿海地区常见的人工构筑物，一座不科学的构筑物只会事与愿违，背离了人们保护和利用海岸的初衷。垂直海岸的丁坝是常见的护岸工程，但是丁坝会阻断沿岸输沙，造成输沙上游的堆积和下游的侵蚀。防波堤是很好的消减波能的防护工程，广泛用于港口和码头的建设，但是它同样会造成波影区泥沙沉降和下游的侵蚀。荣成龙眼湾沙滩是个典型的例子（图6－4）。由于港口建设的需要，龙眼湾湾口建设了接岸防波堤，湾口被封闭了一半，湾内的码头同样建设了接岸防波堤，沙滩上建有一个快艇用的丁坝，湾内水动力条件减弱，位于湾底的沙滩由于供沙不足出现侵蚀。沙滩的东段受双层防波堤的影响侵蚀严重，已经严重威胁到后方的公路，因此除了在滩面上抛碎石护岸之外，还建设了一条300 m约的北北东走向的离岸岛式潜堤，以此缓解沙滩东部的侵蚀状况，但是这条浅堤过长又太靠近海岸，阻碍了原本就很微弱的沿岸漂沙。虽然东段的沙滩暂时得以维持现状，但是沙滩已经得不到物质补充，一旦有大的风暴过境，带给这段沙滩的将是毁灭性的打击。

图6－4　荣成市龙眼湾的防波堤护岸工程

山东半岛的大多数乡村沙滩，滩肩以上常被养殖场所占用，包括取水口、排水口、养殖池、厂房等。而得到开发的旅游用沙滩，后滨多被公路、公园、娱乐设施、商场等占用。这些设施阻隔了沙量平衡体系中海陆物质交换，破坏了沙滩体系的平衡状态，导致了沙滩的侵蚀。

前文给出的一个在沙滩滩面、后滨或者沙丘上挖养殖池进行渔业开发就是一个粗放式开发的例子，此外如青岛、日照近郊和乡镇很多沙滩已经消失，取而代之的是成片的养殖池，沙滩后滨本该是沙丘或者防护带的位置，也被人为地挖开，修建大面积的养殖池。如图6－5a，b，c为后滨修建养殖池，图6－5d为滩面取砂修建养殖池。不断扩展的养殖池侵占了沙滩陆缘植被、部分防护林带和海岸沙坝，使沙滩的生态多样性下降，沙滩消浪护岸的功能遭到破坏。养殖池也对旅游沙滩造成了一定影响，一方面是贝壳碎屑掺杂于沙滩沙中降低了沙滩质量，另一方面是养殖引起的水质富营养化使浴场藻类漂浮物增加，降低了沙滩的美观和海浴的舒适度。

在山东半岛凡是进行过旅游开发的沙滩，一些不合理的人工构筑物无处不在（图6－6）。图6－6a为滩面上一处城市排水道，摄于威海市金沙滩；图6－6b为滩肩上的娱乐设施，摄于威海市国际海水浴场；图6－6c，d均为卫星图片（威海市金沙滩和荣成市海滨公园）显示滩肩上建筑的观海平台，两处构筑物向海基础均已掏蚀暴露，后者已经使用异形块加以保护。

图6－5　烟台莱山区养殖池

a. 三山岛—刁龙嘴；b. 龙口港北；c. 界河以东；d. 石虎嘴—海北嘴

图6－6　山东滨海沙滩上不合理的人工建筑

a. 滩面上一处城市排水道（威海市金沙滩）；b. 滩肩上的娱乐设施（威海市国际海水浴场）；c. 滩肩上建的观海平台（威海市金沙滩）；d. 滩肩上建的观海平台（荣成市海滨公园）

6.2 山东半岛滨海沙滩养护现状和存在的问题

6.2.1 沙滩养护概述

沙滩养护是指当沙滩自然供沙相对不足时，按设计将一定颗粒级配的砂石通过水力或机械搬运的方法放置到某些遭受侵蚀的沙滩的一定部位，或再辅以“硬工程”护沙，迅速增加海岸在平均高潮位以上的沙滩后滨宽度，以达到旅游沙滩或抵御风暴潮的目的。除砂质海岸外，在非砂质海岸（粉砂淤泥质岸或基岩海岸）上的人造沙滩也属于养滩范畴。沙滩养护是一种给缺乏泥沙的海岸补沙的方法，需要定期监测，及时补沙。该法对于侵蚀岸段的应急处理以及长效地防治海岸侵蚀均有很好的效果（庄振业等，2011；董丽红等，2012）。

滨海沙滩养护通常包括调查、重建和修补三个阶段（庄振业等，2009）。

（1）调查阶段

沙滩养护之前，必须对目标岸段做充分调查，包括海岸与海底地形、波浪、潮流等水文测算、沉积物粒度分布、沙滩泥沙运动、沙丘底形活动状况以及本底侵蚀速率等内容。一般需配以模型计算和试验，从而设计好施工方案，主要是养护后达到的地形形态，还包括要预测干滩宽度、评估养滩寿命和效益以及对上下游海岸环境的可能影响（季小梅等，2007）。

（2）重建阶段

重建阶段的关键是按设计方案，向沙滩大量抛沙，一般抛沙量要大于沙滩受侵蚀年月的总侵蚀量。许多海蚀海岸经历了30多年，这就需要一次性抛进外来沙数十万立方甚至百万立方。目前，国内外许多养滩工程，凡在重建阶段做到充分抛沙，再经修补，就会得到满意的效果，但若一次性补沙不足，往往形成连年补沙连年被侵蚀光的局面，以致养滩失败。

（3）修补阶段

重建后的新沙滩仍处于波浪侵蚀和新沙滩平衡剖面塑造的作用之下。沙滩上部将侵蚀，滩肩前坡后退，中部平缓，下部（低潮线及其以外）发生堆积，同时，也有一少部分沙被迁移到闭合深度以外，则新沙滩沙在建立新平衡剖面的过程中引发新亏损，所以重建后1~2年侵蚀率仍将大于重建之前，就应进行再补沙，称为养滩修补阶段。

沙滩养护工程的三个阶段是相互依存、相互制约的，调查分析不足，养护目标就不够清楚，则重建是盲目的，重建抛沙不足，修补也无济于事，若重建后不予修补，仍会摧毁重建的新沙滩。

滨海沙滩养护工程根据泥沙堆积在海岸剖面上位置的不同，一般又可分为以下4种工程形式（董丽红等，2012）。

（1）沙丘补沙

将所有补给泥沙堆积在平均高潮位以上，不直接增加干滩宽度，能够阻挡风暴浪期间的泥沙越顶迁移，流失小、抛沙技术难度低。

（2）滩肩补沙（干滩补沙）

将补给泥沙主要堆积在平均潮位以上，增加干滩宽度，效果显著，抛沙技术难度中等，沙流失量较大，为目前使用较为频繁的抛沙方案。

（3）剖面补沙

将补给泥沙吹填在整个沙滩剖面上，施工时直接按照剖面的平衡形态抛沙，短期效果显著，抛沙技术难度较高，且易遭受风暴浪的破坏。

（4）近岸补沙（水下沙坝补沙）

将补给泥沙抛置在近岸平均低潮位以下，形成平行于海岸的若干条水下人工沙坝，依靠自然波浪的均衡作用，将泥沙分选向岸滩输移。

6.2.2 山东半岛滨海沙滩养护现状

山东省的社会经济在近几十年得到快速的发展，同时经济发展与资源环境的矛盾日益突出，并且普遍存在过度开发近岸沙体的现象，因此众多优质的滨海沙滩资源遭到严重破坏，沙滩泥沙的运移规律被打破，致使泥沙来源减少，使许多沙滩逐渐萎缩甚至消失殆尽。

滨海沙滩侵蚀早已成为全球沿海国家共同关注的问题，近半个世纪以来，发达国家沿海地区已经和正在出现保护滨海沙滩的热潮，以确保沙滩资源的可持续利用和旅游业的持续发展。美国于1922年已开始沙滩养护，到1996年先后在东海岸、五大湖沿岸、墨西哥湾沿岸和新英格兰沿岸395个位置进行1 320多次的养护，20世纪70—90年代美国养滩费用占海岸防护总费用的80%～90%，海岸防护由建筑物的硬防护转向软防护的趋势越来越明显；欧洲各国（法国、英国、荷兰、丹麦、德国、意大利、西班牙等）于1950年也开始兴起沙滩的养护；荷兰为防止沙滩消失，保护旅游胜地，于1950年开始沙滩养护，并于1987年制定了《人工沙滩养护手册》，后又在1997年提出一本更详细的手册——《沙滩养护和海滨平行建筑物》；英国于1996年编制了《沙滩管理手册》；日本作为岛国，由于海岸侵蚀严重，也逐渐重视以养滩作为海岸防护的主要措施，基于已有人工沙滩的经验总结，于1979年出版了《人工沙滩手册》。

我国绝大部分砂质海岸均沦为侵蚀的重灾区，岸线蚀退率普遍大于1～2 m/a，局部达到了9～13 m/a（庄振业等，2011）。但是我国的沙滩养护研究和实践都尚属起步阶段，无论是理论研究、养护技术，还是养护规模，都远远落后于西方发达国家。

早在20世纪70年代，山东省就已开展了初步的抛沙养滩工作（庄振业等，2011），但规模都太小，同时也缺乏理论的指导，都很不成功。例如，青岛第二海水浴场，为改善沙滩的侵蚀现状，曾修筑两条丁坝消浪（图6－7），并于每年夏初向高潮线一带抛沙约$0.1\times10^4\sim0.2\times10^4\ m^3$。无论是辅助的丁坝工程还是抛沙的性质和用量都没有很好的规划设计，泥沙向海输运能力增强，更无法抵挡大风浪天气的袭击，以至必须连年抛沙以维持沙滩的宽度。

烟台大学海水浴场选择直接抛沙的方式，并无辅助工程，同时该处养滩用沙无论颜色还是粒径均与原沙滩沙相差甚远，因此养滩后沙滩遭遇了泥沙流失的问题，而且滩面被冲刷后，颜色斑驳杂乱，极不美观。

图6－7　青岛市第二海水浴场

与人工抛沙养护沙滩的方式相比，滨海沙滩防护工程由于见效快，造价相对较低，所以得到了广泛的应用，一时间成为主要的沙滩保护方式，短期内也确实收到了很好的效果。Komar（1998）形象地称这些防护工程为硬工程，与之对应的人工抛沙为软工程。由于建设前缺少科学论证和对建后沙滩演变的预测，这类工程也带来了不少的问题，下面将进行详细论述。

山东正规的养滩工程应从2003年算起，这一年，青岛市实施了位于汇泉湾的第一海水浴场改造工程。青岛第一海水浴场沙滩为岬间带状沙滩，波浪力较弱，但面向外海，近10余年来，沙滩变窄，滩坡变陡，沙滩粗化，沙滩容量极度减小。故青岛市政府于2003年12月投资百万元对该沙滩实行抛沙改造，在长500 m的滩面上一次性抛沙1.2×10^4 m^3，未建造辅助硬工程，干滩由40 m增至70 m（图6－8），较好地满足了浴场旅游业的发展需求，第二年夏，沙滩游客达150万人次，仅浴场收入就达500万元，所修复沙滩至今未见显著的侵蚀现象。

2006年，龙口市建造了山东省第一条人造滨海沙滩——月亮湾，长约620 m，由东北和西南两侧所修建的人工岬角（丁坝）环抱（图6－9）。由于随意抛沙，沙滩的平面形态也没有很好的设计，因此在建设之初该沙滩并未处于平衡状态，历时5年的自然调整之后，该沙滩终于变化到平衡状态。

2011年威海市启动了九龙湾沙滩修复工程。九龙湾位于威海湾的底部，由于多年来海水养殖造成周边海洋生态环境的破坏，以及随着九龙湾附近涉海工程建设，九龙湾原浴场沙滩大面积流失：人工湖外侧靠近九龙桥处沙滩消失长度约30 m，景观石基础外露；九龙河口处沙滩已基本消失；九龙河东侧海岸长近3 km、宽100 m的沙滩受损较为严重，老地层出露，防护林倒伏，沙滩面临消失危险。通过本工程的实施，以恢复与重建该区域滨海沙滩，形成以海岸保护、景观和休闲为主要功能的生态示范区。实施方案为使用丁坝、T形坝和离岸堤对海湾进行保护（图6－10），抛沙15×10^4 m^3，养滩长度为3.5 km。通过数模、物模研究，修复后的沙滩效果较好（图6－11），一期工程将于2013年6月完工，

图6-8　青岛市第一海水浴场（2006年4月21日，杨继超摄）

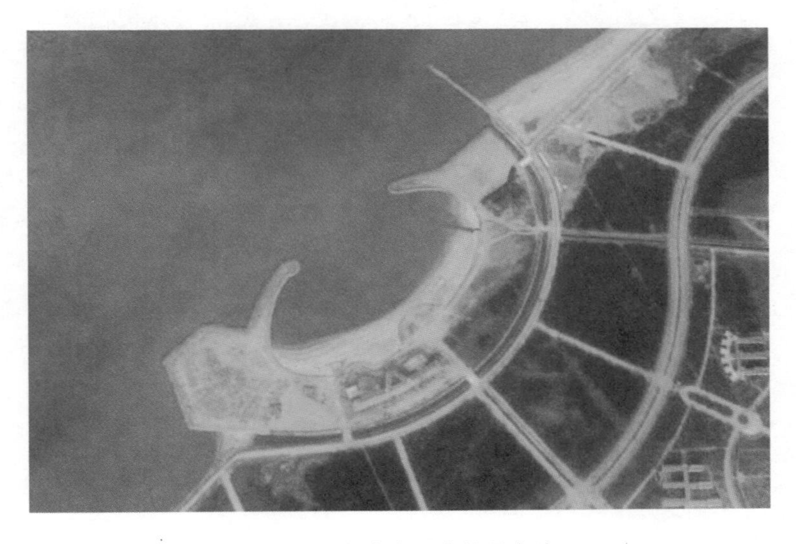

图6-9　烟台龙口市的月亮湾

其后期效果仍需要监测和评估。本工程是山东省第一例修复一个基本消失的滨海沙滩，既要保证恢复后沙滩的稳定性，又要兼顾历史风貌的重现。

6.2.3　山东半岛滨海沙滩养护存在的问题

通过上述山东半岛滨海沙滩养护工程实例的介绍和现场调查，笔者认为山东省养滩工程有以下问题。

（1）沙滩养护比较盲目

大多数的养滩工程直接将沙抛填于滩面，或者简单地修筑工程设施保护滨海沙滩，无

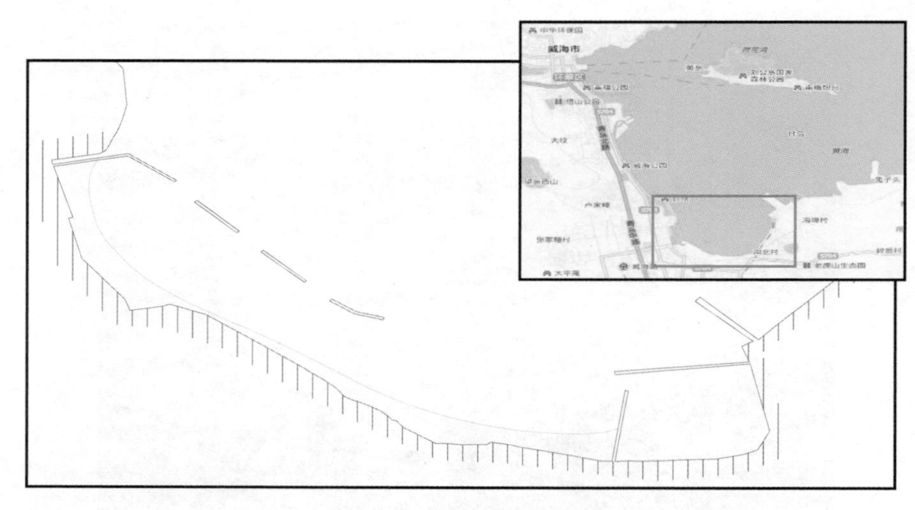

图 6－10　威海市九龙湾滨海沙滩恢复工程

图 6－11　面貌全新的九龙湾

论是辅助工程还是所抛沙的性质都没有很好的规划设计，因此早期养滩都不是很成功，都需要后期继续抛沙作为泥沙亏损的补偿。早期的养护工程这个问题更加突出。

（2）养滩规模小

①大部分的养滩岸线较短。平均养滩岸线长度约为 0.5 km，不及全国平均 0.8 km 的水平，更无法与发达国家相比。发达国家养滩海岸多大于 1 km，如荷兰 29 处养滩工程总长 94.95 km，平均每处 3.27 km，意大利平均 1.43 km（Hanson，2002）。②养滩抛沙方量少。平均每工程抛沙量 1×10^4 m^3，平均单宽抛沙量约 20 m^3/m，不及全国平均抛沙量 16×10^4 m^3，平均单宽抛沙量 196.3 m^3/m。而荷兰的多年平均单宽抛沙量为 335 m^3/m，英

国为312 m^3/m，西班牙为436 m^3/m（胡广元等，2008）。③经济投资小。平均工程投资约百万元，不及全国1 055 万元/km 的平均水平。而美国养滩工程平均投资500 万美元/km（胡广元等，2008），约为3 500 万元/km。

（3）资金来源单一

由于人们养滩的意识还是非常薄弱，所以目前养滩的资金来源还只能依靠国家的拨款。

（4）沙滩保护硬工程设计不合理

丁坝和海堤是最常见的两种类型，虽然在短时间内或一定程度上阻止岸线后退，但从长远来看，其弊大于利。

丁坝在沿岸输沙占主导的岸段造成上游淤积，但下游岸段由于缺乏泥沙来源，必然会侵蚀后退，如日照市岚山头佛手湾1970 年修建650 m 突堤码头后，从NNE 向SSW 运移的泥沙流被拦截，突堤北侧迅速淤沙，而南侧发生侵蚀，造成沙滩在4 年内消失，基岩裸露（叶银灿，2012），下游滨岸村庄官草汪的两条街均倒入海中（图6－12a）；龙口北郊港栾码头修建的丁坝同样阻挡了向SW 方向的沿岸输沙，造成下游岸段侵蚀后退严重，从2003 年开始至2010 年，侵蚀后退距离最远可达56 m（图6－12b）。

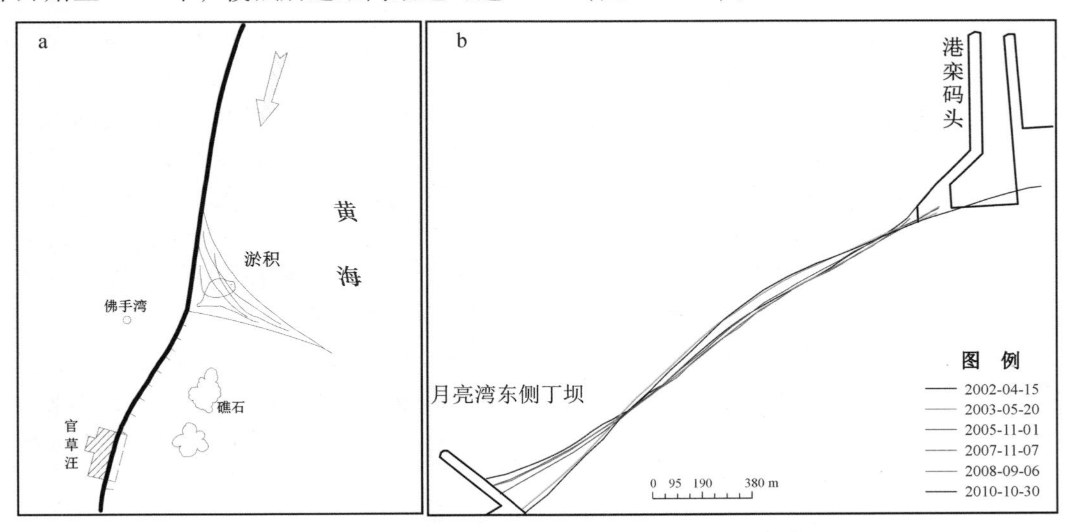

图6－12　丁坝对砂质海岸的影响

a. 日照市岚山头佛手湾；b. 龙口北郊港栾码头

海堤虽然将岸线固定不再后退，但却隔断了陆地和海洋的联系，这种方法在发达国家已经不再被推荐使用（庄振业等，2009），甚至有些国家摧毁原来的海堤，恢复自然状态下的砂质海岸。山东省仍然存在大量的海堤，如果将养殖池岸段也作为海堤计算在内，仅烟台市海堤长度占沙滩长度比例可达63%。海堤在短时间内保护海岸不再后退，但随着海岸后退，海水逐渐逼近坝底，波浪与海堤共同作用下，造成滩面下蚀和下游岸段的侵蚀（丁训凯，1995），最终泥沙被带入海中，坝基被掏空，甚至倒塌，这种情况也在山东屡见不鲜（图6－13）。

随着海岸工程和养滩技术的逐渐成熟，从前期细致的设计，包括施工设施、抛沙性

图 6－13　顺岸坝对砂质海岸的影响（烟台牟平，2010 年）

质、数模和物模结果，确定最优方案，到沙滩养护后的跟踪监测与评价等，使得养滩工作更加科学和有效，上述问题在近两三年得到了改善。同时，随着人们对山东半岛滨海沙滩价值的认识及其普遍遭受侵蚀的现状，使得山东多数海滨城市对沙滩保护和修复的需求极为迫切。山东省的沙滩养护工程在最近的两到三年里得以迅速发展，养护岸线长度、抛沙量和投资都有了巨大的增长。威海市九龙湾沙滩修复工程岸线长度达到 3.5 km，抛沙量为 15×10^{4} m^{3}，单宽抛沙量为 42.85 m^{3}/m，投资为 2 000 万元，平均投资 571.43 万元/km。山东省沙滩养护类型也有了较多元的发展，不仅在侵蚀岸段实施防护性养滩，对几乎消失的沙滩的恢复性养滩和在非砂质海岸的人造沙滩工程也开始出现。同时，现行工程均实行以人工抛沙为主，硬工程为辅，软硬兼顾的设计理念。山东省台风和风暴潮较为频发，浪力较强，单靠人工抛沙难以稳住新沙滩，这就必须靠硬工程，特别是离岸潜堤和丁坝等加以消浪护沙。而且现在的养滩工程在开工前均已做好充分的论证和评价，因此大大提高了养护效率和沙滩的寿命。

6.3　山东半岛滨海沙滩的保护策略

山东半岛的滨海沙滩 80% 遭受侵蚀，蓝色经济区中的黄金生态地带越来越脆弱，因此滨海沙滩防护和治理的重要意义不言而喻。人类活动已经成为造成滨海沙滩严重侵蚀后退的重要因素，因此滨海沙滩侵蚀的防护和治理的核心是减少不利的人类活动和干预，维持沙滩沙量平衡——减少支出增加输入，同时给予滨海沙滩动态调整和发育的充足空间。所以除了制定科学合理、实际可行的施工方案外，滨海沙滩的防护策略还应包括管理政策、沙滩资源开发利用规划、沙滩养护新技术的研究和实践以及养滩后持续观测与评估等。

6.3.1　相关理论、方法的研究

滨海沙滩保护基础理论的研究，是沙滩保护技术发展的根基，内容包括滨海沙滩侵蚀

特征、过程和机理，滨海沙滩岸滩演化评价和预测，侵蚀灾害发生的风险、强度和影响的预报和评估，沙滩资源的评价，沙滩资源综合管理的理论和方法等内容。

山东省这方面的工作尚处在起步阶段。但是通过调查工作笔者对山东省滨海沙滩的资源现状、演化规律和质量评价有了初步的结论，各种养滩方法的实践工作也在逐步开展，人们的养滩意识和意愿也逐步提升，这些无疑都会对山东半岛滨海沙滩保护的基础理论研究工作产生极大的推动力。利用好山东半岛蓝色经济区的区位和人才优势，加强对沙滩保护基础理论的研究，有助于加深对沙滩侵蚀机理的认知，有助于加强对侵蚀灾害预报和评估能力，有助于提升各类沙滩保护工作的质量，更有助于提高对海岸带保护、管理和决策的水平。这些基础的研究成果也会为制定山东半岛蓝色经济区发展战略提供理论支撑和科学依据。

6.3.2　滨海沙滩资源管理政策

前面我们对山东半岛滨海沙滩资源和开发利用现状及其存在的问题展开了系统分析，鉴于滨海沙滩面临的种种问题，显然，加强对滨海沙滩资源的管理是现实的必然需求。然而，目前面临的却是滨海沙滩管理权责不明的混乱局面。由于滨海沙滩位于海陆过渡的海岸带地区，涉及的相关管理部门繁多，包括国土、海洋与渔业、水利、林业、环保、海监、边防、城建、城管甚至基层村委会都有涉及。“责任的分散效应”在滨海沙滩发生侵蚀等问题时便会暴露得淋漓尽致，各部门容易相互推诿，行政效率低下。

这需要地方政府协调各部门，建立联动机制，制定相应法规，明确权责，建立滨海沙滩管理体制并使其行之有效地运转。如在省级政府层面，建立一个滨海沙滩开发与管理的协调机构，协调各有关职能部门，统筹滨海沙滩开发与保护。

（1）滨海沙滩及其毗邻陆域开发与保护规划

滨海沙滩及其毗邻陆域开发与保护规划的目的是科学地使用和开发沙滩资源，并要符合可持续发展的要求，缓解人类活动和沙滩环境之间的矛盾。该规划中应该明确：区域发展目标与发展原则，滨海沙滩在城乡发展中应承担的角色，滨海沙滩适宜功能与规划定位，陆域环境保护与滨海沙滩环境保护的协同机制，入海河流开发与滨海沙滩稳定性协同评估机制，生态或生境保护目标与保护措施等，基础设施配套建设，安全、消防与防灾减灾，规划落实的组织保障体系等。规划区内的所有涉及滨海沙滩的开发活动，应建立一个相应的快速协调和沟通机制。

加强对采砂的管理，严厉打击非法盗采，禁止前后滨、近岸的开采活动，禁止破坏海岸风成沙丘、林带等天然生态屏障，采砂活动应限制在科学论证的基础上，在外海开采。加强对渔业养殖活动的管理，应该停止审批新的侵占沙滩后滨以及后部沙丘、防护林等屏障的渔业养殖、住宅、工矿厂房等项目，对已有的渔业养殖活动加以规范，逐步引导其向后迁移，为沙滩的发育提供空间。科学规划和开发沙滩旅游资源，旅游设施应避免建设在滩面、滩肩以及后部的沙丘之上。

（2）旅游沙滩环境质量评估与认证体系

旅游开发是滨海沙滩最为常见的利用方式。在第三方质量认证制度已经引入海岸带综合管理的情况下，有必要推行旅游沙滩质量评估与认证体系，推动滨海沙滩管理的进步。目前，在旅游沙滩质量评估与认证方面，最为成功的是蓝旗（Blue Flag）评估与认证制度。蓝旗沙滩（Blue Flag beach）是由欧洲环境保护教育协会（Foundation for Environmental Education，简称 FEE）颁发的。目前“蓝旗”是被广为认可的生态标志，这是嘉奖给在经营管理和鼓励环保的政策中高度重视环保的滨海沙滩和港口。2003 年，海南三亚海洋与渔业局已开始在亚龙湾、大东海湾、三亚湾推行“蓝旗”管理标准，以促进海岸自然资源的可持续利用和旅游发展。

根据山东半岛的实际情况，我们可以参考“蓝旗”标准，发展一套自己的标准认证体系。目前一个实验性的山东滨海沙滩质量认证体系已经提出（孙静和王永红，2012），该体系充分地考虑了旅游地沙滩和乡村沙滩的区别，采取了两者分开评价的方式（表 6－3），旅游地沙滩选取 20 个评价因子，乡村沙滩选取 15 个评价因子。

表 6－3　山东半岛滨海沙滩质量认证体系

评价因子	旅游地沙滩	差	中	良	优	乡村沙滩	差	中	良	优
自然因素	沙滩长度（km）	<0.5	0.5～1	1～3	>3	沙滩长度（km）	<0.5	0.5～1	1～3	>3
	沙滩宽度（m）	<50	50～150	150～300	>300	沙滩宽度（m）	<50	50～150	150～300	>300
	沙滩坡度（%）	>20	10～20	2～10	<2	沙滩坡度（%）	>20	10～20	2～10	<2
	底质粒径	砂砾	粗砂	中砂	细砂	底质粒径	砂砾	粗砂	中砂	细砂
	礁石	很多	较多	较少	无	礁石	很多	较多	较少	无
	裂流	很多	较多	较少	无	裂流	很多	较多	较少	无
	水下危险地形	很多	较多	较少	无					
环境因素	气温	不适宜		较适宜	适宜	气温	不适宜		较适宜	适宜
	水质	差		良	优	水质	差		良	优
	环境清洁度	差		较清洁	清洁	环境清洁度	差		较清洁	清洁
	赤潮	频繁		较少	无	赤潮	频繁		较少	无
	景观	较差		较好	优美	景观	较差		较好	优美
	有害野生动物	很多		较少	无	有害野生动物	很多		较少	无
其他因素	交通设施	不便		较便利	便利	交通设施	不便		较便利	便利
	公共设施	无		较多	充足	公共设施	无		较多	充足
	救生设施	无		较多	充足	人为扰动	强烈		轻微	无
	住宿餐饮	无		较方便	方便					
	游客密度	很大		较大	较小					
	宠物管理	无		较严	严格					
	游乐设施	无		较多	充足					

注：沙滩坡度计算时只考虑平均高潮线以上部分。

（3）陆域建筑物后退线政策

某些建筑物由于过于靠近海岸线，加重海滨环境压力，破坏海岸带资源的完整性，影响建筑物自身的安全，公众亲海娱乐的权利也被剥夺，部分海岸工程坝的修建对附近海岸产生破坏性的影响。通过设立海岸建筑后退线，可以加强对海岸带的管理。海岸建筑后退线，是指毗连海岸的陆地建筑物向海侧至海岸线距离的限定线（联合国经济及社会理事会海洋技术处，1988）。

目前世界上大多数沿海国家和地区均有后退线的相关政策和管理规定（克拉克，2000），后退线距离从 8 m 至 3 000 m 不等（表 6 – 4）。丹麦的"自然保护法"对在丹麦各地建立滨海沙滩保护带做出了规定，把 100 m 的海岸带划为保护区，规定不得在此进行工程建设造成地貌的改变，禁止在沿岸 1 ~ 3 km 保护带内建造别墅，具体距离依海岸特点而定；巴哈马对海岸建筑后退线规定了一个不太具体的距离范围，只是规定必须满足"能看见海"这一要求，城市区域的建筑的后退线则是按街道离海的距离 4. 5 ~ 9 m 明确规定的；意大利某些地区颁布的法令规定，禁止在离波浪切变点向陆 300 m 的海岸上从事任何工程建设；法国滨海夏朗德省为确定其后退线，首先对 344 km 的大西洋海岸线进行了自然条件的综合研究，通过对各个地区特征、实际容量、计划进行的开发活动和必要的环境、社会经济因素的仔细分析，把发生在指定地带的各种开发活动集中到一张空间分布图上，这些活动的空间分布就形成了后退线。

表 6 – 4　不同国家和地区所采用的建筑后退线

国家或地区	自海岸线向陆地的距离（m）
厄瓜多尔	8
夏威夷	12
菲律宾（红树林绿色带）	20
墨西哥	20
巴西	33
新西兰	20
俄勒冈	永久性植被线（可变）
哥伦比亚	50
哥斯达黎加（公共地带）	50
印度尼西亚	50
委内瑞拉	50
智利	80
法国	100
挪威	100
瑞典	100（一些地方达到 300）
西班牙	100 ~ 200
哥斯达黎加（有限地带）	50 ~ 200
乌拉圭	250
印度尼西亚（红树林绿色带）	400
希腊	500
丹麦	1 000 ~ 3 000
前苏联—黑海沿岸（新工厂专用）	3 000

为了加强对海岸景观资源和生态环境的保护，山东省已将平均高潮位线向陆 100 ~ 300 m 划为海岸建设退缩线（王东宇等，2005）。然而滨海沙滩作为一种国有的风景旅游

资源，全体公民都应该享受它带来的福利，其陆域建筑物后退线的制定应该更加严格和精准，以保障公众的亲海权。海岸后退线的确定应该考虑景观资源保护、生态环境保护、临海建筑物布局、海洋灾害、公众亲海权等几个方面（王鹏，2009）。在后退线向海方向不得进行以下活动：建造永久性和半永久性的建筑物；挖掘、转移滨海沙滩物质；任何破坏沙滩与植被的开发。对于国家与社会发展必需的一些活动，如铺设管道和海底电缆、建造军用实施等，可不受建筑后退线的约束。

6.3.3 人工防护工程

人工防护工程是常见的保护滨海沙滩方式。随着人类活动范围的扩大，并逐渐逼近岸线，当生产生活受到海岸侵蚀的威胁时，人们就会自发地构筑护岸工程。虽然人工护岸工程对消减海洋动力、捕获泥沙、稳固岸线有积极的作用，又是相对经济有效的方式，但是如果对人工岸堤的不利因素缺乏清楚的认识，那么人工构筑物将不会取得预期的效果，反而会加剧海岸侵蚀程度。

滨海沙滩常见的海岸防护工程有海堤、丁坝、离岸堤、离岸潜堤、人工岬湾和人工浅礁等（表6－5）。海堤虽然能够有效防止岸线蚀退，但是海堤隔绝了海陆物质交换，而且容易造成堤前冲刷和滩面下蚀，目前发达国家已不采用此类的防护工程；丁坝能够节流促淤，抵挡和耗散海洋动力，但是由于拦截了上游漂沙，在输沙方向的下游会造成海岸的侵蚀后退，所以丁坝群组合能更好地防护海岸；防波堤是很好的消减波能的防护工程，广泛用于港口和码头的建设，但是它同样会造成波影区泥沙沉降和下游海岸的侵蚀；离岸潜堤能够消耗波能，但不阻断泥沙的输运，可在堤后波影区淤积泥沙，起到保护海岸的目的，同时不影响沙滩的自然景观，离岸潜堤是目前开展的滨海沙滩养护工程中最常见的方式。人工岬湾是模仿岬湾型海岸的一种护岸工程（徐宗军等，2010），常用在夷直的滨海沙滩地段，依靠设置的人工岬及其后形成的陆连岛构成类似海岬的结构，可以减小海洋动力，起到保护和稳定岸线的作用。

表6－5　各种防护工程优缺点比较

防护工程		优点	缺点
海堤	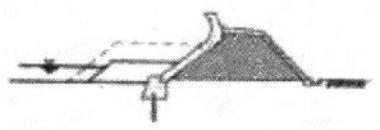	施工容易，防潮防浪	堤前反射，沙滩容易消失
丁坝	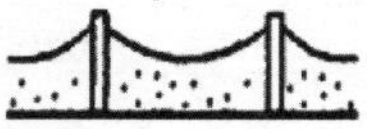	拦截沿岸漂沙	造成下游沙滩侵蚀
离岸堤		堤后形成沙嘴和沙洲	易造成堤脚冲刷，维护困难
离岸潜堤	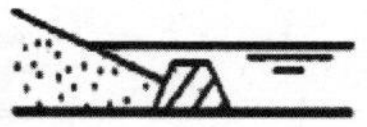	堤前消减波浪能量	船只航行受到影响
人工岬湾	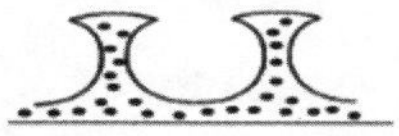	海湾形成静态平衡	风暴造成海岸侵蚀

上述护岸工程虽然能够有效防止岸线蚀退，但是如果设计得不合理很容易隔绝海陆物质的交换，造成沙滩侵蚀，很容易破坏自然环境的原始风貌，并且建后难以更改。护岸工程经常以组合的形式出现（表6－6）。这种方式可以更有效地发挥其防护海岸的功能。滨海沙滩的防护既要达到防止岸线后退的目的，又要满足其保沙促淤的需求，合理的离岸潜堤和人工岬湾是目前防护沙滩最经济有效的工程构筑物，目前应用得也最为广泛和成熟。

表6－6　海岸防护工程组合形式及其适用的海岸

组合形式	适用海岸
防波堤—海堤	岬湾海岸
离岸堤—海堤	强侵蚀的海岸
潜堤—海堤	对自然景观要求较高的海岸
浮式防波堤—海堤	水深及潮差大的海岸
海堤—抛沙	对旅游需求较高但水域受限的海岸
离岸堤—抛沙	对景观要求不高的海岸
潜堤—抛沙	对旅游需求和景观要求高的海岸
人工岬湾—抛沙	对旅游需求高的顺直海岸
人工岬湾—海堤—抛沙	人造沙滩海岸

6.3.4　滨海沙滩原始地貌的恢复

最好的滨海沙滩防护措施是恢复其原始自然地貌，使沙滩在没有人为干扰的情况下，自我调整自我修复。恢复内容包括：沙滩剖面形态、沙丘及沙滩后部的盐沼湿地及其植被等。人工抛沙是最为成熟和有效的恢复滨海沙滩原始地貌的措施，经过人工抛沙补充沙滩原本不足的沙量，有效地增加了干滩宽度，从而防止海岸侵蚀，塑造良好的旅游环境。人工养滩在美国、澳大利亚、日本等国早已得到广泛应用（Valverde，1999），近些年以来在我国秦皇岛、厦门、北海、威海等地开始普遍采用的人工抛沙和护岸工程相互结合的养滩方案，取得了显著的成效。这种“软硬兼施”的沙滩保护、恢复方式近几年来在我国广泛采用，并得到了快速发展。人工养滩与防护工程的组合形式及适用海岸见表6－6。

人工养滩耗资巨大，在有需要的旅游胜地或者极具开发价值的沙滩是可以采用“人工养滩”这种防治方式的。而在大量的乡野沙滩，由于沙滩长度相对短小、交通不便或者没有旅游开发价值，采取人工养滩是不现实的，因此建议此类滨海沙滩制定后退线和海岸建筑控制线，生产生活设施尽可能后撤，提供足够空间以恢复滨海沙滩地貌环境，同时补以科学的海岸工程进行防护，为子孙后代预留发展空间。

6.3.5　保护策略的应用

上述方法在具体应用时，应针对研究区各岸段现状和侵蚀原因，结合护岸工程和沙滩养护的优点，采取不同的组合方式进行海岸保护。

（1）对开发较完善的区域策略

对于开发较完善，人类活动较多并易于受到风浪作用的区域，如烟台市区，应拆除不合理的占滩建筑和防护工程，并保证沿岸沙源的供给。如侵蚀较为严重则需进行人工抛沙，以恢复沙滩宽度，同时建设离岸潜堤等防护工程以减小海洋动力对沙滩的作用。

（2）对开发较差的区域策略

对于开发较差，人迹罕至，目前不具备经济价值的沙滩应限制甚至禁止采砂行为，并保护好沙滩后部的沙丘、防护林等自然防护体系，没有防护体系或者体系已破坏的，应当着重恢复其防护体系，以形成沙丘—沙滩的循环平衡系统。

（3）对沿海村落区域策略

对于沿海村落分布区域，应根据其侵蚀程度制定策略。侵蚀较弱区域应以保证村民生计为主，进行合理开发，同时着重恢复其自然风貌，充分发挥沙滩的自身调整能力。侵蚀严重地区，应严格禁止采砂，并拆除不合理的人工建筑，修筑合理的防护工程，制定后退线，为新沙滩系统的形成提供足够的空间。

7 山东半岛滨海沙滩信息档案

山东半岛滨海沙滩信息汇总

序号	地市	县区	沙滩名称	中点纬度(N)	中点经度(E)	沙滩长度(km)	沙滩宽度(m)	沙滩全称
1	烟台	莱州市	三山岛—刁龙嘴	37°22′42.88″	119°53′46.56″	7.70	90	烟台莱州市三山岛—刁龙嘴
2	烟台	莱州市	海北嘴—三山岛	37°25′02.97″	119°58′58.10″	4.60	25	烟台莱州市海北嘴—三山岛
3	烟台	莱州市	石虎嘴—海北嘴	37°26′09.37″	120°02′25.11″	7.00	35	烟台莱州市石虎嘴—海北嘴
4	烟台	招远市	界河西	37°29′30.77″	120°10′30.32″	17.30	50	烟台招远市界河西
5	烟台	龙口市	界河北	37°34′08.89″	120°16′26.08″	5.80	35	烟台龙口市界河北
6	烟台	龙口市	龙口港北	37°41′10.43″	120°18′58.31″	8.59	50	烟台龙口市龙口港北
7	烟台	龙口市	南山集团西	37°43′04.35″	120°24′39.27″	2.55	23	烟台龙口市南山集团西
8	烟台	龙口市	南山集团月亮湾	37°44′13.77″	120°26′03.62″	2.70	62	烟台龙口市南山集团月亮湾
9	烟台	龙口市	栾家口—港栾	37°44′56.99″	120°31′30.43″	13.63	60	烟台龙口市栾家口—港栾
10	烟台	蓬莱市	蓬莱阁东	37°49′15.81″	120°45′42.43″	1.08	90	烟台蓬莱市蓬莱阁东
11	烟台	蓬莱市	蓬莱仙境东	37°49′23.46″	120°46′57.29″	1.25	53	烟台蓬莱市蓬莱仙境东
12	烟台	蓬莱市	小皂北	37°48′56.67″	120°47′57.56″	2.06	50	烟台蓬莱市小皂北
13	烟台	蓬莱市	谢宋营	37°45′27.39″	120°58′01.91″	2.30	29	烟台蓬莱市谢宋营
14	烟台	福山区	马家村	37°42′36.07″	121°01′59.75″	5.30	80	烟台福山区马家村
15	烟台	福山区	芦洋	37°39′29.69″	121°07′43.73″	1.57	55	烟台福山区芦洋
16	烟台	福山区	黄金河西	37°35′12.08″	121°10′00.85″	5.90	106	烟台福山区黄金河西
17	烟台	福山区	开发区海水浴场	37°34′27.23″	121°14′50.74″	8.56	134	烟台福山区开发区海水浴场
18	烟台	福山区	夹河东	37°35′05.49″	121°20′20.68″	3.95	100	烟台福山区夹河东
19	烟台	芝罘区	第一海水浴场	37°32′08.92″	121°24′47.49″	0.68	70	烟台芝罘区第一海水浴场
20	烟台	芝罘区	月亮湾	37°32′01.23″	121°25′36.37″	0.26	39	烟台芝罘区月亮湾
21	烟台	芝罘区	第二海水浴场	37°31′10.44″	121°26′39.84″	0.36	43	烟台芝罘区第二海水浴场
22	烟台	莱山区	烟大海水浴场	37°28′46.63″	121°27′26.62″	2.80	60	烟台莱山区烟大海水浴场
23	烟台	莱山区	东泊子	37°27′18.87″	121°29′57.45″	2.70	70	烟台莱山区东泊子
24	烟台	牟平市	金山港西	37°27′14.80″	121°42′25.90″	5.60	100	烟台牟平市金山港西
25	烟台	牟平市	金山港东	37°27′47.99″	121°51′57.62″	15.70	120	烟台牟平市金山港东
26	威海	环翠区	初村北海	37°28′18.12″	121°56′13.46″	1.76	58	威海环翠区初村北海
27	威海	环翠区	金海路	37°29′03.40″	121°58′31.97″	3.23	73	威海环翠区金海路
28	威海	环翠区	后荆港	37°30′32.11″	122°00′51.12″	3.06	41	威海环翠区后荆港

续表

序号	地市	县区	沙滩名称	中点纬度（N）	中点经度（E）	沙滩长度（km）	沙滩宽度（m）	沙滩全称
29	威海	环翠区	国际海水浴场	37°31′38.14″	122°02′16.60″	2.15	83	威海环翠区国际海水浴场
30	威海	环翠区	威海金沙滩	37°31′59.39″	122°03′58.74″	1.03	47	威海环翠区威海金沙滩
31	威海	环翠区	玉龙湾	37°32′30.65″	122°05′28.95″	0.38	25	威海环翠区玉龙湾
32	威海	环翠区	葡萄滩	37°32′32.62″	122°06′23.32″	0.99	46	威海环翠区葡萄滩
33	威海	环翠区	靖子	37°33′02.15″	122°07′16.19″	0.37	12	威海环翠区靖子
34	威海	环翠区	山东村	37°32′54.92″	122°08′09.32″	0.29	20	威海环翠区山东村
35	威海	环翠区	伴月湾	37°31′41.48″	122°09′05.66″	0.72	36	威海环翠区伴月湾
36	威海	环翠区	海源公园	37°31′09.17″	122°08′50.17″	0.67	5	威海环翠区海源公园
37	威海	环翠区	杨家滩	37°25′59.96″	122°09′43.63″	2.44	13	威海环翠区杨家滩
38	威海	环翠区	卫家滩	37°25′24.06″	122°16′41.46″	1.45	19	威海环翠区卫家滩
39	威海	环翠区	逍遥港	37°24′32.35″	122°19′49.33″	0.96	38	威海环翠区逍遥港
40	威海	环翠区	黄石哨	37°24′44.76″	122°22′15.11″	1.44	20	威海环翠区黄石哨
41	威海	荣成市	纹石宝滩	37°24′33.03″	122°25′22.32″	5.81	52	威海荣成市纹石宝滩
42	威海	荣成市	香子顶	37°25′22.93″	122°28′11.84″	2.17	31	威海荣成市香子顶
43	威海	荣成市	朝阳港	37°24′55.37″	122°28′51.64″	2.15	32	威海荣成市朝阳港
44	威海	荣成市	成山林场	37°23′54.71″	122°33′10.29″	6.45	76	威海荣成市成山林场
45	威海	荣成市	仙人桥	37°24′03.14″	122°34′35.72″	0.72	20	威海荣成市仙人桥
46	威海	荣成市	柳夼	37°24′22.66″	122°35′01.95″	0.43	19	威海荣成市柳夼
47	威海	荣成市	羡霞湾	37°24′41.73″	122°37′17.15″	0.32	22	威海荣成市羡霞湾
48	威海	荣成市	龙眼湾	37°24′48.21″	122°38′24.62″	1.26	16	威海荣成市龙眼湾
49	威海	荣成市	马栏湾	37°24′40.41″	122°39′29.00″	0.68	15	威海荣成市马栏湾
50	威海	荣成市	成山头	37°24′03.48″	122°41′45.75″	0.76	19	威海荣成市成山头
51	威海	荣成市	松埠嘴	37°22′45.34″	122°37′18.17″	3.60	45	威海荣成市松埠嘴
52	威海	荣成市	天鹅湖	37°21′34.69″	122°35′14.34″	4.86	42	威海荣成市天鹅湖
53	威海	荣成市	马道	37°16′58.22″	122°32′52.97″	0.91	29	威海荣成市马道
54	威海	荣成市	纹石滩	37°13′28.84″	122°35′19.46″	0.65	18	威海荣成市纹石滩
55	威海	荣成市	瓦屋口—金角港	37°11′57.24″	122°36′25.01″	2.28	48	威海荣成市瓦屋口—金角港
56	威海	荣成市	爱连	37°11′25.85″	122°34′41.80″	0.72	19	威海荣成市爱连
57	威海	荣成市	张家	37°10′37.53″	122°33′26.16″	1.88	32	威海荣成市张家
58	威海	荣成市	荣成海滨公园	37°08′07.41″	122°28′24.61″	6.14	78	威海荣成市荣成海滨公园
59	威海	荣成市	马家寨	37°01′28.42″	122°29′02.49″	1.04	20	威海荣成市马家寨
60	威海	荣成市	马家寨东	37°01′37.01″	122°30′32.09″	0.90	26	威海荣成市马家寨东

续表

序号	地市	县区	沙滩名称	中点纬度（N）	中点经度（E）	沙滩长度（km）	沙滩宽度（m）	沙滩全称
61	威海	荣成市	东褚岛	37°01′58.55″	122°32′09.18″	0.58	20	威海荣成市东褚岛
62	威海	荣成市	褚岛东	37°02′33.80″	122°33′25.43″	0.51	28	威海荣成市褚岛东
63	威海	荣成市	白席	37°02′27.40″	122°34′06.18″	0.43	29	威海荣成市白席
64	威海	荣成市	红岛圈	37°02′18.51″	122°34′09.86″	0.65	20	威海荣成市红岛圈
65	威海	荣成市	马栏阱—褚岛	37°01′59.49″	122°32′46.31″	3.16	120	威海荣成市马栏阱—褚岛
66	威海	荣成市	小井石	36°58′50.64″	122°32′14.63″	0.46	35	威海荣成市小井石
67	威海	荣成市	乱石圈	36°58′09.67″	122°31′53.71″	0.58	43	威海荣成市乱石圈
68	威海	荣成市	东镆铘	36°57′09.83″	122°31′13.24″	3.95	39	威海荣成市东镆铘
69	威海	荣成市	镆铘岛	36°53′55.02″	122°29′53.01″	0.69	40	威海荣成市镆铘岛
70	威海	荣成市	石岛湾	36°55′10.42″	122°25′04.75″	1.64	61	威海荣成市石岛湾
71	威海	荣成市	石岛宾馆	36°52′34.65″	122°25′57.01″	0.20	49	威海荣成市石岛宾馆
72	威海	荣成市	东泉	36°50′28.83″	122°21′01.60″	1.42	43	威海荣成市东泉
73	威海	荣成市	西海崖	36°50′22.93″	122°19′27.27″	1.38	54	威海荣成市西海崖
74	威海	荣成市	山西头	36°50′44.38″	122°15′56.08″	0.32	17	威海荣成市山西头
75	威海	荣成市	靖海卫	36°50′56.49″	122°12′11.14″	2.92	45	威海荣成市靖海卫
76	威海	文登市	港南	36°57′10.13″	122°05′54.97″	1.55	17	威海文登市港南
77	威海	文登市	南辛庄	36°55′12.20″	122°04′33.30″	1.93	71	威海文登市南辛庄
78	威海	文登市	前岛	36°54′28.20″	122°02′33.81″	1.02	50	威海文登市前岛
79	威海	文登市	文登金滩	36°55′47.32″	121°54′19.70″	8.75	45	威海文登市文登金滩
80	威海	乳山市	白浪	36°54′06.09″	121°48′57.49″	8.26	82	威海乳山市白浪
81	威海	乳山市	仙人湾	36°50′22.42″	121°44′00.04″	1.63	49	威海乳山市仙人湾
82	威海	乳山市	乳山银滩	36°49′24.96″	121°39′59.47″	8.89	100	威海乳山市乳山银滩
83	威海	乳山市	驳网	36°46′01.85″	121°37′23.32″	0.84	37	威海乳山市驳网
84	威海	乳山市	大乳山	36°46′17.57″	121°30′05.27″	0.55	91	威海乳山市大乳山
85	烟台	海阳市	桃源	36°46′15.80″	121°27′57.91″	0.36	39	烟台海阳市桃源
86	烟台	海阳市	梁家	36°45′38.72″	121°24′14.35″	0.60	55	烟台海阳市梁家
87	烟台	海阳市	大辛家	36°44′40.22″	121°22′52.65″	1.70	95	烟台海阳市大辛家
88	烟台	海阳市	远牛	36°43′05.49″	121°19′38.77″	4.50	70	烟台海阳市远牛
89	烟台	海阳市	高家庄	36°42′20.75″	121°16′14.97″	6.60	61	烟台海阳市高家庄
90	烟台	海阳市	海阳万米沙滩	36°41′30.59″	121°12′17.40″	4.50	93	烟台海阳市海阳万米沙滩
91	烟台	海阳市	潮里—庄上—羊角盘	36°39′16.18″	121°07′33.23″	10.10	117	烟台海阳市潮里—庄上—羊角盘

续表

序号	地市	县区	沙滩名称	中点纬度（N）	中点经度（E）	沙滩长度（km）	沙滩宽度（m）	沙滩全称
92	烟台	海阳市	丁字嘴	36°35′01. 53″	121°01′15. 39″	4. 70	122	烟台海阳市丁字嘴
93	青岛	即墨市	南营子	36°24′48. 00″	120°54′11. 60″	2. 31	87	青岛即墨市南营子
94	青岛	即墨市	巉山	36°23′36. 30″	120°53′04. 80″	0. 82	44	青岛即墨市巉山
95	青岛	崂山区	港东	36°16′37. 80″	120°40′27. 40″	0. 43	40	青岛崂山区港东
96	青岛	崂山区	峰山西	36°15′29. 40″	120°40′22. 50″	0. 46	53	青岛崂山区峰山西
97	青岛	崂山区	仰口湾	36°14′22. 90″	120°40′01. 70″	1. 30	86	青岛崂山区仰口湾
98	青岛	崂山区	元宝石湾	36°11′49. 40″	120°40′58. 20″	0. 84	48	青岛崂山区元宝石湾
99	青岛	崂山区	流清河海水浴场	36°07′24. 80″	120°36′24. 10″	0. 87	67	青岛崂山区流清河海水浴场
100	青岛	崂山区	石老人海水浴场	36°05′35. 60″	120°28′03. 70″	2. 06	130	青岛崂山区石老人海水浴场
101	青岛	市南区	第三海水浴场	36°03′00. 00″	120°21′38. 20″	0. 81	66	青岛市南区第三海水浴场
102	青岛	市南区	前海木栈道	36°02′58. 46″	120°21′20. 48″	0. 65	21	青岛市南区前海木栈道
103	青岛	市南区	第二海水浴场	36°03′01. 40″	120°20′47. 90″	0. 38	53	青岛市南区第二海水浴场
104	青岛	市南区	第一海水浴场	36°03′19. 60″	120°20′19. 90″	0. 60	74	青岛市南区第一海水浴场
105	青岛	市南区	第六海水浴场	36°03′42. 90″	120°18′40. 70″	0. 59	25	青岛市南区第六海水浴场
106	青岛	黄岛区	金沙滩海水浴场	35°58′05. 13″	120°15′15. 67″	2. 69	139	青岛黄岛区金沙滩海水浴场
107	青岛	黄岛区	鹿角湾	35°56′55. 41″	120°13′56. 18″	2. 77	75	青岛黄岛区鹿角湾
108	青岛	黄岛区	银沙滩	35°55′00. 22″	120°11′44. 30″	1. 45	94	青岛黄岛区银沙滩
109	青岛	黄岛区	鱼鸣嘴	35°53′58. 84″	120°11′23. 31″	0. 55	25	青岛黄岛区鱼鸣嘴
110	青岛	胶南市	白果	35°54′32. 43″	120°06′23. 65″	2. 99	48	青岛胶南市白果
111	青岛	胶南市	烟台前	35°52′59. 12″	120°03′46. 08″	9. 60	110	青岛胶南市烟台前
112	青岛	胶南市	高峪	35°46′27. 08″	120°01′57. 92″	1. 11	51	青岛胶南市高峪
113	青岛	胶南市	南小庄	35°45′47. 81″	120°01′39. 21″	1. 19	62	青岛胶南市南小庄
114	青岛	胶南市	古镇口	35°45′23. 67″	119°54′42. 55″	8. 80	28	青岛胶南市古镇口
115	青岛	胶南市	周家庄	35°41′43. 17″	119°54′46. 04″	1. 90	54	青岛胶南市周家庄
116	青岛	胶南市	王家台后	35°39′48. 85″	119°54′10. 19″	2. 65	92	青岛胶南市王家台后
117	日照	东港区	海滨国家森林公园	35°31′28. 80″	119°37′18. 38″	5. 15	58	日照海滨国家森林公园
118	日照	东港区	大陈家	35°29′21. 37″	119°36′26. 33″	2. 08	41	日照东港区大陈家
119	日照	东港区	东小庄	35°28′02. 94″	119°35′56. 16″	1. 33	32	日照东港区东小庄
120	日照	东港区	富蓉村	35°27′38. 90″	119°35′27. 00″	0. 50	48	日照东港区富蓉村
121	日照	岚山区	万平口海水浴场	35°25′33. 50″	119°34′01. 50″	6. 35	87	日照岚山区万平口海水浴场
122	日照	岚山区	涛雒镇	35°16′30. 11″	119°24′48. 48″	7. 31	225	日照岚山区涛雒镇
123	日照	岚山区	虎山	35°08′27. 64″	119°22′36. 67″	14. 68	175	日照岚山区虎山

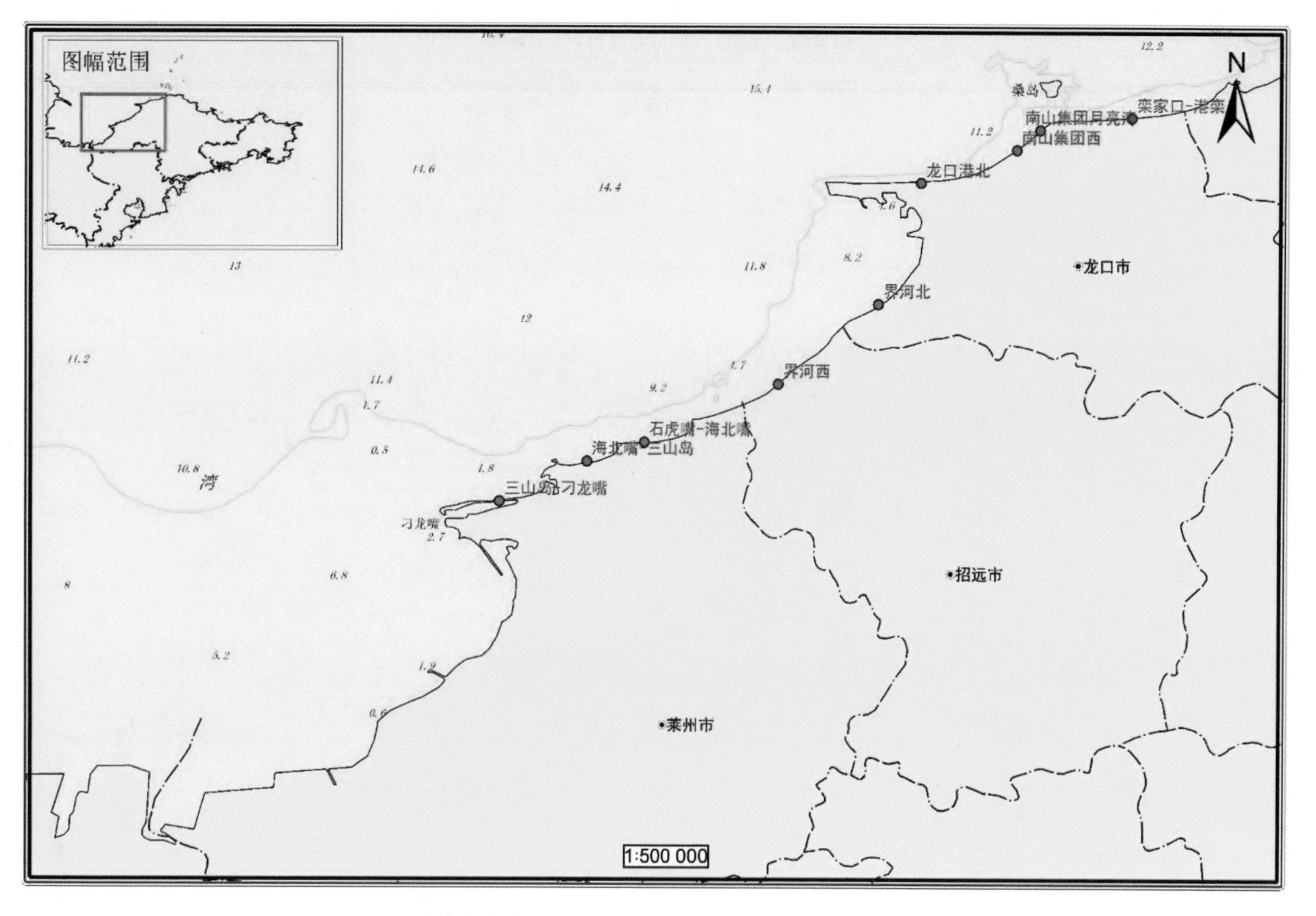

山东半岛滨海沙滩位置分布图一(莱州—招远—龙口)

山东半岛滨海沙滩位置分布图二（蓬莱—烟台市）

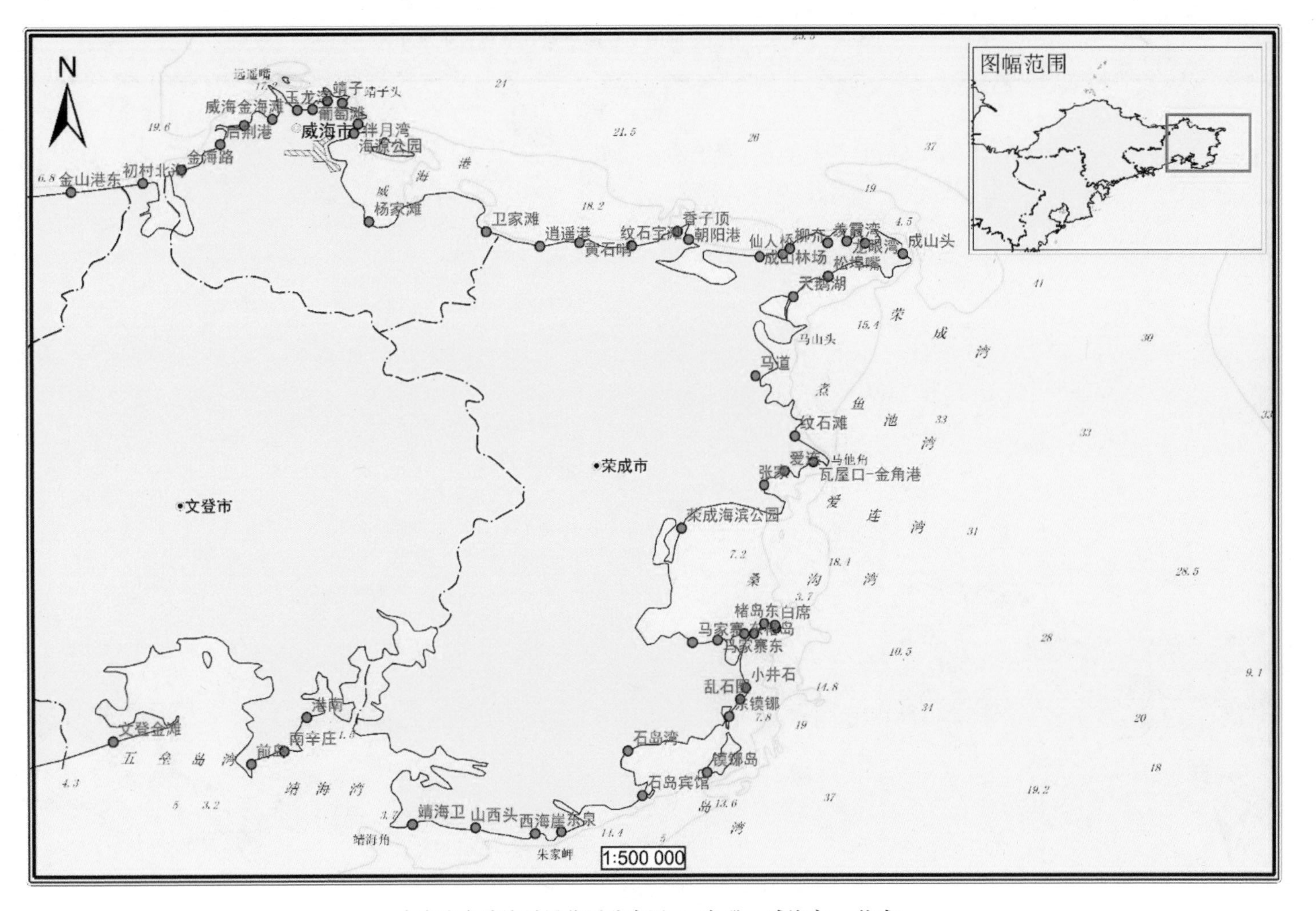

山东半岛滨海沙滩位置分布图三（文登—威海市—荣成）

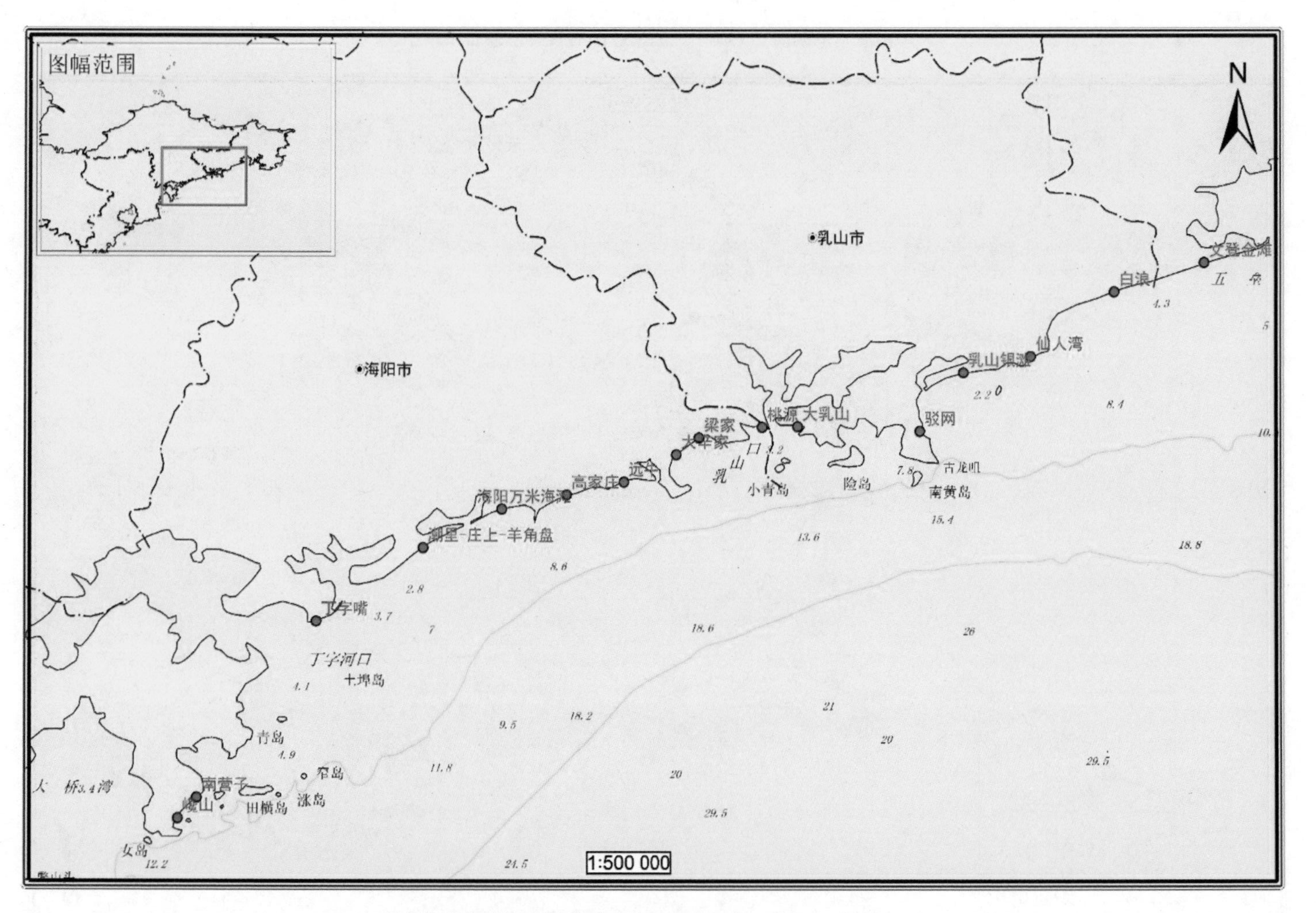

山东半岛滨海沙滩位置分布图四（乳山—海阳—即墨）

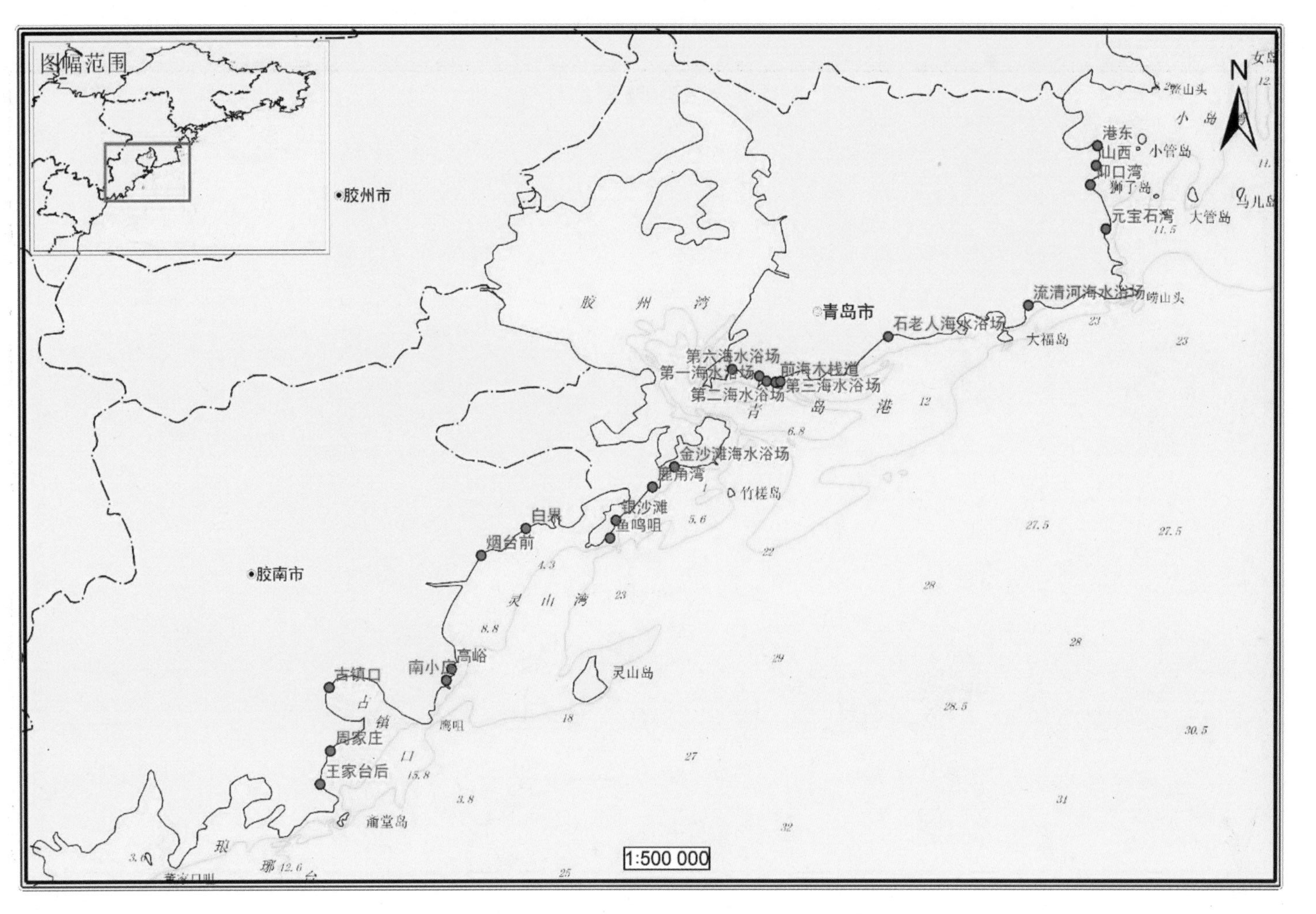

山东半岛滨海沙滩位置分布图五（青岛市—黄岛—胶南）

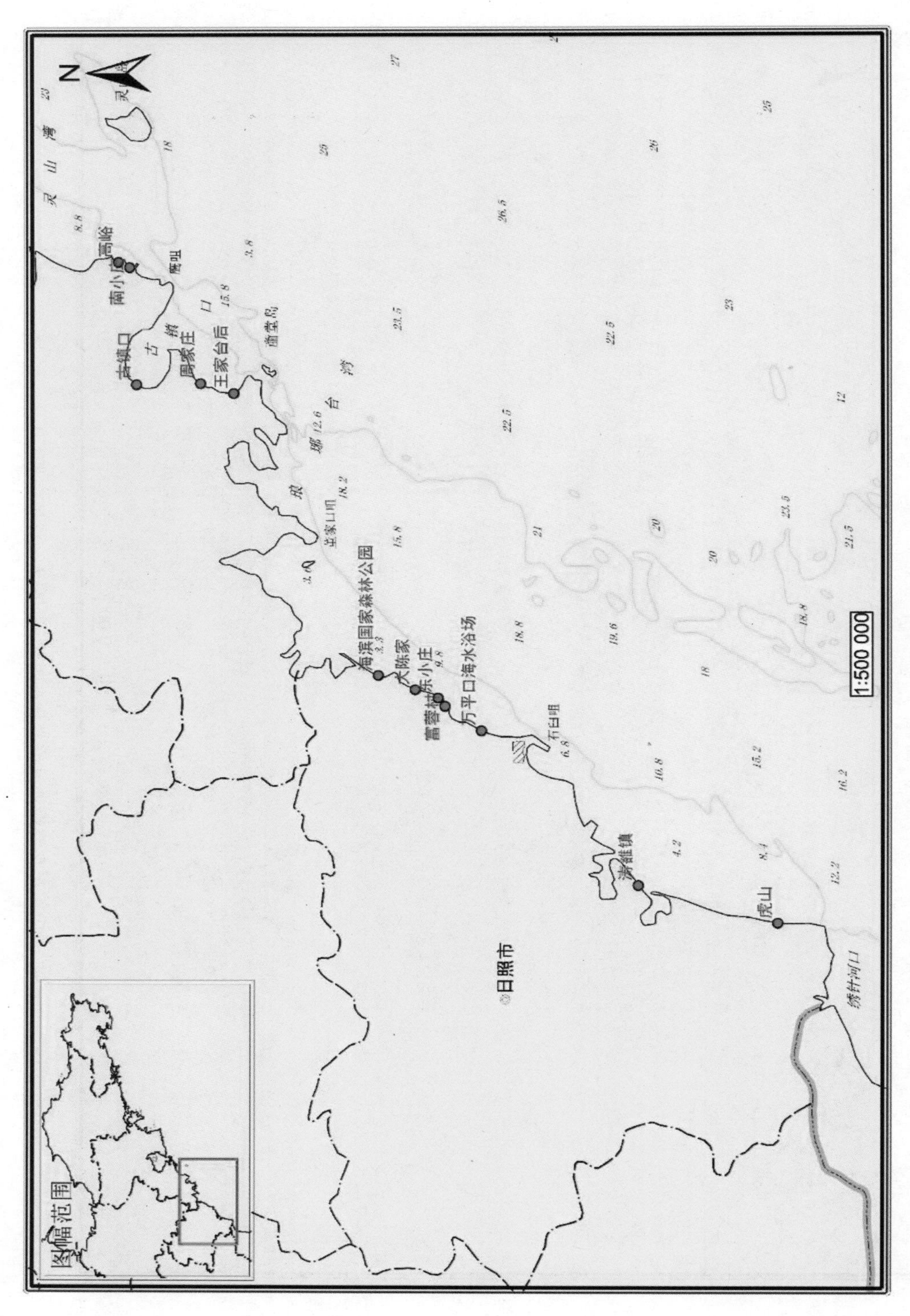

山东半岛滨海沙滩位置分布图六（日照市）

山东半岛滨海沙滩信息档案

烟台三山岛—刁龙嘴沙滩

沙滩全名	烟台莱州市三山岛—刁龙嘴
基本情况	中心位置37°22′42.88″N，119°53′46.56″E，沙滩长度7.7 km，沙滩宽度90 m
沙滩现状	（1）沙滩距市镇较远，交通较便利。其东侧靠近三山岛岸段被开发为海水浴场，设施较为完善；西侧滩面建设大量养殖池，直至刁龙嘴，沙滩结构破坏严重，不具有旅游开发价值； （2）后滨原为沙坝（西侧）或基岩低丘（东侧）；无论是海水浴场岸段，还是养殖池岸段，均建有大量人工建筑，岸线固化； （3）沙滩曾经侵蚀严重，西侧岸线被养殖池固定，东侧受莱州港影响，侵蚀不明显
遥感影像	
获取时间	2009年5月26日
全景照片	
获取时间	2010年10月20日
建档时间	2012年11月
建档单位	中国海洋大学河口海岸带研究所

烟台海北嘴—三山岛沙滩

沙滩全名	烟台莱州市海北嘴—三山岛
基本情况	中心位置 37°25′02.97″N，119°58′58.10″E，沙滩长度 4.6 km，沙滩宽度 25 m
沙滩现状	（1）沙滩距市镇较远，交通不便利，因此未进行旅游开发；滩面宽度较小，坡度较陡，沉积物较粗；滩面大量修建养殖池、海堤、丁坝（码头），海堤基部以抛石护岸，结构被破坏； （2）后滨为海积沙地，大量种植防护林，沿岸养殖场较多； （3）海岸侵蚀较明显，尤其在该岸段的东侧，侵蚀陡坎可达 0.5 m，部分滩面建筑物坍塌损毁
遥感影像 	
获取时间	2009 年 5 月 26 日
全景照片 	
获取时间	2010 年 10 月 20 日
建档时间	2012 年 11 月
建档单位	中国海洋大学河口海岸带研究所

烟台石虎嘴—海北嘴沙滩

<table>
<tr><td>沙滩全名</td><td colspan="2">烟台莱州市石虎嘴—海北嘴</td></tr>
<tr><td>基本情况</td><td colspan="2">中心位置 37°26′09. 37″N，120°02′25. 11″E，沙滩长度 7 km，沙滩宽度 35 m</td></tr>
<tr><td>沙滩现状</td><td colspan="2">（1）该岸段交通不便利，部分地段常人难以到达；在西侧修建大量养殖池，东侧则为自然岸线，滩面较窄，坡度较陡，滩面沉积物较粗，东侧多见砾石；
（2）后滨为沙坝潟湖沉积，西侧以海积沙地为主，东侧为泥质沉积物形成的陡崖，高可达 4 m 以上，沙地种植防护林；
（3）沙滩侵蚀明显，特别是东侧形成侵蚀陡崖，西侧可见侵蚀陡坎</td></tr>
<tr><td rowspan="2">遥感影像</td><td colspan="2">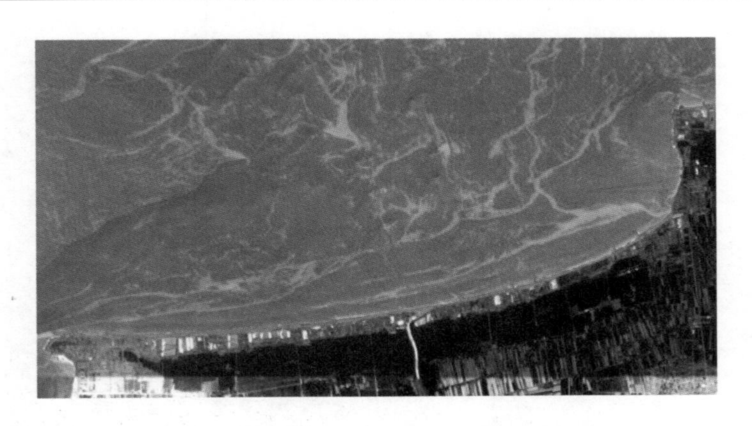</td></tr>
<tr><td>获取时间</td><td>2009 年 5 月 26 日</td></tr>
<tr><td rowspan="2">全景照片</td><td colspan="2"></td></tr>
<tr><td>获取时间</td><td>2010 年 10 月 21 日</td></tr>
<tr><td>建档时间</td><td colspan="2">2012 年 11 月</td></tr>
<tr><td>建档单位</td><td colspan="2">中国海洋大学河口海岸带研究所</td></tr>
</table>

烟台界河西沙滩

沙滩全名	烟台招远市界河西
基本情况	中心位置37°29′30.77″N，120°10′30.32″E，沙滩长度17.3 km，沙滩宽度50 m
沙滩现状	（1）该岸段交通不便，未进行旅游开发，滩面大量修建养殖池、丁坝等构筑物，沙滩较陡，宽度较窄，沉积物较粗；受侵蚀影响，部分岸段滩面抛填碎石护岸； （2）后滨为海积沙地，以人工构筑为主，沙地上种植防护林，可见采砂坑； （3）海岸侵蚀较严重，由于该岸段曾经人工采砂繁盛一时，因此侵蚀形成的陡崖和陡坎常见，部分岸段建筑被损毁
遥感影像	
获取时间	2009年5月26日
全景照片	
获取时间	2010年10月22日
建档时间	2012年11月
建档单位	中国海洋大学河口海岸带研究所

烟台界河北沙滩

沙滩全名	烟台龙口市界河北
基本情况	中心位置 37°34′08. 89″N，120°16′26. 08″E，沙滩长度 5. 8 km，沙滩宽度 35 m
沙滩现状	（1）位于龙口港西南，受屺坶岛连岛沙洲影响，岸滩较缓，沉积物较细；滩面大量修建养殖池，水泵站和排水管占滩； （2）后滨为海积沙地，种植防护林，养殖场沿岸线分布； （3）海岸侵蚀较为严重，可见侵蚀陡坎；由于海上围海造地，且范围很大，已经遮蔽了大部分岸段，动力过程改变，沙滩演化将会改变
遥感影像	 获取时间：2005 年 4 月 3 日/2009 年 5 月 26 日
全景照片	获取时间：2010 年 10 月 12 日
建档时间	2012 年 11 月
建档单位	中国海洋大学河口海岸带研究所

烟台龙口港北沙滩

<table>
<tr><td>沙滩全名</td><td colspan="2">烟台龙口市龙口港北</td></tr>
<tr><td>基本情况</td><td colspan="2">中心位置 37°41′10. 43″N，120°18′58. 31″E，沙滩长度 8. 59 km，沙滩宽度 50 m</td></tr>
<tr><td>沙滩现状</td><td colspan="2">（1）该岸段位于龙口港北部，西侧为屺坶岛，已开发为旅游景点，东侧绝大部分岸段均建有养殖池等；滩面较陡，沉积物较粗；滩面建有丁坝等设施；
（2）后滨原为屺坶岛连岛沙洲，种植防护林，多有破坏；
（3）沙滩侵蚀较严重，西侧景区内护岸被破坏，东侧养殖池等建筑业多有损毁</td></tr>
<tr><td rowspan="2">遥感影像</td><td colspan="2"></td></tr>
<tr><td>获取时间</td><td>2005 年 4 月 3 日</td></tr>
<tr><td rowspan="2">全景照片</td><td colspan="2"></td></tr>
<tr><td>获取时间</td><td>2010 年 10 月 13 日</td></tr>
<tr><td>建档时间</td><td colspan="2">2012 年 11 月</td></tr>
<tr><td>建档单位</td><td colspan="2">中国海洋大学河口海岸带研究所</td></tr>
</table>

烟台南山集团西沙滩

沙滩全名	烟台龙口市南山集团西
基本情况	中心位置 37°43′04.35″N，120°24′39.27″E，沙滩长度 2.55 km，沙滩宽度 23 m
沙滩现状	（1）该岸段位于龙口月亮湾西侧，与景区相连，交通便利，但受月亮湾影响，原本沙滩逐渐消失，为保护公路，滩面抛填大量石块； （2）后滨为护岸和公路，公路后侧被开发，其西侧为丁坝，东侧为月亮湾护岸； （3）沙滩侵蚀较为严重，受上游月亮湾阻挡，泥沙无法供给该岸段，泥沙大量流失，原沙滩宽超过 20 m，现在海水已经达到护岸底部
遥感影像	
获取时间	2007 年 1 月 15 日
 全景照片	
获取时间	2012 年 4 月 21 日
建档时间	2012 年 11 月
建档单位	中国海洋大学河口海岸带研究所

烟台南山集团月亮湾沙滩

<table>
<tr><td colspan="2">沙滩全名</td><td colspan="2">烟台龙口市南山集团月亮湾</td></tr>
<tr><td colspan="2">基本情况</td><td colspan="2">中心位置 37°44′13.77″N，120°26′03.62″E，沙滩长度 2.7 km，沙滩宽度 62 m</td></tr>
<tr><td>沙滩现状</td><td colspan="3">（1）该岸段位于龙口月亮湾，海湾为人工设计并修建，现开辟为旅游景区，交通便利，设施完备，上游沙滩受丁坝影响滩面由东向西逐渐变宽缓，沉积物较粗；
（2）后滨为公路和护岸，东侧为港栾码头；
（3）岸段受丁坝影响，有冲有淤，东侧上游侵蚀为主，可见侵蚀陡坎，在月亮湾东侧丁坝前淤积，沙滩明显变宽；月亮湾中沙滩受两侧丁坝环抱，基本稳定</td></tr>
<tr><td rowspan="2">遥感影像</td><td colspan="3"></td></tr>
<tr><td colspan="2">获取时间</td><td>2007 年 1 月 15 日</td></tr>
<tr><td rowspan="2">全景照片</td><td colspan="3"></td></tr>
<tr><td colspan="2">获取时间</td><td>2010 年 3 月 20 日</td></tr>
<tr><td colspan="2">建档时间</td><td colspan="2">2012 年 11 月</td></tr>
<tr><td colspan="2">建档单位</td><td colspan="2">中国海洋大学河口海岸带研究所</td></tr>
</table>

烟台栾家口—港栾沙滩

沙滩全名	烟台龙口市栾家口—港栾
基本情况	中心位置 37°44′56.99″N，120°31′30.43″E，沙滩长度 13.63 km，沙滩宽度 60 m
沙滩现状	（1）该岸段位于龙口北部，交通较为便利，部分岸段已经开发作旅游用途，如西侧修建海滨高尔夫球场，黄水河东侧则开发为滨海度假区；岸线较长，滩面西侧较陡，东侧较缓，沉积物西侧较粗而东侧较细； （2）后滨原建有大量养殖池，受旅游开发影响，部分岸段养殖池被拆除；后滨为海积平原，种植防护林； （3）沙滩侵蚀严重，侵蚀陡坎、陡崖较常见，黄水河西侧出露下伏地层
遥感影像	
获取时间	2007 年 1 月 15 日/2012 年 8 月 30 日
全景照片 	
获取时间	2010 年 9 月 27 日
建档时间	2012 年 11 月
建档单位	中国海洋大学河口海岸带研究所

烟台蓬莱阁东沙滩

<table>
<tr><td>沙滩全名</td><td colspan="2">烟台蓬莱市蓬莱阁东</td></tr>
<tr><td>基本情况</td><td colspan="2">中心位置 37°49′15.81″N，120°45′42.43″E，沙滩长度 1.08 km，沙滩宽度 90 m</td></tr>
<tr><td>沙滩现状</td><td colspan="2">（1）该岸段位于蓬莱阁和八仙渡之间，为开发较为成熟的旅游景区，设施较为完备；滩面较缓，沙滩由于人为影响，沉积物上部较粗，潮间带较细；
（2）后滨为护岸和公路，在该岸段西侧有一排污口，污水直接排入海中，沙滩污染严重；岸段西侧有一丁坝，东侧景点也起到丁坝的作用；
（3）沙滩侵蚀比较严重，可见侵蚀陡坎，在部分岸段沙滩极窄</td></tr>
<tr><td rowspan="2">遥感影像</td><td colspan="2"></td></tr>
<tr><td>获取时间</td><td>2013 年 3 月 25 日</td></tr>
<tr><td rowspan="2">全景照片</td><td colspan="2"></td></tr>
<tr><td>获取时间</td><td>2010 年 8 月 9 日</td></tr>
<tr><td>建档时间</td><td colspan="2">2012 年 11 月</td></tr>
<tr><td>建档单位</td><td colspan="2">中国海洋大学河口海岸带研究所</td></tr>
</table>

烟台蓬莱仙境东沙滩

<table>
<tr><td>沙滩全名</td><td colspan="2">烟台蓬莱市蓬莱仙境东</td></tr>
<tr><td>基本情况</td><td colspan="2">中心位置 37°49′23. 46″N，120°46′57. 29″E，沙滩长度 1. 25 km，沙滩宽度 53 m</td></tr>
<tr><td>沙滩现状</td><td colspan="2">（1）该岸段位于蓬莱八仙渡以东，交通便利，为旅游景区，开发较成熟；滩面较为平缓，沉积物较细；
（2）后滨为护岸和公路，东侧存留部分滩肩和沙丘，高潮时，西侧海水及岸；
（3）沙滩侵蚀较为严重，可见侵蚀陡坎，沙丘被破坏；尤其是在码头附近，沙滩侵蚀更为明显</td></tr>
<tr><td rowspan="2">遥感影像</td><td colspan="2"></td></tr>
<tr><td>获取时间</td><td>2013 年 3 月 25 日</td></tr>
<tr><td rowspan="2">全景照片</td><td colspan="2"></td></tr>
<tr><td>获取时间</td><td>2010 年 8 月 9 日</td></tr>
<tr><td>建档时间</td><td colspan="2">2012 年 11 月</td></tr>
<tr><td>建档单位</td><td colspan="2">中国海洋大学河口海岸带研究所</td></tr>
</table>

烟台小皂北沙滩

<table>
<tr><td>沙滩全名</td><td colspan="2">烟台蓬莱市小皂北</td></tr>
<tr><td>基本情况</td><td colspan="2">中心位置37°48′56.67″N，120°47′57.56″E，沙滩长度2.06 km，沙滩宽度50 m</td></tr>
<tr><td>沙滩现状</td><td colspan="2">(1) 该岸段位于蓬莱东部，未进行旅游开发，以自然岸线为主；滩面较陡，沉积物较粗，可见砾石和建筑垃圾；
(2) 后滨为小型海积或冲洪积平原，其后200 m为公路；东侧为平山河口，中间有一排污口，污水直接流入海中；
(3) 该岸段侵蚀严重，侵蚀陡坎高约0.5 m，高潮时，海水可达陡坎底部</td></tr>
<tr><td rowspan="2">遥感影像</td><td colspan="2"></td></tr>
<tr><td>获取时间</td><td>2013年3月25日</td></tr>
<tr><td rowspan="2">全景照片</td><td colspan="2"></td></tr>
<tr><td>获取时间</td><td>2010年8月9日</td></tr>
<tr><td>建档时间</td><td colspan="2">2012年11月</td></tr>
<tr><td>建档单位</td><td colspan="2">中国海洋大学河口海岸带研究所</td></tr>
</table>

烟台谢宋营沙滩

<table>
<tr><td colspan="2">沙滩全名</td><td>烟台蓬莱市谢宋营</td></tr>
<tr><td colspan="2">基本情况</td><td>中心位置 37°45′27.39″N，120°58′01.91″E，沙滩长度 2.3 km，沙滩宽度 29 m</td></tr>
<tr><td colspan="2">沙滩现状</td><td>（1）该岸段位于蓬莱东部，交通不便；滩面较平缓，沉积物较粗，可见砾石、贝壳等；排水管道铺在沙滩上，高潮时海水可达建筑物基底；
（2）后滨几乎全被养殖池覆盖，无自然岸线；
（3）沙滩侵蚀严重，受建筑物影响，沉积物大量流失，滩肩不复存在</td></tr>
<tr><td rowspan="2">遥感影像</td><td colspan="2"></td></tr>
<tr><td>获取时间</td><td>2006 年 7 月 11 日</td></tr>
<tr><td rowspan="2">全景照片</td><td colspan="2"></td></tr>
<tr><td>获取时间</td><td>2010 年 6 月 12 日</td></tr>
<tr><td colspan="2">建档时间</td><td>2012 年 11 月</td></tr>
<tr><td colspan="2">建档单位</td><td>中国海洋大学河口海岸带研究所</td></tr>
</table>

烟台马家村沙滩

沙滩全名	烟台福山区马家村
基本情况	中心位置 37°42′36.07″N，121°01′59.75″E，沙滩长度 5.3 km，沙滩宽度 80 m
沙滩现状	（1）该岸段位于福山区西部，交通不便；滩面较陡，沉积物较粗；由于海岸以养殖为主，滩面多见丁坝、码头等； （2）后滨为海积平原，东西两侧为基岩岬角；绝大部分岸线上建有养殖池，仅在东部靠近河口位置为自然岸线； （3）受人工采砂的影响，海岸侵蚀较为严重，多见侵蚀陡坎
遥感影像	
获取时间	2004 年
全景照片	
获取时间	2010 年 8 月 8 日
建档时间	2012 年 11 月
建档单位	中国海洋大学河口海岸带研究所

烟台芦洋沙滩

沙滩全名	烟台福山区芦洋沙滩
基本情况	中心位置 37°39′29.69″N，121°07′43.73″E，沙滩长度 1.57 km，沙滩宽度 55 m
沙滩现状	（1）该岸段位于套子湾西端，交通不便；滩面较陡，沉积物较粗，且受周围居民影响，滩面垃圾较多，无人清理；部分岸段滩面建有养殖池、码头等； （2）其南北两侧均为基岩岬角，后滨为小型海积或冲洪积平原，绝大部分岸段建有人工建筑，只在南侧存在部分自然岸线； （3）沙滩侵蚀较为严重，尤其是在南侧，可见侵蚀陡坎，北侧沙滩受码头的影响，岸滩侵蚀较弱
遥感影像	
获取时间	2011 年
全景照片 	
获取时间	2010 年 6 月 12 日
建档时间	2012 年 11 月
建档单位	中国海洋大学河口海岸带研究所

烟台黄金河西沙滩

<table>
<tr><td>沙滩全名</td><td colspan="2">烟台福山区黄金河西沙滩</td></tr>
<tr><td>基本情况</td><td colspan="2">中心位置37°35′12.08″N，121°10′00.85″E，沙滩长度5.9 km，沙滩宽度106 m</td></tr>
<tr><td>沙滩现状</td><td colspan="2">（1）该岸段紧邻海水浴场，交通方便，但未进行开发；滩面平缓，受护岸的影响，滩面较窄，部分岸段海水及岸，沉积物被淘洗，沉积物以粗砂砾石为主，更有岸段为保护海堤，坝基抛石，沙滩不复存在；
（2）后滨为公路，直接建设在滩面之上；
（3）沙滩侵蚀严重，部分岸段已无滩肩，部分岸段沙滩消失</td></tr>
<tr><td rowspan="2">遥感影像</td><td colspan="2"></td></tr>
<tr><td>获取时间</td><td>2011年</td></tr>
<tr><td rowspan="2">全景照片</td><td colspan="2"></td></tr>
<tr><td>获取时间</td><td>2010年6月13日</td></tr>
<tr><td>建档时间</td><td colspan="2">2012年11月</td></tr>
<tr><td>建档单位</td><td colspan="2">中国海洋大学河口海岸带研究所</td></tr>
</table>

烟台开发区海水浴场沙滩

<table>
<tr><td>沙滩全名</td><td colspan="2">烟台福山区开发区海水浴场沙滩</td></tr>
<tr><td>基本情况</td><td colspan="2">中心位置 37°34′27.23″N，121°14′50.74″E，沙滩长度 8.56 km，沙滩宽度 134 m</td></tr>
<tr><td>沙滩现状</td><td colspan="2">（1）该岸段为烟台开发区海水浴场，交通便利，旅游设施完善，开发较为成熟；滩面宽缓，沉积物较细，东侧为夹河口，有两个丁坝伸入海中；
（2）后滨为公路和人工护岸，其滩肩较宽，可达 100 m 余，以细砂为主，伴有风沙性质，原沙丘被人为破坏；
（3）在东侧丁坝下游岸段滩面窄，局部侵蚀较明显；总体上沙滩无侵蚀陡坎等侵蚀现象，为弱侵蚀状态</td></tr>
<tr><td rowspan="2">遥感影像</td><td colspan="2"></td></tr>
<tr><td>获取时间</td><td>2011 年 10 月 18 日</td></tr>
<tr><td rowspan="2">全景照片</td><td colspan="2"></td></tr>
<tr><td>获取时间</td><td>2010 年 6 月 10 日</td></tr>
<tr><td>建档时间</td><td colspan="2">2012 年 11 月</td></tr>
<tr><td>建档单位</td><td colspan="2">中国海洋大学河口海岸带研究所</td></tr>
</table>

烟台夹河东沙滩

<table>
<tr><td>沙滩全名</td><td colspan="2">烟台福山区夹河东沙滩</td></tr>
<tr><td>基本情况</td><td colspan="2">中心位置37°35′05.49″N，121°20′20.68″E，沙滩长度3.95 km，沙滩宽度100 m</td></tr>
<tr><td>沙滩现状</td><td colspan="2">（1）该岸段位于芝罘岛西侧，夹河以东，交通不便，其东西两侧为养殖池，中间岸段为自然岸线；滩面平缓，沉积物较细；
（2）后滨在东西两侧为人工构筑物，丁坝、养殖池占据岸线，中间岸段为沙丘海岸，高可达2～3 m，沙丘及其后沙地种植防护林；
（3）沙滩侵蚀较严重，沙丘向海一侧形成侵蚀陡坎，高达2 m，防护林树根裸露</td></tr>
<tr><td rowspan="2">遥感影像</td><td colspan="2">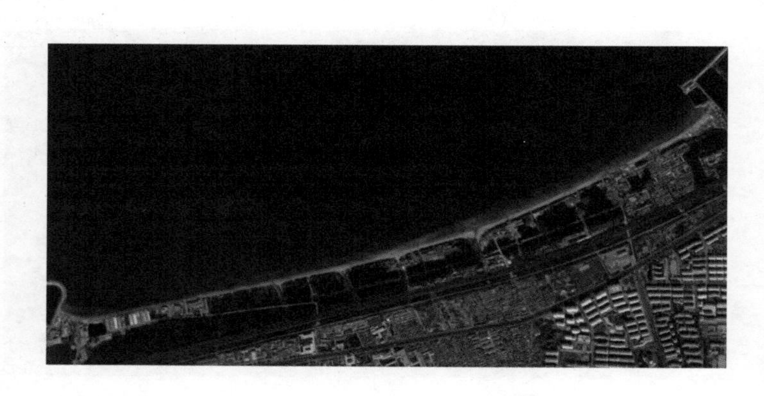</td></tr>
<tr><td>获取时间</td><td>2011年10月18日</td></tr>
<tr><td rowspan="2">全景照片</td><td colspan="2"></td></tr>
<tr><td>获取时间</td><td>2010年6月9日</td></tr>
<tr><td>建档时间</td><td colspan="2">2012年11月</td></tr>
<tr><td>建档单位</td><td colspan="2">中国海洋大学河口海岸带研究所</td></tr>
</table>

烟台第一海水浴场沙滩

<table>
<tr><td>沙滩全名</td><td colspan="2">烟台芝罘区第一海水浴场沙滩</td></tr>
<tr><td>基本情况</td><td colspan="2">中心位置 37°32′08. 92″N，121°24′47. 49″E，沙滩长度 0. 68 km，沙滩宽度 70 m</td></tr>
<tr><td>沙滩现状</td><td colspan="2">（1）该岸段位于烟台市区，已经被辟为海水浴场，交通位置优越，开发较好，旅游设施完善；滩面较缓，沉积物较细；
（2）后滨为公路，东侧为一人工丁坝，起到岬角的作用；在东侧存在一排污口，污水直接流入海中；
（3）该处沙滩遭受侵蚀，虽然岸线固化，但沙滩遭受向下侵蚀</td></tr>
<tr><td>遥感影像</td><td colspan="2"></td></tr>
<tr><td></td><td>获取时间</td><td>2011 年 10 月 18 日</td></tr>
<tr><td>全景照片</td><td colspan="2"></td></tr>
<tr><td></td><td>获取时间</td><td>2010 年 5 月 31 日</td></tr>
<tr><td>建档时间</td><td colspan="2">2012 年 11 月</td></tr>
<tr><td>建档单位</td><td colspan="2">中国海洋大学河口海岸带研究所</td></tr>
</table>

烟台月亮湾沙滩

<table>
<tr><td>沙滩全名</td><td colspan="2">烟台芝罘区月亮湾沙滩</td></tr>
<tr><td>基本情况</td><td colspan="2">中心位置 37°32′01.23″N，121°25′36.37″E，沙滩长度 0.26 km，沙滩宽度 39 m</td></tr>
<tr><td>沙滩现状</td><td colspan="2">（1）该岸段位于烟台市区，旅游开发力度较大，旅游设施较为完备；滩面较陡，沉积物较粗，且多见贝壳碎屑；
（2）后滨为公路、护岸，两侧均为基岩海岸；
（3）沙滩侵蚀较为严重，滩面沙大量流失，仅在高潮线附近有少量沙存在，低潮时，潮间带出露大片礁石</td></tr>
<tr><td rowspan="2">遥感影像</td><td colspan="2"></td></tr>
<tr><td>获取时间</td><td>2011 年 10 月 18 日</td></tr>
<tr><td rowspan="2">全景照片</td><td colspan="2"></td></tr>
<tr><td>获取时间</td><td>2010 年 5 月 31 日</td></tr>
<tr><td>建档时间</td><td colspan="2">2012 年 11 月</td></tr>
<tr><td>建档单位</td><td colspan="2">中国海洋大学河口海岸带研究所</td></tr>
</table>

烟台第二海水浴场沙滩

沙滩全名	烟台芝罘区第二海水浴场沙滩
基本情况	中心位置 37°31′10.44″N，121°26′39.84″E，沙滩长度 0.36 km，沙滩宽度 43 m
沙滩现状	（1）该岸段位于烟台市区，被辟为海水浴场，交通便利，游客较多；滩面坡度较缓，沉积物较细； （2）后滨为公路、护岸等构筑物，仍有许多建筑物正在建设，东侧基岩伸入海中； （3）沙滩侵蚀较为严重，原来的小型海积、冲洪积平原不复存在
遥感影像	
获取时间	2011 年 10 月 18 日
全景照片	
获取时间	2010 年 5 月 31 日
建档时间	2012 年 11 月
建档单位	中国海洋大学河口海岸带研究所

烟台大学海水浴场沙滩

沙滩全名		烟台莱山区烟大海水浴场沙滩
基本情况		中心位置37°28′46.63″N，121°27′26.62″E，沙滩长度2.8 km，沙滩宽度60 m
沙滩现状		（1）该岸段位于烟台大学对面，交通便利，旅游设施较完善；滩面较缓，沉积物总体较细，而粗粒沉积物往往呈带状平行海岸分布，沙滩曾经抛沙养护，效果一般；沙滩东侧有一排污口，污水直接漫过沙滩流入海中，沙滩污染较为严重； （2）后滨为护岸公路，偶尔可见风成沙地； （3）沙滩侵蚀较为严重，虽然已经修筑护岸，且抛沙养滩，但泥沙大量流失，只有部分较粗的沉积物存留下来
遥感影像		
	获取时间	2009年2月7日
全景照片 		
	获取时间	2010年5月31日
建档时间		2012年11月
建档单位		中国海洋大学河口海岸带研究所

烟台东泊子沙滩

沙滩全名	烟台莱山区东泊子沙滩
基本情况	中心位置 37°27′18.87″N，121°29′57.45″E，沙滩长度 2.7 km，沙滩宽度 70 m
沙滩现状	（1）沙滩位于烟台市东部郊区，交通便利，但未进行开发；滩面较陡，沉积物较粗；沙滩上可见排水管道，偶尔可见建筑垃圾； （2）后滨为小型海积平原，沙丘发育，植被覆盖良好；其后为公路，东侧公路距沙滩较远，西侧则较近； （3）沙滩侵蚀较为严重，无论是沙丘还是沙地均可见侵蚀陡坎，高可达 0.5 m 以上
遥感影像	
获取时间	2009 年 2 月 7 日
全景照片 	
获取时间	2010 年 5 月 29 日
建档时间	2012 年 11 月
建档单位	中国海洋大学河口海岸带研究所

烟台金山港西沙滩

沙滩全名	烟台牟平市金山港西沙滩
基本情况	中心位置 37°27′14.80″N，121°42′25.90″E，沙滩长度 5.6 km，沙滩宽度 100 m
沙滩现状	（1）该岸段位于牟平北部，交通较便利，东侧滩面修建大量养殖池，西侧为自然状态海岸；滩面较缓，沉积物较细； （2）后滨为海积沙地，东侧种植防护林，西侧被开发为高尔夫球场；养殖场向海一侧可见沙丘和风成沙地； （3）海岸侵蚀较为严重，可见侵蚀陡坎或陡崖，养殖场等构筑物损毁，岸边村庄或养殖场以抛石或沙袋做防潮坝，多被破坏
遥感影像	
获取时间	2004 年
全景照片	
获取时间	2010 年 5 月 28 日
建档时间	2012 年 11 月
建档单位	中国海洋大学河口海岸带研究所

烟台金山港东沙滩

沙滩全名	烟台牟平市金山港东沙滩
基本情况	中心位置 37°27′47.99″N，121°51′57.62″E，沙滩长度 15.7 km，沙滩宽度 120 m
沙滩现状	（1）该岸段位于牟平以北，交通不便，仅作养殖用途；滩面较缓，沉积物较细，由于养殖池较多，滩面常见码头、抽水泵房、排水管道等； （2）后滨几乎被养殖池占据，原为海积沙地，大量种植防护林，受风沙影响，在养殖池向海一侧可见残留沙丘； （3）沙滩侵蚀较为严重，后滨常见侵蚀陡坎，部分码头、养殖池等被破坏
遥感影像	
获取时间	2004 年
全景照片	
获取时间	2010 年 5 月 28 日
建档时间	2012 年 11 月
建档单位	中国海洋大学河口海岸带研究所

威海初村北海沙滩

沙滩全名	威海市环翠区初村北海沙滩
基本情况	中心位置37°28′18.12″N，121°56′13.46″E，沙滩长度1.76 km，沙滩宽度58 m
沙滩现状	（1）沙滩部分岸段为浴场，但未见防鲨网等安全防护措施； （2）沙滩滩肩基本不发育。沙滩后部为水产养殖池和加工厂。遍布养殖用取水、排水口、取水井、输水管道等。滩面上有两条明显的垃圾带，高潮线附近可见一条贝壳带； （3）沙滩未见侵蚀现象
遥感影像	
获取时间	2010年4月21日
全景照片	
获取时间	2010年9月5日
建档时间	2012年11月
建档单位	中国海洋大学河口海岸带研究所

威海金海路沙滩

<table>
<tr><td colspan="2">沙滩全名</td><td colspan="2">威海市环翠区金海路沙滩</td></tr>
<tr><td colspan="2">基本情况</td><td colspan="2">中心位置37°29′03.40″N，121°58′31.97″E，沙滩长度3.23 km，沙滩宽度73 m</td></tr>
<tr><td>沙滩现状</td><td colspan="3">（1）该沙滩未作为旅游资源利用和保护；
（2）沙滩的西端有基岩出露，并有一河口。中、西段沙滩后部为养殖厂。滩肩不发育，被养殖厂占据。滩面上遍布砾石（多为砖块和石块），建有密集的取水口、排水口和排水管道；
（3）沙滩滩肩不发育，未见侵蚀陡坎</td></tr>
<tr><td rowspan="2">遥感影像</td><td colspan="3"></td></tr>
<tr><td colspan="2">获取时间</td><td>2010年4月21日</td></tr>
<tr><td rowspan="2">全景照片</td><td colspan="3"></td></tr>
<tr><td colspan="2">获取时间</td><td>2010年9月6日</td></tr>
<tr><td colspan="2">建档时间</td><td colspan="2">2012年11月</td></tr>
<tr><td colspan="2">建档单位</td><td colspan="2">中国海洋大学河口海岸带研究所</td></tr>
</table>

威海后荆港沙滩

<table>
<tr><td>沙滩全名</td><td colspan="2">威海市环翠区后荆港沙滩</td></tr>
<tr><td>基本情况</td><td colspan="2">中心位置 37°30′32.11″N，122°00′51.12″E，沙滩长度 3.06 km，沙滩宽度 41 m</td></tr>
<tr><td>沙滩现状</td><td colspan="2">（1）未作为旅游资源利用和保护；
（2）沙滩的东段有基岩出露，西端为村庄，建有民宅及装卸海产品的码头。沙滩的东段风成山丘后为湿地，中段为洁瑞公司所购，现为一片闲置荒地，滩面砾石较多；
（3）中东段滩肩不发育。中段沙滩有明显的侵蚀特征，滩面上抛有碎石。西段有一侵蚀后倾倒的混凝土碉堡，该沙滩侵蚀比较严重</td></tr>
<tr><td rowspan="2">遥感影像</td><td colspan="2"></td></tr>
<tr><td>获取时间</td><td>2010 年 4 月 21 日</td></tr>
<tr><td rowspan="2">全景照片</td><td colspan="2"></td></tr>
<tr><td>获取时间</td><td>2010 年 9 月 7 日</td></tr>
<tr><td>建档时间</td><td colspan="2">2012 年 11 月</td></tr>
<tr><td>建档单位</td><td colspan="2">中国海洋大学河口海岸带研究所</td></tr>
</table>

威海国际海水浴场沙滩

沙滩全名	威海市环翠区威海国际海水浴场
基本情况	中心位置37°31′38.14″N，122°02′16.60″E，沙滩长度2.15 km，沙滩宽度83 m
沙滩现状	（1）该沙滩作为威海市著名的海水浴场，开发利用程度较高，周边旅游配套设施齐全，交通便利。旅游季节人流量较大，沙滩自然形态遭到破坏，但沙滩上垃圾可得到及时清理，较为干净。未见人工补沙； （2）沙滩自然状态良好，部分滩肩上建有娱乐设施和观景广场，沙滩后部为一公路，冬季的风沙需人工搭建栅栏防护； （3）沙滩遭受较弱侵蚀，滩肩部分略有缩短，未见侵蚀陡坎
遥感影像	
获取时间	2010年4月21日
 全景照片	
获取时间	2010年9月7日
建档时间	2012年11月
建档单位	中国海洋大学河口海岸带研究所

威海金沙滩

<table>
<tr><td>沙滩全名</td><td colspan="2">威海市环翠区威海金沙滩</td></tr>
<tr><td>基本情况</td><td colspan="2">中心位置37°31′59.39″N，122°03′58.74″E，沙滩长度1.03 km，沙滩宽度47 m</td></tr>
<tr><td>沙滩现状</td><td colspan="2">（1）该沙滩紧邻威海国际海水浴场，建有简单的娱乐设施，相对较多的垃圾清理点，沙滩垃圾有保洁人员清理，是当地海水浴场；
（2）沙滩的低潮线以下原为砾石，现已经被淤泥覆盖。沙滩的近海海面是养殖水域，沙滩后有海滨公园；
（3）该沙滩侵蚀较为严重，建有挡浪胸墙，在部分临海建筑的向海面堆有巨石作为侵蚀防护</td></tr>
<tr><td rowspan="2">遥感影像</td><td colspan="2"></td></tr>
<tr><td>获取时间</td><td>2010年4月21日</td></tr>
<tr><td rowspan="2">全景照片</td><td colspan="2"></td></tr>
<tr><td>获取时间</td><td>2010年9月10日</td></tr>
<tr><td>建档时间</td><td colspan="2">2012年11月</td></tr>
<tr><td>建档单位</td><td colspan="2">中国海洋大学河口海岸带研究所</td></tr>
</table>

威海玉龙湾沙滩

沙滩全名	威海市环翠区玉龙湾沙滩
基本情况	中心位置 37°32′30.65″N，122°05′28.95″E，沙滩长度 0.38 km，沙滩宽度 25 m
沙滩现状	（1）该沙滩未作为旅游资源开发和保护； （2）沙滩的西北端建有小码头，码头的外侧建有防波堤，滩面堆放大量废弃的渔船； （3）该沙滩侵蚀严重，滩面砾石遍布，沿岸挡浪胸墙下蚀严重，侵蚀造成的碎石遍布四周，沙滩退化
遥感影像	
获取时间	2010 年 4 月 21 日
全景照片	
获取时间	2010 年 9 月 12 日
建档时间	2012 年 11 月
建档单位	中国海洋大学河口海岸带研究所

威海葡萄滩沙滩

<table>
<tr><td>沙滩全名</td><td colspan="2">威海市环翠区葡萄滩沙滩</td></tr>
<tr><td>基本情况</td><td colspan="2">中心位置37°32′32.62″N，122°06′23.32″E，沙滩长度0.99 km，沙滩宽度46 m</td></tr>
<tr><td>沙滩现状</td><td colspan="2">（1）该沙滩作为旅游资源开发和保护，是当地的海水浴场。沙滩后滨建有滨海公园，建有少量娱乐设施；
（2）该沙滩自然状态一般。沙滩东端有一堤坝，西端有一小河口，中部有一排污口，水泥石块砌成，宽约5 m，把沙滩拦腰截断；
（3）沙滩未见明显的侵蚀现象</td></tr>
<tr><td rowspan="2">遥感影像</td><td colspan="2"></td></tr>
<tr><td>获取时间</td><td>2010年4月21日</td></tr>
<tr><td rowspan="2">全景照片</td><td colspan="2"></td></tr>
<tr><td>获取时间</td><td>2010年9月11日</td></tr>
<tr><td>建档时间</td><td colspan="2">2012年11月</td></tr>
<tr><td>建档单位</td><td colspan="2">中国海洋大学河口海岸带研究所</td></tr>
</table>

威海靖子沙滩

<table>
<tr><td>沙滩全名</td><td colspan="2">威海市环翠区靖子沙滩</td></tr>
<tr><td>基本情况</td><td colspan="2">中心位置 37°33′02. 15″N，122°07′16. 19″E，沙滩长度 0. 37 km，沙滩宽度 12 m</td></tr>
<tr><td>沙滩现状</td><td colspan="2">（1）该沙滩未作为旅游资源开发和保护；
（2）沙滩的两端均建有养殖池，沙滩无滩肩发育，滩面后建有挡浪胸墙，滩面遍布垃圾和破败的小渔船，前滨水下沙坝发育；
（3）该沙滩受数米高挡浪胸墙的影响，在挡浪胸墙的中央位置可见明显的高潮痕迹线，未见明显的侵蚀现象</td></tr>
<tr><td rowspan="2">遥感影像</td><td colspan="2"></td></tr>
<tr><td>获取时间</td><td>2010 年 4 月 21 日</td></tr>
<tr><td rowspan="2">全景照片</td><td colspan="2"></td></tr>
<tr><td>获取时间</td><td>2010 年 9 月 12 日</td></tr>
<tr><td>建档时间</td><td colspan="2">2012 年 11 月</td></tr>
<tr><td>建档单位</td><td colspan="2">中国海洋大学河口海岸带研究所</td></tr>
</table>

威海山东村沙滩

<table>
<tr><td>沙滩全名</td><td colspan="2">威海市环翠区山东村沙滩</td></tr>
<tr><td>基本情况</td><td colspan="2">中心位置 37°32′54.92″N，122°08′09.32″E，沙滩长度 0.29 km，沙滩宽度 20 m</td></tr>
<tr><td>沙滩现状</td><td colspan="2">（1）该沙滩未作为旅游资源开发和保护；
（2）沙滩的后滨为村庄，建有养殖池，分别在沙滩的南北两端各有一条养殖池的排水管道。沙滩的北段建有一座小码头，是附近村民进行渔业作业的平台；
（3）该沙滩中部有成片的礁石出露，滩肩有明显的侵蚀陡坎</td></tr>
<tr><td rowspan="2">遥感影像</td><td colspan="2"></td></tr>
<tr><td>获取时间</td><td>2010 年 4 月 21 日</td></tr>
<tr><td rowspan="2">全景照片</td><td colspan="2"></td></tr>
<tr><td>获取时间</td><td>2010 年 9 月 12 日</td></tr>
<tr><td>建档时间</td><td colspan="2">2012 年 11 月</td></tr>
<tr><td>建档单位</td><td colspan="2">中国海洋大学河口海岸带研究所</td></tr>
</table>

威海伴月湾沙滩

沙滩全名	威海市环翠区伴月湾沙滩
基本情况	中心位置 37°31′41.48″N，122°09′05.66″E，沙滩长度 0.72 km，沙滩宽度 36 m
沙滩现状	（1）该沙滩是威海较为出名的旅游沙滩，后滨建有少量的旅游配套设施，是当地的海水浴场，并作为国际铁人三项赛的出发地点； （2）该沙滩经历过人工补沙，并有保洁员定期对沙滩进行垃圾清理；沙滩的北段建有小码头，南段有一个船厂、鱼市； （3）该沙滩后滨堆积，前滨有明显的侵蚀陡坎，高约 25 cm
遥感影像	
获取时间	2010 年 4 月 21 日
全景照片 	
获取时间	2010 年 9 月 12 日
建档时间	2012 年 11 月
建档单位	中国海洋大学河口海岸带研究所

威海海源公园沙滩

沙滩全名	威海市环翠区海源公园沙滩
基本情况	中心位置 37°31′09.17″N，122°08′50.17″E，沙滩长度 0.67 km，沙滩宽度 5 m
沙滩现状	（1）该沙滩未作为旅游资源开发和保护； （2）该沙滩自然状态良好，人为改造痕迹较少； （3）该沙滩未见侵蚀现象
遥感影像	获取时间：2010 年 4 月 25 日
全景照片	 获取时间：2010 年 9 月 12 日
建档时间	2012 年 11 月
建档单位	中国海洋大学河口海岸带研究所

威海杨家滩沙滩

沙滩全名	威海市环翠区杨家滩沙滩
基本情况	中心位置 37°25′59.96″N，122°09′43.63″E，沙滩长度 2.44 km，沙滩宽度 13 m
沙滩现状	（1）该沙滩未作为旅游资源开发和保护； （2）沙滩中部有基岩出露，滩面被人为抛石覆盖，后滨为养殖池，近海有挖砂现象； （3）该沙滩基本无滩肩发育，后滨风成沙丘可见明显的侵蚀陡坎
遥感影像	
获取时间	2010 年 4 月 21 日
全景照片 	
获取时间	2010 年 9 月 13 日
建档时间	2012 年 11 月
建档单位	中国海洋大学河口海岸带研究所

威海卫家滩沙滩

<table>
<tr><td>沙滩全名</td><td colspan="2">威海市环翠区卫家滩沙滩</td></tr>
<tr><td>基本情况</td><td colspan="2">中心位置 37°25′24.06″N，122°16′41.46″E，沙滩长度 1.45 km，沙滩宽度 19 m</td></tr>
<tr><td>沙滩现状</td><td colspan="2">（1）该沙滩未作为旅游资源开发和保护；
（2）沙滩遍布养殖池，大多已废弃，滩面有较多的养殖池给水、排水管道及排污口，近海有挖砂现象，沙滩的东南端建有一座小码头；
（3）滩面所建养殖池有明显的侵蚀痕迹，该沙滩侵蚀较为严重</td></tr>
<tr><td rowspan="2">遥感影像</td><td colspan="2"></td></tr>
<tr><td>获取时间</td><td>2010 年 4 月 21 日</td></tr>
<tr><td rowspan="2">全景照片</td><td colspan="2"></td></tr>
<tr><td>获取时间</td><td>2010 年 9 月 14 日</td></tr>
<tr><td>建档时间</td><td colspan="2">2012 年 11 月</td></tr>
<tr><td>建档单位</td><td colspan="2">中国海洋大学河口海岸带研究所</td></tr>
</table>

威海逍遥港沙滩

沙滩全名	威海市环翠区逍遥港沙滩
基本情况	中心位置37°24′32.35″N，122°19′49.33″E，沙滩长度0.96 km，沙滩宽度38 m
沙滩现状	（1）该沙滩未作为旅游资源利用和保护； （2）该沙滩自然状态较差，滩面及后滨遍布养殖池，沙滩滩面遍布养殖池排水给水管道及渔业工具，巨砾较多； （3）该沙滩侵蚀较为严重，可见明显的侵蚀陡坎，高潮时，海水可到达后滨养殖池（上有明显痕迹线）
遥感影像	
获取时间	2010年4月21日
 全景照片	
获取时间	2010年9月14日
建档时间	2012年11月
建档单位	中国海洋大学河口海岸带研究所

威海黄石哨沙滩

沙滩全名	威海市环翠区黄石哨沙滩
基本情况	中心位置 37°24′44.76″N，122°22′15.11″E，沙滩长度 1.44 km，沙滩宽度 20 m
沙滩现状	（1）沙滩未作为旅游资源开发和保护； （2）沙滩自然状态较差，滩面遍布养殖池，多为废弃状态，部分岸段滩面有礁石出露，后滨建有民房，滩面垃圾较多； （3）沙滩东段滩肩可见明显的侵蚀陡坎
遥感影像	
获取时间	2010 年 4 月 21 日
全景照片	
获取时间	2010 年 9 月 14 日
建档时间	2012 年 11 月
建档单位	中国海洋大学河口海岸带研究所

威海纹石宝滩沙滩

沙滩全名	威海荣成市纹石宝滩
基本情况	中心位置 37°24′33.03″N，122°25′22.32″E，沙滩长度 5.81 km，沙滩宽度 52 m
沙滩现状	（1）沙滩未作为旅游资源开发和保护； （2）沙滩自然状况较差。沙滩有两条河口，位于沙滩的西段和中段；沙滩滩面遍布养殖池的排污管道，沙滩的西段滩面建有养殖池；后滨为沙丘，沙丘后为养殖池和渔民的民房，该沙滩近海海面为养殖区； （3）沙滩未见明显的侵蚀痕迹
遥感影像	
获取时间	2010 年 4 月 25 日
全景照片	  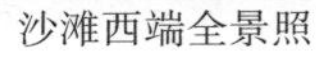沙滩西端全景照　沙滩东端全景照
获取时间	2010 年 9 月 16 日
建档时间	2012 年 11 月
建档单位	中国海洋大学河口海岸带研究所

威海香子顶沙滩

沙滩全名	威海荣成市香子顶沙滩
基本情况	中心位置 37°25′22.93″N，122°28′11.84″E，沙滩长度 2.17 km，沙滩宽度 31 m
沙滩现状	（1）沙滩未作为旅游资源开发和利用； （2）沙滩的自然状况一般，东北端建有养殖池，中部有礁石出露，将沙滩分割为两段，西南段沙滩建有一座小码头，其后有民房； （3）沙滩侵蚀严重，可见明显的侵蚀陡坎，陡坎高约 5 m
遥感影像	
获取时间	2010 年 4 与 21 日
 全景照片	
获取时间	2010 年 9 月 17 日
建档时间	2012 年 11 月
建档单位	中国海洋大学河口海岸带研究所

威海朝阳港沙滩

<table>
<tr><td>沙滩全名</td><td colspan="2">威海荣成市朝阳港沙滩</td></tr>
<tr><td>基本情况</td><td colspan="2">中心位置37°24′55.37″N，122°28′51.64″E，沙滩长度2.15 km，沙滩宽度32 m</td></tr>
<tr><td>沙滩现状</td><td colspan="2">（1）沙滩未作为旅游资源开发和保护；
（2）东南端为一河口，发育有较大的沙嘴，河口湾里建有小渔港（朝阳港）；西北端有基岩出露，建有养殖池；西北段滩后为泥质陡崖，高2～2.5 m，陡崖上为人工林场，此段沙滩侵蚀严重；中段沙滩后为沙丘，沙滩后建有风车；
（3）沙滩西北段有泥质陡崖，可见明显的侵蚀痕迹，其他沙滩岸段未见明显的侵蚀痕迹</td></tr>
<tr><td rowspan="2">遥感影像</td><td colspan="2"></td></tr>
<tr><td>获取时间</td><td>2010年4月26日</td></tr>
<tr><td rowspan="2">全景照片</td><td colspan="2"></td></tr>
<tr><td>获取时间</td><td>2010年9月18日</td></tr>
<tr><td>建档时间</td><td colspan="2">2012年11月</td></tr>
<tr><td>建档单位</td><td colspan="2">中国海洋大学河口海岸带研究所</td></tr>
</table>

威海成山林场沙滩

沙滩全名	威海荣成市成山林场沙滩
基本情况	中心位置37°23′54.71″N，122°33′10.29″E，沙滩长度6.45 km，沙滩宽度76 m
沙滩现状	（1）该沙滩未作为旅游资源开发和保护； （2）沙滩西端为河口，西段建有养殖池；中段建有民房和养殖池，将沙滩分割；东段沙滩建有大量民房，堆砌有大量砾石和垃圾；滩肩上堆有大量渔业养殖生产工具，沙滩上堆有挖沙堆砌而成的沙丘，滩肩发育草本植物，被养殖用设施、民房占据；滩面可见数条垃圾带； （3）沙滩滩肩有侵蚀陡坎，部分岸段有堆放的巨石
遥感影像	
获取时间	2010年4月26日
全景照片	
获取时间	2010年9月19日
建档时间	2012年11月
建档单位	中国海洋大学河口海岸带研究所

威海仙人桥沙滩

沙滩全名	威海荣成市仙人桥沙滩
基本情况	中心位置37°24′03.14″N，122°34′35.72″E，沙滩长度0.72 km，沙滩宽度20 m
沙滩现状	（1）沙滩未作为旅游资源开发和保护； （2）东西两侧均有基岩出露，两侧各修建有一条丁坝，东侧丁坝长约100 m，西侧丁坝长约300 m；西端正在挖砂，挖砂位置在高潮线以下至实时水边线处；西端滩肩及以上位置正在平整土地，并建设厂房，沙滩西段建有养殖池； （3）沙滩东段有明显的侵蚀迹象
遥感影像	
获取时间	2010年4月21日
 全景照片	
获取时间	2010年8月13日
建档时间	2012年11月
建档单位	中国海洋大学河口海岸带研究所

威海柳夼沙滩

沙滩全名	威海荣成市柳夼沙滩
基本情况	中心位置37°24′22.66″N，122°35′01.95″E，沙滩长度0.43 km，沙滩宽度19 m
沙滩现状	（1）沙滩未作为旅游资源开发和保护； （2）沙滩两端有礁石出露，东北端有一座小码头，沙滩整体的自然状态较好，未见养殖池； （3）沙滩未见侵蚀现象
遥感影像	
获取时间	2010年4月21日
全景照片	
获取时间	2010年8月13日
建档时间	2012年11月
建档单位	中国海洋大学河口海岸带研究所

威海羡霞湾沙滩

沙滩全名	威海荣成市羡霞湾沙滩
基本情况	中心位置 37°24′41.73″N，122°37′17.15″E，沙滩长度 0.32 km，沙滩宽度 22 m
沙滩现状	（1）该沙滩位于海湾内，沙滩东西端为基岩，东侧紧邻西霞口风景区，是一小型海水浴场，西段建有简单的淋浴设施； （2）沙滩自然状态良好，基本无人为改造痕迹；西侧基岩上建有居民楼房，并有一排水口，无挖砂痕迹； （3）沙滩没有明显的侵蚀现象
遥感影像	
获取时间	2010 年 4 月 21 日
全景照片	
获取时间	2010 年 8 月 13 日
建档时间	2012 年 11 月
建档单位	中国海洋大学河口海岸带研究所

威海龙眼湾沙滩

沙滩全名	威海荣成市龙眼湾沙滩
基本情况	中心位置37°24′48.21″N，122°38′24.62″E，沙滩长度1.26 km，沙滩宽度16 m
沙滩现状	（1）沙滩作为旅游资源开发和保护，建有一座简易栈桥，可停靠游艇，用于野驴岛游客登岛之用； （2）沙滩的东端有基岩出露，西端为龙眼港，港口可停靠千吨级以上客货轮；东端侵蚀严重，低潮时出露的滩面上抛有碎石保护；该段高潮线和植被线吻合；近海处有一浅堤，低潮时可露出水面，中段和西段为海水浴场； （3）沙滩西段未见侵蚀现象，东段侵蚀严重
遥感影像	
获取时间	2010年4月26日

获取时间	2010年8月11日
建档时间	2012年11月
建档单位	中国海洋大学河口海岸带研究所

威海马栏湾沙滩

沙滩全名	威海荣成市马栏湾沙滩
基本情况	中心位置37°24′40.41″N，122°39′29.00″E，沙滩长度0.68 km，沙滩宽度15 m
沙滩现状	（1）沙滩未作为旅游资源开发和保护； （2）沙滩的东段为海蚀崖，海蚀崖西侧建有养殖场，西段建有工厂并有一座小码头，并有一条排污管道直通海水； （3）该沙滩无明显的侵蚀现象
遥感影像	
获取时间	2010年4月21日
 全景照片	
获取时间	2010年8月10日
建档时间	2012年11月
建档单位	中国海洋大学河口海岸带研究所

威海成山头沙滩

沙滩全名	威海荣成市成山头沙滩
基本情况	中心位置37°24′03.48″N，122°41′45.75″E，沙滩长度0.76 km，沙滩宽度19 m
沙滩现状	（1）沙滩未作为旅游资源开发和保护； （2）沙滩后滨为海蚀崖，北段建有一个养殖池，沙滩建有两座丁坝； （3）沙滩未见侵蚀现象
遥感影像	
获取时间	2010年4月21日
全景照片	
获取时间	2010年9月21日
建档时间	2012年11月
建档单位	中国海洋大学河口海岸带研究所

威海松埠嘴沙滩

沙滩全名	威海荣成市松埠嘴沙滩
基本情况	中心位置37°22′45.34″N，122°37′18.17″E，沙滩长度3.6 km，沙滩宽度45 m
沙滩现状	（1）沙滩未作为旅游资源开发和保护； （2）沙滩西南端有基岩出露，西南段前滨坡度较大，滩肩被平整填土压实，用于晾晒海带。中段有明显的侵蚀特征，堆有巨型岩块（直径0.2～1.5 m）护岸。东北端侵蚀严重，无护岸措施，大潮高潮时海水可越过沙滩流入其后的潟湖，另有数条排污管道入海。整个沙滩后发育有数个潟湖，大多正在被填实或者改造成养殖水域； （3）东南段高潮线附近可见侵蚀陡坎，可见简单的抛石护岸工程，沙滩侵蚀较为严重
遥感影像	
获取时间	2010年4月25日
全景照片 	
获取时间	2010年8月10日
建档时间	2012年11月
建档单位	中国海洋大学河口海岸带研究所

威海天鹅湖沙滩

沙滩全名	威海荣成市天鹅湖沙滩
基本情况	中心位置 37°21′34.69″N，122°35′14.34″E，沙滩长度 4.86 km，沙滩宽度 42 m
沙滩现状	（1）天鹅湖沙滩是著名的旅游景点，景区内见有许多娱乐设施，是亚洲最大的天鹅冬季栖息地； （2）沙滩的东北端建有小港口，并建有丁坝和养殖池，东北段沙滩后是风成沙丘。中段沙滩后为松林，可见侵蚀陡坎。西南段发育潟湖沙坝体系； （3）沙滩中段、东北端可见明显的侵蚀现象，后滨可见侵蚀陡坎，高 50～60 cm
遥感影像	
获取时间	2010 年 4 月 21 日
全景照片	
获取时间	2010 年 9 月 20 日
建档时间	2012 年 11 月
建档单位	中国海洋大学河口海岸带研究所

威海马道沙滩

<table>
<tr><td>沙滩全名</td><td colspan="2">威海荣成市马道沙滩</td></tr>
<tr><td>基本情况</td><td colspan="2">中心位置 37°16′58.22″N，122°32′52.97″E，沙滩长度 0.91 km，沙滩宽度 29 m</td></tr>
<tr><td>沙滩现状</td><td colspan="2">（1）沙滩未作为旅游沙滩开发和保护；
（2）沙滩的北段建有码头，有一河口；
（3）沙滩侵蚀严重，有明显的侵蚀陡坎，为防护侵蚀，后滨堆有巨石</td></tr>
<tr><td rowspan="2">遥感影像</td><td colspan="2">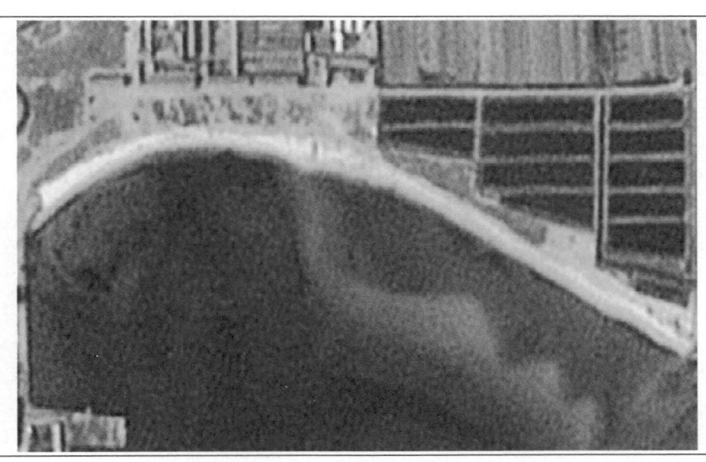</td></tr>
<tr><td>获取时间</td><td>2010 年 4 月 21 日</td></tr>
<tr><td rowspan="2">全景照片</td><td colspan="2"></td></tr>
<tr><td>获取时间</td><td>2010 年 8 月 8 日</td></tr>
<tr><td>建档时间</td><td colspan="2">2012 年 11 月</td></tr>
<tr><td>建档单位</td><td colspan="2">中国海洋大学河口海岸带研究所</td></tr>
</table>

威海纹石滩沙滩

<table>
<tr><td>沙滩全名</td><td colspan="2">威海荣成市纹石滩沙滩</td></tr>
<tr><td>基本情况</td><td colspan="2">中心位置 37°13′28.84″N，122°35′19.46″E，沙滩长度 0.65 km，沙滩宽度 18 m</td></tr>
<tr><td>沙滩现状</td><td colspan="2">（1）沙滩未作为旅游资源开发和保护；
（2）该沙滩自然状况较差，北段有一座小码头，滩面有数条养殖池的排污管道，后滨堆有砾石及大量垃圾；
（3）沙滩侵蚀严重，可见明显的侵蚀陡坎</td></tr>
<tr><td rowspan="2">遥感影像</td><td colspan="2">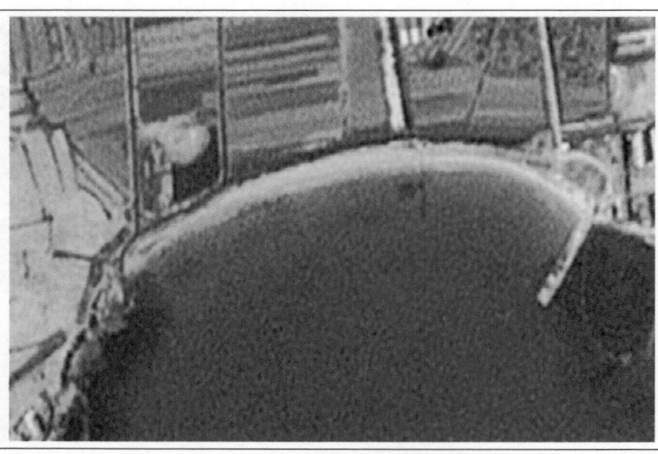</td></tr>
<tr><td>获取时间</td><td>2010 年 4 月 21 日</td></tr>
<tr><td rowspan="2">全景照片</td><td colspan="2"></td></tr>
<tr><td>获取时间</td><td>2010 年 8 月 8 日</td></tr>
<tr><td>建档时间</td><td colspan="2">2012 年 11 月</td></tr>
<tr><td>建档单位</td><td colspan="2">中国海洋大学河口海岸带研究所</td></tr>
</table>

威海瓦屋口—金角港沙滩

沙滩全名	威海荣成市瓦屋口—金角港沙滩
基本情况	中心位置 37°11′57. 24″N，122°36′25. 01″E，沙滩长度 2. 28 km，沙滩宽度 48 m
沙滩现状	（1）沙滩未作为旅游资源开发和保护； （2）沙滩东侧为码头，沙滩东段有瓦屋石渔业公司建设的码头；沙滩的西段为海岬，滩肩上建有渔业公司的厂房；中段为平整后的海带晾晒场地同时建有养殖池，近岸水域是海带养殖区； （3）沙滩侵蚀较为严重，后滨可见明显的侵蚀陡坎
遥感影像	
获取时间	2010 年 4 月 25 日
 全景照片	
获取时间	2010 年 8 月 7 日
建档时间	2012 年 11 月
建档单位	中国海洋大学河口海岸带研究所

威海爱连沙滩

<table>
<tr><td>沙滩全名</td><td colspan="2">威海荣成市爱连沙滩</td></tr>
<tr><td>基本情况</td><td colspan="2">中心位置 37°11′25.85″N，122°34′41.80″E，沙滩长度 0.72 km，沙滩宽度 19 m</td></tr>
<tr><td>沙滩现状</td><td colspan="2">（1）沙滩未作为旅游资源开发和保护；
（2）沙滩的后滨建有工厂，海洋产品工厂的码头将沙滩分割为东西两段；
（3）沙滩有明显的侵蚀现象，高潮时，海水可达到海产品工厂的围墙之上</td></tr>
<tr><td rowspan="2">遥感影像</td><td colspan="2"></td></tr>
<tr><td>获取时间</td><td>2010 年 4 月 21 日</td></tr>
<tr><td rowspan="2">全景照片</td><td colspan="2"></td></tr>
<tr><td>获取时间</td><td>2010 年 8 月 7 日</td></tr>
<tr><td>建档时间</td><td colspan="2">2012 年 11 月</td></tr>
<tr><td>建档单位</td><td colspan="2">中国海洋大学河口海岸带研究所</td></tr>
</table>

威海张家沙滩

<table>
<tr><td colspan="2">沙滩全名</td><td>威海荣成市张家沙滩</td></tr>
<tr><td colspan="2">基本情况</td><td>中心位置 37°10′37.53″N，122°33′26.16″E，沙滩长度 1.88 km，沙滩宽度 32 m</td></tr>
<tr><td>沙滩现状</td><td colspan="2">（1）沙滩未作为旅游资源开发和保护；
（2）沙滩的北部为基岩，坐落有村庄（楚家）；沙滩的南部为一河口，发育河口沙坝；近海海面为养殖区；中段沙滩的后滨建有养殖池，滩面有多条排污管道；滩肩破坏严重，滩肩后为当地养殖厂；
（3）沙滩南段河口北部岸段侵蚀严重，可见明显的侵蚀陡坎</td></tr>
<tr><td rowspan="2">遥感影像</td><td colspan="2"></td></tr>
<tr><td>获取时间</td><td>2010 年 4 月 21 日</td></tr>
<tr><td rowspan="2">全景照片</td><td colspan="2"></td></tr>
<tr><td>获取时间</td><td>2010 年 8 月 6 日</td></tr>
<tr><td colspan="2">建档时间</td><td>2012 年 11 月</td></tr>
<tr><td colspan="2">建档单位</td><td>中国海洋大学河口海岸带研究所</td></tr>
</table>

威海荣成海滨公园沙滩

<table>
<tr><td colspan="2">沙滩全名</td><td colspan="2">威海荣成市海滨公园沙滩</td></tr>
<tr><td colspan="2">基本情况</td><td colspan="2">中心位置 37°08′07.41″N，122°28′24.61″E，沙滩长度 6.14 km，沙滩宽度 78 m</td></tr>
<tr><td colspan="2">沙滩现状</td><td colspan="2">（1）该沙滩作为荣成市著名的海水浴场，受到荣成市政府的高度重视和保护，开发利用程度较高，周边旅游配套设施齐全，交通便利。旅游季节人流量较大，沙滩自然形态遭到破坏，但沙滩上垃圾可得到及时清理，较为干净，沙滩中西段部分经过人工补沙；
（2）沙滩自然状态较差，人工扰动较大。北段为码头，码头内侧有水泥围墙砌成的养殖池。南段有一座小型码头，南部为河口湾入海口，发育大量的河口沙坝。南段沙滩上的养殖池塘正在被填埋，将建成滨海公园的一部分。南段沙滩后正在建设度假村和酒店；
（3）沙滩未见侵蚀现象</td></tr>
<tr><td rowspan="2">遥感影像</td><td colspan="3"></td></tr>
<tr><td colspan="2">获取时间</td><td>2010 年 4 月 21 日</td></tr>
<tr><td rowspan="2">全景照片</td><td colspan="3"></td></tr>
<tr><td colspan="2">获取时间</td><td>2010 年 8 月 5 日</td></tr>
<tr><td colspan="2">建档时间</td><td colspan="2">2012 年 11 月</td></tr>
<tr><td colspan="2">建档单位</td><td colspan="2">中国海洋大学河口海岸带研究所</td></tr>
</table>

威海马家寨沙滩

沙滩全名	威海荣成市马家寨沙滩
基本情况	中心位置 37°01′28.42″N，122°29′02.49″E，沙滩长度 1.04 km，沙滩宽度 20 m
沙滩现状	（1）沙滩未作为旅游资源开发和保护； （2）沙滩的西北端是发育的沙嘴，整个沙滩后滨遍布养殖池，滩面垃圾较多； （3）沙滩未见明显的侵蚀现象
遥感影像	
获取时间	2010 年 4 月 25 日
全景照片 	
获取时间	2010 年 8 月 3 日
建档时间	2012 年 11 月
建档单位	中国海洋大学河口海岸带研究所

威海马家寨东沙滩

<table>
<tr><td colspan="2">沙滩全名</td><td colspan="2">威海荣成市马家寨东沙滩</td></tr>
<tr><td colspan="2">基本情况</td><td colspan="2">中心位置 37°01′37.01″N，122°30′32.09″E，沙滩长度 0.9 km，沙滩宽度 26 m</td></tr>
<tr><td>沙滩现状</td><td colspan="3">（1）沙滩未作为旅游资源开发和保护；
（2）沙滩的东端有一座小的码头，西端有一座大型码头，码头东侧为养殖池。沙滩后滨是海带的晾晒场地，沙滩有一条垃圾带，滩面砾石较多；
（3）该沙滩未见明显的侵蚀现象</td></tr>
<tr><td rowspan="2">遥感影像</td><td colspan="3"></td></tr>
<tr><td colspan="2">获取时间</td><td>2010 年 4 月 21 日</td></tr>
<tr><td rowspan="2">全景照片</td><td colspan="3"></td></tr>
<tr><td colspan="2">获取时间</td><td>2010 年 8 月 3 日</td></tr>
<tr><td colspan="2">建档时间</td><td colspan="2">2012 年 11 月</td></tr>
<tr><td colspan="2">建档单位</td><td colspan="2">中国海洋大学河口海岸带研究所</td></tr>
</table>

威海东褚岛沙滩

<table>
<tr><td>沙滩全名</td><td colspan="2">威海荣成市东褚岛沙滩</td></tr>
<tr><td>基本情况</td><td colspan="2">中心位置 37°01′58.55″N，122°32′09.18″E，沙滩长度 0.58 km，沙滩宽度 20 m</td></tr>
<tr><td>沙滩现状</td><td colspan="2">（1）沙滩未作为旅游资源开发和保护；
（2）沙滩的东段建有养殖池，基本无滩肩发育。后滨为民房，高潮时海水可淹没一定高度的民房，部分岸段后滨建有养殖池；
（3）沙滩侵蚀严重，西段可见明显的侵蚀陡坎，侵蚀陡坎处有堆砌的巨石</td></tr>
<tr><td rowspan="2">遥感影像</td><td colspan="2"></td></tr>
<tr><td>获取时间</td><td>2010 年 4 月 21 日</td></tr>
<tr><td rowspan="2">全景照片</td><td colspan="2"></td></tr>
<tr><td>获取时间</td><td>2010 年 8 月 2 日</td></tr>
<tr><td>建档时间</td><td colspan="2">2012 年 11 月</td></tr>
<tr><td>建档单位</td><td colspan="2">中国海洋大学河口海岸带研究所</td></tr>
</table>

威海褚岛东沙滩

沙滩全名		威海荣成市褚岛东沙滩
基本情况		中心位置 37°02′33.80″N，122°33′25.43″E，沙滩长度 0.51 km，沙滩宽度 28 m
沙滩现状		（1）沙滩未作为旅游资源开发和保护； （2）该沙滩自然状况较好，沙滩的西南端建有码头，部分岸段前滨有礁石出露； （3）沙滩无明显的侵蚀现象
遥感影像		
	获取时间	2010 年 4 月 21 日
全景照片		
	获取时间	2010 年 8 月 2 日
建档时间		2012 年 11 月
建档单位		中国海洋大学河口海岸带研究所

威海白席沙滩

<table>
<tr><td>沙滩全名</td><td colspan="2">威海荣成市白席沙滩</td></tr>
<tr><td>基本情况</td><td colspan="2">中心位置 37°02′27.40″N，122°34′06.18″E，沙滩长度 0.43 km，沙滩宽度 29 m</td></tr>
<tr><td>沙滩现状</td><td colspan="2">（1）沙滩未作为旅游资源开发和保护；
（2）沙滩的自然状况较好，人为扰动很少，后滨是海带的晾晒场地；
（3）沙滩无明显的侵蚀现象</td></tr>
<tr><td rowspan="2">遥感影像</td><td colspan="2"></td></tr>
<tr><td>获取时间</td><td>2010 年 4 月 21 日</td></tr>
<tr><td rowspan="2">全景照片</td><td colspan="2"></td></tr>
<tr><td>获取时间</td><td>2010 年 8 月 2 日</td></tr>
<tr><td>建档时间</td><td colspan="2">2012 年 11 月</td></tr>
<tr><td>建档单位</td><td colspan="2">中国海洋大学河口海岸带研究所</td></tr>
</table>

威海红岛圈沙滩

沙滩全名	威海荣成市红岛圈沙滩
基本情况	中心位置 37°02′18.51″N，122°34′09.86″E，沙滩长度 0.65 km，沙滩宽度 20 m
沙滩现状	（1）沙滩未作为旅游资源开发和保护； （2）沙滩自然状况良好，滩面和前滨均有礁石出露； （3）未见明显的侵蚀现象
遥感影像	
获取时间	2010 年 4 月 21 日
全景照片	
获取时间	2010 年 8 月 2 日
建档时间	2012 年 11 月
建档单位	中国海洋大学河口海岸带研究所

威海马栏阱—褚岛沙滩

沙滩全名	威海荣成市马栏阱—褚岛沙滩
基本情况	中心位置 37°01′59.49″N，122°32′46.31″E，沙滩长度 3.16 km，沙滩宽度 120 m
沙滩现状	（1）沙滩未作为旅游资源开发和保护； （2）沙滩的东北端是褚岛，西南端为基岩，内侧有小型养殖池。滩肩发育不均，东段东北端沙滩无滩肩发育，高潮线后为防护林和公路，西南端沙滩滩肩发育，滩肩建有风力发电站的基站数座； （3）沙滩无明显的侵蚀现象
遥感影像	
获取时间	2010 年 4 月 21 日
全景照片	
获取时间	2010 年 7 月 31 日
建档时间	2012 年 11 月
建档单位	中国海洋大学河口海岸带研究所

威海小井石沙滩

<table>
<tr><td colspan="2">沙滩全名</td><td colspan="2">威海荣成市小井石沙滩</td></tr>
<tr><td colspan="2">基本情况</td><td colspan="2">中心位置 36°58′50.64″N，122°32′14.63″E，沙滩长度 0.46 km，沙滩宽度 35 m</td></tr>
<tr><td>沙滩现状</td><td colspan="3">（1）沙滩未作为旅游资源开发和保护；
（2）沙滩自然状况较差，滩面被分割成数座养殖池，滩面遍布砾石、垃圾、废弃的渔船；
（3）沙滩有侵蚀现象，后滨滩肩位置有堆砌的圆形水泥块做护岸使用</td></tr>
<tr><td rowspan="2">遥感影像</td><td colspan="3"></td></tr>
<tr><td colspan="2">获取时间</td><td>2010 年 4 月 21 日</td></tr>
<tr><td rowspan="2">全景照片</td><td colspan="3"></td></tr>
<tr><td colspan="2">获取时间</td><td>2010 年 7 月 30 日</td></tr>
<tr><td colspan="2">建档时间</td><td colspan="2">2012 年 11 月</td></tr>
<tr><td colspan="2">建档单位</td><td colspan="2">中国海洋大学河口海岸带研究所</td></tr>
</table>

威海乱石圈沙滩

<table>
<tr><td>沙滩全名</td><td colspan="2">威海荣成市乱石圈沙滩</td></tr>
<tr><td>基本情况</td><td colspan="2">中心位置 36°58′09.67″N，122°31′53.71″E，沙滩长度 0.58 km，沙滩宽度 43 m</td></tr>
<tr><td>沙滩现状</td><td colspan="2">（1）沙滩未作为旅游资源开发和保护；
（2）沙滩的东北端为威海港务局南大坝，西南为养殖码头，整个沙滩已由个人承包，用于养殖蛤、海参等。沙滩无滩肩发育，后滨被建成育苗池、海带加工厂等，滩面有铺设的养殖池给水和排污管道。沙滩垃圾较少，偶见鸟类栖息；
（3）沙滩无明显的侵蚀现象</td></tr>
<tr><td rowspan="2">遥感影像</td><td colspan="2"></td></tr>
<tr><td>获取时间</td><td>2010 年 4 月 21 日</td></tr>
<tr><td rowspan="2">全景照片</td><td colspan="2"></td></tr>
<tr><td>获取时间</td><td>2010 年 7 月 30 日</td></tr>
<tr><td>建档时间</td><td colspan="2">2012 年 11 月</td></tr>
<tr><td>建档单位</td><td colspan="2">中国海洋大学河口海岸带研究所</td></tr>
</table>

威海东镆铘沙滩

<table>
<tr><td>沙滩全名</td><td colspan="2">威海荣成市东镆铘沙滩</td></tr>
<tr><td>基本情况</td><td colspan="2">中心位置 36°57′09.83″N，122°31′13.24″E，沙滩长度 3.95 km，沙滩宽度 39 m</td></tr>
<tr><td>沙滩现状</td><td colspan="2">（1）沙滩未作为旅游资源开发和保护；
（2）沙滩的南北两端为人工养殖池，其中北侧养殖池的外侧堆有乱石防护。整个沙滩，大部分滩面已被分割建成海产品养殖池，部分岸段滩面可见巨砾，滩肩之后建有海带加工厂；
（3）沙滩无明显的侵蚀现象，部分有滩肩后有风成沙丘的岸段，风成沙丘根部无侵蚀特征</td></tr>
<tr><td rowspan="2">遥感影像</td><td colspan="2"></td></tr>
<tr><td>获取时间</td><td>2010 年 4 月 21 日</td></tr>
<tr><td rowspan="2">全景照片</td><td colspan="2"></td></tr>
<tr><td>获取时间</td><td>2010 年 7 月 30 日</td></tr>
<tr><td>建档时间</td><td colspan="2">2012 年 11 月</td></tr>
<tr><td>建档单位</td><td colspan="2">中国海洋大学河口海岸带研究所</td></tr>
</table>

威海镆铘岛沙滩

<table>
<tr><td>沙滩全名</td><td colspan="2">威海荣成市镆铘岛沙滩</td></tr>
<tr><td>基本情况</td><td colspan="2">中心位置 36°53′55.02″N，122°29′53.01″E，沙滩长度 0.69 km，沙滩宽度 40 m</td></tr>
<tr><td>沙滩现状</td><td colspan="2">（1）沙滩未作为旅游资源开发和保护；
（2）沙滩的东北端与西南端均为海岬。东北端沙滩建有养殖池，养殖池的西侧有一河流入海。滩肩不发育，滩肩后为风成沙丘，沙丘后为灌木林，是附近村庄的坟场，在激浪带有礁石出露；
（3）东北端养殖池侵蚀特征明显</td></tr>
<tr><td rowspan="2">遥感影像</td><td colspan="2"></td></tr>
<tr><td>获取时间</td><td>2010 年 4 月 21 日</td></tr>
<tr><td rowspan="2">全景照片</td><td colspan="2"></td></tr>
<tr><td>获取时间</td><td>2010 年 7 月 29 日</td></tr>
<tr><td>建档时间</td><td colspan="2">2012 年 11 月</td></tr>
<tr><td>建档单位</td><td colspan="2">中国海洋大学河口海岸带研究所</td></tr>
</table>

威海石岛湾沙滩

<table>
<tr><td>沙滩全名</td><td colspan="2">威海荣成市石岛湾沙滩</td></tr>
<tr><td>基本情况</td><td colspan="2">中心位置 36°55′10.42″N，122°25′04.75″E，沙滩长度 1.64 km，沙滩宽度 61 m</td></tr>
<tr><td>沙滩现状</td><td colspan="2">（1）沙滩是荣成市石岛管理区重要的海水浴场，后滨建有配套的娱乐设施；
（2）沙滩的西南端为凤凰湖闸门，东端为游船码头，滩肩发育，其后为风成沙丘，风成沙丘后为环海公路；
（3）沙滩东段侵蚀严重，先是巨石护岸，后改为水泥护岸</td></tr>
<tr><td rowspan="2">遥感影像</td><td colspan="2"></td></tr>
<tr><td>获取时间</td><td>2010 年 4 月 25 日</td></tr>
<tr><td rowspan="2">全景照片</td><td colspan="2"></td></tr>
<tr><td>获取时间</td><td>2010 年 6 月 25 日</td></tr>
<tr><td>建档时间</td><td colspan="2">2012 年 11 月</td></tr>
<tr><td>建档单位</td><td colspan="2">中国海洋大学河口海岸带研究所</td></tr>
</table>

威海石岛宾馆沙滩

沙滩全名	威海荣成市石岛宾馆沙滩
基本情况	中心位置 36°52′34.65″N，122°25′57.01″E，沙滩长度 0.2 km，沙滩宽度 49 m
沙滩现状	（1）沙滩位于石岛宾馆内，建有泳池，沙滩排球等沙滩娱乐设施； （2）沙滩的两端有礁石出露，落潮时可露出海面； （3）沙滩无明显的侵蚀现象
遥感影像	
获取时间	2010 年 5 月 21 日
全景照片 	
获取时间	2010 年 6 月 20 日
建档时间	2012 年 11 月
建档单位	中国海洋大学河口海岸带研究所

威海东泉沙滩

<table>
<tr><td>沙滩全名</td><td colspan="2">威海荣成市东泉沙滩</td></tr>
<tr><td>基本情况</td><td colspan="2">中心位置 36°50′28.83″N，122°21′01.60″E，沙滩长度 1.42 km，沙滩宽度 43 m</td></tr>
<tr><td>沙滩现状</td><td colspan="2">（1）沙滩未作为旅游资源开发和保护；
（2）沙滩的两段均为基岩，且有植被覆盖。沙滩中间有基岩，将沙滩隔为两端，外海有大片海带养殖场；
（3）沙滩无明显的侵蚀特征</td></tr>
<tr><td rowspan="2">遥感影像</td><td colspan="2"></td></tr>
<tr><td>获取时间</td><td>2010 年 4 月 25 日</td></tr>
<tr><td rowspan="2">全景照片</td><td colspan="2"></td></tr>
<tr><td>获取时间</td><td>2010 年 6 月 21 日</td></tr>
<tr><td>建档时间</td><td colspan="2">2012 年 11 月</td></tr>
<tr><td>建档单位</td><td colspan="2">中国海洋大学河口海岸带研究所</td></tr>
</table>

威海西海崖沙滩

沙滩全名	威海荣成市西海崖沙滩
基本情况	中心位置 36°50′22. 93″N，122°19′27. 27″E，沙滩长度 1. 38 km，沙滩宽度 54 m
沙滩现状	（1）沙滩未作为旅游资源开发和保护； （2）沙滩东北侧为岬角，内有朱口码头，西南侧为沙口码头。沙滩滩肩发育，滩肩后为风成沙丘，风成沙丘上植被覆盖度较高，风成沙丘后为植被带，植被带后为一条公路（乡道）。滩面上有三条砾石带、两条污水沟，且有基岩出露，近海水面为海带养殖区。沙滩生活垃圾较少； （3）沙滩无明显的侵蚀现象
遥感影像	
获取时间	2010 年 4 月 25 日
 全景照片	
获取时间	2010 年 6 月 21 日
建档时间	2012 年 11 月
建档单位	中国海洋大学河口海岸带研究所

威海山西头沙滩

<table>
<tr><td colspan="2">沙滩全名</td><td>威海荣成市山西头沙滩</td></tr>
<tr><td colspan="2">基本情况</td><td>中心位置 36°50′44.38″N，122°15′56.08″E，沙滩长度 0.32 km，沙滩宽度 17 m</td></tr>
<tr><td>沙滩现状</td><td colspan="2">（1）沙滩未作为旅游资源开发和保护；
（2）沙滩的两端各有一座码头；
（3）沙滩后滨可见侵蚀陡坎，侵蚀现象明显</td></tr>
<tr><td rowspan="2">遥感影像</td><td colspan="2"></td></tr>
<tr><td>获取时间</td><td>2010 年 4 月 21 日</td></tr>
<tr><td rowspan="2">全景照片</td><td colspan="2"></td></tr>
<tr><td>获取时间</td><td>2010 年 6 月 23 日</td></tr>
<tr><td colspan="2">建档时间</td><td>2012 年 11 月</td></tr>
<tr><td colspan="2">建档单位</td><td>中国海洋大学河口海岸带研究所</td></tr>
</table>

威海靖海卫沙滩

<table>
<tr><td>沙滩全名</td><td colspan="2">威海荣成市靖海卫沙滩</td></tr>
<tr><td>基本情况</td><td colspan="2">中心位置 36°50′56. 49″N，122°12′11. 14″E，沙滩长度 2. 92 km，沙滩宽度 45 m</td></tr>
<tr><td>沙滩现状</td><td colspan="2">（1）沙滩未作为旅游资源开发和保护；
（2）沙滩由于基岩的出露分割，分为东、中、西三段。东段沙滩东北端为突堤，此段沙滩可见挖砂现象，西南端为养殖场，此段沙滩的后滨建有养殖池，生活垃圾较多；中段沙滩西端及沙滩的风成沙丘后均为养殖池，东端为大片的坟场；西段沙滩西端为岬角，沙滩的中央位置正在修建船坞，东端滩面上有多条养殖池的排污及给水管道；
（3）东段可见侵蚀陡坎，中段沙滩滩肩较窄，具有明显的侵蚀特征，侵蚀陡坎约 1. 5 m，西段沙滩滩肩不发育，有明显的侵蚀特征</td></tr>
<tr><td rowspan="2">遥感影像</td><td colspan="2"></td></tr>
<tr><td>获取时间</td><td>2010 年 4 月 25 日</td></tr>
<tr><td rowspan="2">全景照片</td><td colspan="2"></td></tr>
<tr><td>获取时间</td><td>2010 年 6 月 23 日</td></tr>
<tr><td>建档时间</td><td colspan="2">2012 年 11 月</td></tr>
<tr><td>建档单位</td><td colspan="2">中国海洋大学河口海岸带研究所</td></tr>
</table>

威海港南沙滩

<table>
<tr><td colspan="2">沙滩全名</td><td colspan="2">威海文登市港南沙滩</td></tr>
<tr><td colspan="2">基本情况</td><td colspan="2">中心位置 36°57′10.13″N，122°05′54.97″E，沙滩长度 1.55 km，沙滩宽度 17 m</td></tr>
<tr><td>沙滩现状</td><td colspan="3">（1）沙滩未作为旅游资源开发和保护；
（2）沙滩东北端有一河口，后滨建有养殖池，西南端建有码头；
（3）沙滩有砂质沙滩正向泥质沙滩退化</td></tr>
<tr><td rowspan="2">遥感影像</td><td colspan="3"></td></tr>
<tr><td colspan="2">获取时间</td><td>2010 年 4 月 21 日</td></tr>
<tr><td rowspan="2">全景照片</td><td colspan="3"></td></tr>
<tr><td colspan="2">获取时间</td><td>2010 年 6 月 22 日</td></tr>
<tr><td colspan="2">建档时间</td><td colspan="2">2012 年 11 月</td></tr>
<tr><td colspan="2">建档单位</td><td colspan="2">中国海洋大学河口海岸带研究所</td></tr>
</table>

威海南辛庄沙滩

沙滩全名	威海文登市南辛庄沙滩
基本情况	中心位置36°55′12.20″N，122°04′33.30″E，沙滩长度1.93 km，沙滩宽度71 m
沙滩现状	（1）沙滩未作为旅游资源开发和利用； （2）沙滩的东段为海岬，西段为养殖池，均有大片礁石出露。滩肩后有高约1 m的风成沙丘，风成沙丘后有养殖池和养殖厂房，风成沙丘有植被覆盖。沙滩垃圾较多，有多个高2～2.5 m的砾石堆。沙滩的中部有一条小河入海，是南辛庄村的生活污水的入海通道； （3）沙滩东段滩肩可见明显的侵蚀陡坎，但陡坎高度较低约20 cm
遥感影像	
获取时间	2010年4月25日
全景照片	
获取时间	2010年6月22日
建档时间	2012年11月
建档单位	中国海洋大学河口海岸带研究所

威海前岛沙滩

沙滩全名	威海文登市前岛沙滩
基本情况	中心位置 36°54′28.20″N，122°02′33.81″E，沙滩长度 1.02 km，沙滩宽度 50 m
沙滩现状	（1）沙滩未作为旅游资源开发和保护； （2）沙滩东北端建有养殖池，西南端建有码头，正由砂质沙滩退化为淤泥质沙滩； （3）沙滩侵蚀严重，后滨可见残破的挡浪胸墙
遥感影像	
获取时间	2010 年 4 月 21 日
全景照片	
获取时间	2010 年 6 月 22 日
建档时间	2012 年 11 月
建档单位	中国海洋大学河口海岸带研究所

威海文登金滩

<table>
<tr><td>沙滩全名</td><td colspan="2">威海文登市文登金滩</td></tr>
<tr><td>基本情况</td><td colspan="2">中心位置 36°55′47.32″N，121°54′19.70″E，沙滩长度 8.75 km，沙滩宽度 45 m</td></tr>
<tr><td>沙滩现状</td><td colspan="2">(1) 沙滩为文登金滩，又名浪暖口沙滩，后滨建有假日酒店及配套的娱乐设施；
(2) 沙滩东段建有养殖池，有挖砂现象，滩面可见近海挖砂船的输沙管线。沙滩西段后滨为风成沙丘，沙丘为养殖池，滩面建有给水排水管道；
(3) 沙滩侵蚀严重，滩肩位置可见明显的侵蚀陡坎，部分侵蚀严重的岸段向陆侵蚀到达娱乐设施位置</td></tr>
<tr><td rowspan="2">遥感影像</td><td colspan="2"></td></tr>
<tr><td>获取时间</td><td>2010 年 4 月 25 日</td></tr>
<tr><td rowspan="2">全景照片</td><td colspan="2"></td></tr>
<tr><td>获取时间</td><td>2012 年 6 月 14 日</td></tr>
<tr><td>建档时间</td><td colspan="2">2012 年 11 月</td></tr>
<tr><td>建档单位</td><td colspan="2">中国海洋大学河口海岸带研究所</td></tr>
</table>

威海白浪沙滩

<table>
<tr><td colspan="2">沙滩全名</td><td>威海乳山市白浪沙滩</td></tr>
<tr><td colspan="2">基本情况</td><td>中心位置36°54′06.09″N，121°48′57.49″E，沙滩长度8.26 km，沙滩宽度82 m</td></tr>
<tr><td>沙滩现状</td><td colspan="2">（1）沙滩未作为旅游资源开发和保护；
（2）沙滩东北端为码头，正在扩建中；中部有一河流入海口，入海口两侧的沙丘有明显的侵蚀特征，可见侵蚀陡坎；西端为养殖池，有礁石出露。沙滩滩肩后为风成沙丘，风成沙丘上植被覆盖度较高。西南段沙滩滩肩的沙丘建有通道及观景台等娱乐设施，风成沙丘后为乔木林。中段沙滩后滨建有养殖池，滩面上可见多条养殖池排污与给水管道；
（3）沙滩中段侵蚀严重，可见明显的侵蚀陡坎</td></tr>
<tr><td rowspan="2">遥感影像</td><td colspan="2"></td></tr>
<tr><td>获取时间</td><td>2010年4月25日</td></tr>
<tr><td rowspan="2">全景照片</td><td colspan="2"></td></tr>
<tr><td>获取时间</td><td>2010年6月10日</td></tr>
<tr><td colspan="2">建档时间</td><td>2012年11月</td></tr>
<tr><td colspan="2">建档单位</td><td>中国海洋大学河口海岸带研究所</td></tr>
</table>

威海仙人湾沙滩

<table>
<tr><td>沙滩全名</td><td colspan="2">威海乳山市仙人湾沙滩</td></tr>
<tr><td>基本情况</td><td colspan="2">中心位置 36°50′22.42″N，121°44′00.04″E，沙滩长度 1.63 km，沙滩宽度 49 m</td></tr>
<tr><td>沙滩现状</td><td colspan="2">（1）沙滩未作为旅游资源开发和利用；
（2）西南端为海岬，有较多的植被覆盖，可见礁石出露。沙滩西南端有一河流入海，东北部为突堤，东北端被高尔夫球场所围。滩肩后为风成沙丘，有人工改造现象。风成沙丘上覆盖草本植物，覆盖度较高，沙丘后为人工松树林；
（3）沙滩侵蚀明显，沙丘根部可见明显的侵蚀陡坎</td></tr>
<tr><td rowspan="2">遥感影像</td><td colspan="2"></td></tr>
<tr><td>获取时间</td><td>2010 年 4 月 25 日</td></tr>
<tr><td rowspan="2">全景照片</td><td colspan="2"></td></tr>
<tr><td>获取时间</td><td>2010 年 6 月 10 日</td></tr>
<tr><td>建档时间</td><td colspan="2">2012 年 11 月</td></tr>
<tr><td>建档单位</td><td colspan="2">中国海洋大学河口海岸带研究所</td></tr>
</table>

威海乳山银滩

<table>
<tr><td colspan="2">沙滩全名</td><td>威海乳山市乳山银滩</td></tr>
<tr><td colspan="2">基本情况</td><td>中心位置 36°49′24.96″N，121°39′59.47″E，沙滩长度 8.89 km，沙滩宽度 100 m</td></tr>
<tr><td>沙滩现状</td><td colspan="2">（1）乳山银滩被誉为“天下第一滩”、“东方夏威夷”。景区内有潮汐湖游艇度假中心，有珍珠湾、白浪湾、宫家岛国际俱乐部、三观亭、仙人桥、福如东海文化园、高尔夫球场、国际赛车场、海上游乐场、海防松林等自然景观和人文景观，是天然的投资、就业、居住、旅游度假的胜地；
（2）海岸的西南端是河流入海口，在沙滩的中段另有两条小的河流入海，沙滩的后滨建有挡浪胸墙。东北段沙滩前后滨平缓，滩肩后为湿地地貌，长有芦苇，建有观景台，沙滩有明显的侵蚀特征。中段沙滩滩肩后为风成沙丘，沙丘上植被覆盖度较高；
（3）东北段沙滩有明显的侵蚀痕迹</td></tr>
<tr><td rowspan="2">遥感影像</td><td colspan="2"></td></tr>
<tr><td>获取时间</td><td>2010 年 4 月 20 日</td></tr>
<tr><td rowspan="2">全景照片</td><td colspan="2"></td></tr>
<tr><td>获取时间</td><td>2010 年 6 月 5 日</td></tr>
<tr><td colspan="2">建档时间</td><td>2012 年 11 月</td></tr>
<tr><td colspan="2">建档单位</td><td>中国海洋大学河口海岸带研究所</td></tr>
</table>

威海驳网沙滩

<table>
<tr><td colspan="2">沙滩全名</td><td colspan="2">威海乳山市驳网沙滩</td></tr>
<tr><td colspan="2">基本情况</td><td colspan="2">中心位置 36°46′01.85″N，121°37′23.32″E，沙滩长度 0.84 km，沙滩宽度 37 m</td></tr>
<tr><td>沙滩现状</td><td colspan="3">（1）沙滩未作为旅游资源开发和保护；
（2）沙滩呈南北走向，南端为南泓码头，北端为船坞码头，中部有一座小码头。后滨建有水泥石块砌成的挡浪胸墙，无滩肩发育；
（3）沙滩侵蚀严重，码头及人工建筑物可见明显的侵蚀特征</td></tr>
<tr><td rowspan="2">遥感影像</td><td colspan="3"></td></tr>
<tr><td colspan="2">获取时间</td><td>2010 年 4 月 20 日</td></tr>
<tr><td rowspan="2">全景照片</td><td colspan="3"></td></tr>
<tr><td colspan="2">获取时间</td><td>2010 年 6 月 6 日</td></tr>
<tr><td colspan="2">建档时间</td><td colspan="2">2012 年 11 月</td></tr>
<tr><td colspan="2">建档单位</td><td colspan="2">中国海洋大学河口海岸带研究所</td></tr>
</table>

威海大乳山沙滩

<table>
<tr><td>沙滩全名</td><td colspan="2">威海乳山市大乳山沙滩</td></tr>
<tr><td>基本情况</td><td colspan="2">中心位置 36°46′17.57″N，121°30′05.27″E，沙滩长度 0.55 km，沙滩宽度 91 m</td></tr>
<tr><td>沙滩现状</td><td colspan="2">（1）大乳山沙滩位于山东威海乳山市大乳山周围，是一处集观光旅游、休闲度假、文化娱乐、养生康体，以及包括旅游房地产开发在内的综合性大型旅游胜地，是目前山东省在建规模最大的综合度假区，也是中国第一个以“母爱、爱母”为文化主题的大型综合旅游度假区；
（2）沙滩的两端为岬角，西部植被覆盖度较高，东部为人造观海台，中部建有沙滩娱乐设施。娱乐设施后为丘陵，植被覆盖较高。整个沙滩被开发为“沙吧”；
（3）沙滩未见明显的侵蚀现象</td></tr>
<tr><td rowspan="2">遥感影像</td><td colspan="2"></td></tr>
<tr><td>获取时间</td><td>2010 年 4 月 20 日</td></tr>
<tr><td rowspan="2">全景照片</td><td colspan="2"></td></tr>
<tr><td>获取时间</td><td>2010 年 6 月 8 日</td></tr>
<tr><td>建档时间</td><td colspan="2">2012 年 11 月</td></tr>
<tr><td>建档单位</td><td colspan="2">中国海洋大学河口海岸带研究所</td></tr>
</table>

烟台桃源沙滩

沙滩全名	烟台海阳市桃源沙滩
基本情况	中心位置36°46′15.80″N，121°27′57.91″E，沙滩长度0.36 km，沙滩宽度39 m
沙滩现状	（1）沙滩未作为旅游资源开发和保护； （2）沙滩西段滩面被分割成养殖池，养殖池东侧滩面有礁石出露； （3）沙滩未见明显的侵蚀特征
遥感影像	
获取时间	2010年4月23日
全景照片 	
获取时间	2010年5月31日
建档时间	2012年11月
建档单位	中国海洋大学河口海岸带研究所

烟台梁家沙滩

沙滩全名	烟台海阳市梁家沙滩
基本情况	中心位置36°45′38.72″N，121°24′14.35″E，沙滩长度0.6 km，沙滩宽度55 m
沙滩现状	（1）沙滩未作为旅游资源开发和保护； （2）沙滩滩面建有养殖池，中部滩面有养殖池排污管道； （3）沙滩侵蚀明显，可见滩肩的侵蚀陡坎
遥感影像	
获取时间	2010年4月23日
全景照片 	
获取时间	2010年5月31日
建档时间	2012年11月
建档单位	中国海洋大学河口海岸带研究所

烟台大辛家沙滩

<table>
<tr><td colspan="2">沙滩全名</td><td>烟台海阳市大辛家沙滩</td></tr>
<tr><td colspan="2">基本情况</td><td>中心位置 36°44′40.22″N，121°22′52.65″E，沙滩长度 1.7 km，沙滩宽度 95 m</td></tr>
<tr><td>沙滩现状</td><td colspan="2">（1）沙滩未作为旅游资源开发和保护；
（2）沙滩的东北端为码头，西南端为丁坝。滩肩后为人工沙丘，有草本植物覆盖，人工沙丘后为养殖池。后滨坡度较大，滩面上有多条养殖池的排污和给水管道；
（3）沙滩未见明显的侵蚀痕迹</td></tr>
<tr><td rowspan="2">遥感影像</td><td colspan="2"></td></tr>
<tr><td>获取时间</td><td>2010 年 4 月 20 日</td></tr>
<tr><td rowspan="2">全景照片</td><td colspan="2"></td></tr>
<tr><td>获取时间</td><td>2010 年 5 月 28 日</td></tr>
<tr><td colspan="2">建档时间</td><td>2012 年 11 月</td></tr>
<tr><td colspan="2">建档单位</td><td>中国海洋大学河口海岸带研究所</td></tr>
</table>

烟台远牛沙滩

<table>
<tr><td>沙滩全名</td><td colspan="2">烟台海阳市远牛沙滩</td></tr>
<tr><td>基本情况</td><td colspan="2">中心位置36°43′05.49″N，121°19′38.77″E，沙滩长度4.5 km，沙滩宽度70 m</td></tr>
<tr><td>沙滩现状</td><td colspan="2">（1）沙滩未作为旅游沙滩开发和保护；
（2）沙滩西端建有养殖池，养殖池位于前滨位置；沙滩的东端是河流入海口，滩肩后为风成沙丘，风成沙丘为草本植物所覆盖，其后建有养殖池和海产加工厂。滩面上有多条养殖池的给水与排污管道，垃圾较少；
（3）沙滩未见明显的侵蚀特征</td></tr>
<tr><td rowspan="2">遥感影像</td><td colspan="2"></td></tr>
<tr><td>获取时间</td><td>2010年4月23日</td></tr>
<tr><td rowspan="2">全景照片</td><td colspan="2"></td></tr>
<tr><td>获取时间</td><td>2010年5月27日</td></tr>
<tr><td>建档时间</td><td colspan="2">2012年11月</td></tr>
<tr><td>建档单位</td><td colspan="2">中国海洋大学河口海岸带研究所</td></tr>
</table>

烟台高家庄沙滩

<table>
<tr><td>沙滩全名</td><td colspan="2">烟台海阳市高家庄沙滩</td></tr>
<tr><td>基本情况</td><td colspan="2">中心位置 36°42′20.75″N，121°16′14.97″E，沙滩长度 6.6 km，沙滩宽度 61 m</td></tr>
<tr><td>沙滩现状</td><td colspan="2">（1）沙滩未作为旅游资源开发和保护；
（2）沙滩东北端为河口，西端为码头，滩面有礁石，沙滩后建有养殖池；西段沙滩滩肩人工扰动较大，有挖砂痕迹；滩肩后为风成沙丘，覆盖有植被，风成沙丘后为荒地；滩面可见碎石，低潮时有礁石出露；沙滩的中段风成沙丘后为养殖池；沙滩的东北端为高尔夫球场，已将沙滩的东北段圈占；
（3）沙滩侵蚀明显，可见侵蚀陡坎</td></tr>
<tr><td rowspan="2">遥感影像</td><td colspan="2"></td></tr>
<tr><td>获取时间</td><td>2010 年 4 月 23 日</td></tr>
<tr><td rowspan="2">全景照片</td><td colspan="2"></td></tr>
<tr><td>获取时间</td><td>2010 年 5 月 26 日</td></tr>
<tr><td>建档时间</td><td colspan="2">2012 年 11 月</td></tr>
<tr><td>建档单位</td><td colspan="2">中国海洋大学河口海岸带研究所</td></tr>
</table>

烟台海阳万米沙滩

<table>
<tr><td colspan="2">沙滩全名</td><td colspan="2">烟台海阳市海阳万米沙滩</td></tr>
<tr><td colspan="2">基本情况</td><td colspan="2">中心位置 36°41′30.59″N，121°12′17.40″E，沙滩长度 4.5 km，沙滩宽度 93 m</td></tr>
<tr><td>沙滩现状</td><td colspan="3">（1）海阳万米沙滩浴场坐落在凤城旅游度假区内，被国内外客人誉为“国内少有”，是理想的天然海水浴场。沙滩浴场设施完备，交通便捷，现已初步形成融“海滨游乐、度假休闲、观光旅游、信息交流”等为一体的服务基地；
（2）沙滩东端是民房，西端是连理岛大桥，滩肩后为风成沙丘。沙滩东、中部破坏严重，已修建娱乐设施。东部垃圾较多，风成沙丘被植被覆盖，西部后滨建有沙雕公园，属于人工输沙；
（3）沙滩中段有明显的侵蚀特征，滩肩可见侵蚀陡坎</td></tr>
<tr><td rowspan="2">遥感影像</td><td colspan="3"></td></tr>
<tr><td colspan="2">获取时间</td><td>2010 年 4 月 23 日</td></tr>
<tr><td rowspan="2">全景照片</td><td colspan="3"></td></tr>
<tr><td colspan="2">获取时间</td><td>2010 年 5 月 24 日</td></tr>
<tr><td colspan="2">建档时间</td><td colspan="2">2012 年 11 月</td></tr>
<tr><td colspan="2">建档单位</td><td colspan="2">中国海洋大学河口海岸带研究所</td></tr>
</table>

烟台潮里—庄上—羊角盘沙滩

<table>
<tr><td>沙滩全名</td><td colspan="2">烟台海阳市潮里—庄上—羊角盘沙滩</td></tr>
<tr><td>基本情况</td><td colspan="2">中心位置 36°39′16.18″N，121°07′33.23″E，沙滩长度 10.1 km，沙滩宽度 117 m</td></tr>
<tr><td>沙滩现状</td><td colspan="2">（1）沙滩未作为旅游资源开发和保护；
（2）沙滩西南段风成沙丘后为人工养殖池，东北段沙滩滩肩后为挡浪胸墙，其后为水泥路，后侧建有养殖厂房。滩面上有多条养殖池的排污与给水管道，滩面垃圾较少；
（3）西南端河口处风成沙丘有侵蚀现象，可见侵蚀陡坎及用于侵蚀防护的碎石</td></tr>
<tr><td rowspan="2">遥感影像</td><td colspan="2"></td></tr>
<tr><td>获取时间</td><td>2010 年 4 月 20 日</td></tr>
<tr><td rowspan="2">全景照片</td><td colspan="2"></td></tr>
<tr><td>获取时间</td><td>2010 年 5 月 23 日</td></tr>
<tr><td>建档时间</td><td colspan="2">2012 年 11 月</td></tr>
<tr><td>建档单位</td><td colspan="2">中国海洋大学河口海岸带研究所</td></tr>
</table>

烟台丁字嘴沙滩

<table>
<tr><td>沙滩全名</td><td colspan="2">烟台海阳市丁字嘴沙滩</td></tr>
<tr><td>基本情况</td><td colspan="2">中心位置 36°35′01.53″N，121°01′15.39″E，沙滩长度 4.7 km，沙滩宽度 122 m</td></tr>
<tr><td>沙滩现状</td><td colspan="2">（1）沙滩未作为旅游资源开发和保护；
（2）沙滩西南端为丁字湾口，西北端为河口，中间有基岩突出分成两段。西南段礁石多，中间有基岩出露，滩肩后为风成沙丘，沙丘后为养殖池。东北段沙滩可见出露水面的大量礁石；
（3）沙滩西段有明显的侵蚀特征</td></tr>
<tr><td rowspan="2">遥感影像</td><td colspan="2"></td></tr>
<tr><td>获取时间</td><td>2010 年 4 月 20 日</td></tr>
<tr><td rowspan="2">全景照片</td><td colspan="2"></td></tr>
<tr><td>获取时间</td><td>2010 年 5 月 20 日</td></tr>
<tr><td>建档时间</td><td colspan="2">2012 年 11 月</td></tr>
<tr><td>建档单位</td><td colspan="2">中国海洋大学河口海岸带研究所</td></tr>
</table>

青岛南营子沙滩

沙滩全名	青岛即墨市南营子沙滩
基本情况	中心位置 36°24′48.00″N，120°54′11.60″E，沙滩长度 2.31 km，沙滩宽度 87 m
沙滩现状	（1）沙滩未作为旅游沙滩利用和保护； （2）东北侧发育较大的沙嘴，沙嘴东北侧为小岛，有堤连接公路。沙滩发育海岸沙丘，沙滩人为破坏严重，挖砂现象严重，养殖池多； （3）沙滩有侵蚀现象
遥感影像	
获取时间	2010 年 4 月 25 日
全景照片 	
获取时间	2010 年 5 月 16 日
建档时间	2012 年 11 月
建档单位	中国海洋大学河口海岸带研究所

青岛巉山沙滩

沙滩全名	青岛即墨市巉山沙滩
基本情况	中心位置 36°23′36. 30″N，120°53′04. 80″E，沙滩长度 0. 82 km，沙滩宽度 44 m
沙滩现状	（1）沙滩未作为旅游沙滩利用和保护，滩面表层几乎被砾石覆盖； （2）沙滩人为破坏严重，存在挖砂和养殖池； （3）沙滩有侵蚀现象
遥感影像	
获取时间	2010 年 4 月 25 日
 全景照片	
获取时间	2010 年 5 月 16 日
建档时间	2012 年 11 月
建档单位	中国海洋大学河口海岸带研究所

青岛港东村沙滩

沙滩全名	青岛崂山区港东村沙滩
基本情况	中心位置 36°16′37.80″N，120°40′27.40″E，沙滩长度 0.43 km，沙滩宽度 40 m
沙滩现状	（1）沙滩未作为旅游沙滩利用和保护，主要用于养殖； （2）沙滩人为破坏严重，存在挖砂和养殖池。沙滩向陆侧为陡坎，并堆有土堆，再向陆为村庄，无滩肩发育，滩面已损毁殆尽，均被改造为养殖池； （3）沙滩有侵蚀现象，堆有少量垃圾
遥感影像	
获取时间	2010 年 4 月 5 日

获取时间	2010 年 5 月 14 日
建档时间	2012 年 11 月
建档单位	中国海洋大学河口海岸带研究所

青岛市峰山西沙滩

沙滩全名	青岛市崂山区峰山西沙滩
基本情况	中心位置36°15′29.40″N，120°40′22.50″E，沙滩长度0.46 km，沙滩宽度53 m
沙滩现状	（1）沙滩未作为旅游沙滩利用和保护，主要用于养殖； （2）沙丘上部为人工堆沙，人为破坏较为严重。沙滩中部和南端有排污口，堆有大量垃圾； （3）沙滩较稳定，未见侵蚀现象
遥感影像	
获取时间	2010年4月5日
全景照片 	
获取时间	2010年5月14日
建档时间	2012年11月
建档单位	中国海洋大学河口海岸带研究所

青岛仰口湾沙滩

沙滩全名	青岛崂山区仰口湾沙滩
基本情况	中心位置36°14′22.90″N，120°40′01.70″E，沙滩长度1.30 km，沙滩宽度86 m
沙滩现状	（1）沙滩作为旅游沙滩利用和保护，保护良好； （2）沙滩保存良好，向陆方向有废弃房屋，沙滩两侧修建有养殖池； （3）沙滩较稳定，未见侵蚀现象
遥感影像	
获取时间	2010年4月5日
全景照片	
获取时间	2010年5月8日
建档时间	2012年11月
建档单位	中国海洋大学河口海岸带研究所

青岛元宝石湾沙滩

沙滩全名	青岛崂山区元宝石湾沙滩
基本情况	中心位置 36°11′49. 40″N，120°40′58. 20″E，沙滩长度 0. 84 km，沙滩宽度 48 m
沙滩现状	（1）沙滩位于崂山风景区内作为旅游沙滩利用和保护，保护良好； （2）沙滩自然状态良好，向陆方向有房屋，无养殖池和挖砂； （3）沙滩较稳定，未见侵蚀现象
遥感影像	
获取时间	2010 年 4 月 5 日
全景照片 	
获取时间	2010 年 5 月 13 日
建档时间	2012 年 11 月
建档单位	中国海洋大学河口海岸带研究所

青岛流清河海水浴场沙滩

沙滩全名	青岛崂山区流清河海水浴场沙滩
基本情况	中心位置 36°07′24. 80″N，120°36′24. 10″E，沙滩长度 0. 87 km，沙滩宽度 67 m
沙滩现状	（1）沙滩作为旅游沙滩利用和保护，保护良好； （2）沙滩自然状态良好，无养殖池和挖砂，中部有一排污口； （3）沙滩较稳定，未见侵蚀现象
遥感影像	
获取时间	2010 年 4 月 5 日
全景照片 	
获取时间	2010 年 5 月 8 日
建档时间	2012 年 11 月
建档单位	中国海洋大学河口海岸带研究所

青岛市石老人海水浴场沙滩

<table>
<tr><td>沙滩全名</td><td colspan="2">青岛崂山区石老人海水浴场沙滩</td></tr>
<tr><td>基本情况</td><td colspan="2">中心位置 36°05′35.60″N，120°28′03.70″E，沙滩长度 2.06 km，沙滩宽度 135 ~ 250 m</td></tr>
<tr><td>沙滩现状</td><td colspan="2">（1）作为青岛市著名旅游沙滩，管理完善，保护良好；
（2）沙滩自然状态良好，无养殖池和挖砂，沙滩两头各有一处排污口；
（3）沙滩基本稳定，有侵蚀现象</td></tr>
<tr><td rowspan="2">遥感影像</td><td colspan="2"></td></tr>
<tr><td>获取时间</td><td>2010 年 4 月 5 日</td></tr>
<tr><td rowspan="2">全景照片</td><td colspan="2"></td></tr>
<tr><td>获取时间</td><td>2010 年 5 月 8 日</td></tr>
<tr><td>建档时间</td><td colspan="2">2012 年 11 月</td></tr>
<tr><td>建档单位</td><td colspan="2">中国海洋大学河口海岸带研究所</td></tr>
</table>

青岛第三海水浴场沙滩

<table>
<tr><td>沙滩全名</td><td colspan="2">青岛市南区第三海水浴场</td></tr>
<tr><td>基本情况</td><td colspan="2">中心位置 36°03′00.00″N，120°21′38.20″E，沙滩长度 0.81 km，沙滩宽度 66 m</td></tr>
<tr><td>沙滩现状</td><td colspan="2">（1）沙滩作为青岛市著名旅游沙滩，管理完善，保护良好；
（2）沙滩自然状态良好，无养殖池和挖砂；
（3）沙滩基本稳定，有侵蚀现象</td></tr>
<tr><td rowspan="2">遥感影像</td><td colspan="2"></td></tr>
<tr><td>获取时间</td><td>2010 年 4 月 5 日</td></tr>
<tr><td rowspan="2">全景照片</td><td colspan="2"></td></tr>
<tr><td>获取时间</td><td>2010 年 4 月 29 日</td></tr>
<tr><td>建档时间</td><td colspan="2">2012 年 11 月</td></tr>
<tr><td>建档单位</td><td colspan="2">中国海洋大学河口海岸带研究所</td></tr>
</table>

青岛前海木栈道沙滩

沙滩全名	青岛市南区前海木栈道沙滩
基本情况	中心位置 36°02′58.46″N，120°21′20.48″E，沙滩长度 0.65 km，沙滩宽度 21 m
沙滩现状	（1）沙滩作为青岛市旅游沙滩，管理完善，保护良好； （2）沙滩自然状态良好，无养殖池和挖砂。沙滩中段有排污管道，南段建有人工护岸堤； （3）沙滩稳定，无侵蚀现象
遥感影像	
获取时间	2010 年 4 月 5 日
全景照片	
获取时间	2010 年 6 月 12 日
建档时间	2012 年 11 月
建档单位	中国海洋大学河口海岸带研究所

青岛第二海水浴场沙滩

<table>
<tr><td>沙滩全名</td><td colspan="2">青岛市南区第二海水浴场沙滩</td></tr>
<tr><td>基本情况</td><td colspan="2">中心位置 36°03′01.40″N，120°20′47.90″E，沙滩长度 0.38 km，沙滩宽度 53 m</td></tr>
<tr><td>沙滩现状</td><td colspan="2">（1）沙滩为青岛市旅游沙滩，管理完善，保护良好；
（2）沙滩自然状态良好，无养殖池和挖砂，南北各有一处人工堤；
（3）沙滩稳定，海蚀崖侵蚀比较严重，出现了海蚀穴</td></tr>
<tr><td rowspan="2">遥感影像</td><td colspan="2"></td></tr>
<tr><td>获取时间</td><td>2010 年 4 月 5 日</td></tr>
<tr><td rowspan="2">全景照片</td><td colspan="2"></td></tr>
<tr><td>获取时间</td><td>2010 年 4 月 29 日</td></tr>
<tr><td>建档时间</td><td colspan="2">2012 年 11 月</td></tr>
<tr><td>建档单位</td><td colspan="2">中国海洋大学河口海岸带研究所</td></tr>
</table>

青岛第一海水浴场沙滩

<table>
<tr><td colspan="2">沙滩全名</td><td colspan="2">青岛市南区第一海水浴场沙滩</td></tr>
<tr><td colspan="2">基本情况</td><td colspan="2">中心位置 36°03′19. 60″N，120°20′19. 90″E，沙滩长度 0. 60 km，沙滩宽度 74 m</td></tr>
<tr><td>沙滩现状</td><td colspan="3">（1）作为青岛市旅游沙滩，管理完善，保护良好；
（2）沙滩保存较好，无养殖池和挖砂。沙滩东端有排污管道，夏季沙滩多垃圾；
（3）沙滩稳定，无侵蚀现象</td></tr>
<tr><td rowspan="2">遥感影像</td><td colspan="3"></td></tr>
<tr><td colspan="2">获取时间</td><td>2010 年 4 月 5 日</td></tr>
<tr><td rowspan="2">全景照片</td><td colspan="3"></td></tr>
<tr><td colspan="2">获取时间</td><td>2010 年 4 月 30 日</td></tr>
<tr><td colspan="2">建档时间</td><td colspan="2">2012 年 11 月</td></tr>
<tr><td colspan="2">建档单位</td><td colspan="2">中国海洋大学河口海岸带研究所</td></tr>
</table>

青岛第六海水浴场沙滩

沙滩全名	青岛市南区第六海水浴场沙滩
基本情况	中心位置 36°03′42. 90″N，120°18′40. 70″E，沙滩长度 0. 59 km，沙滩宽度 25 m
沙滩现状	（1）作为青岛市旅游沙滩，保护良好； （2）沙滩保存较好，无养殖池和挖砂，中间有一座向海延伸的堤坝栈桥，夏季游人多，垃圾多； （3）沙滩稳定，无侵蚀现象
遥感影像	
获取时间	2011 年 8 月 5 日
全景照片	
获取时间	2010 年 4 月 30 日
建档时间	2012 年 11 月
建档单位	中国海洋大学河口海岸带研究所

青岛金沙滩海水浴场沙滩

<table>
<tr><td>沙滩全名</td><td colspan="2">青岛黄岛区金沙滩海水浴场沙滩</td></tr>
<tr><td>基本情况</td><td colspan="2">中心位置35°58′05.13″N，120°15′15.67″E，沙滩长度2.69 km，沙滩宽度139 m</td></tr>
<tr><td>沙滩现状</td><td colspan="2">（1）作为青岛市著名旅游沙滩，保护良好；
（2）沙滩向陆为木栈道、绿化带及人工建筑，东西两端均有养殖池。东端有两条排污沟，有垃圾堆积及建筑废料，夏秋季节游人较多；
（3）沙滩稳定，有微侵蚀现象</td></tr>
<tr><td rowspan="2">遥感影像</td><td colspan="2"></td></tr>
<tr><td>获取时间</td><td>2011年8月5日</td></tr>
<tr><td rowspan="2">全景照片</td><td colspan="2"></td></tr>
<tr><td>获取时间</td><td>2010年5月27日</td></tr>
<tr><td>建档时间</td><td colspan="2">2012年11月</td></tr>
<tr><td>建档单位</td><td colspan="2">中国海洋大学河口海岸带研究所</td></tr>
</table>

青岛市鹿角湾村沙滩

<table>
<tr><td colspan="2">沙滩全名</td><td>青岛市黄岛区鹿角湾村沙滩</td></tr>
<tr><td colspan="2">基本情况</td><td>中心位置 35°56′55.41″N，120°13′56.18″E，沙滩长度 2.77 km，沙滩宽度 75 m</td></tr>
<tr><td>沙滩现状</td><td colspan="2">（1）沙滩未作为旅游资源利用，主要用于养殖和停靠小渔船；
（2）沙滩破坏严重，东端有养殖池，建有一处丁坝，停泊小渔船。沙滩中部至南端间断有基岩出露，西端有礁石和养殖池；
（3）沙滩较稳定，有微侵蚀现象</td></tr>
<tr><td rowspan="2">遥感影像</td><td colspan="2"></td></tr>
<tr><td>获取时间</td><td>2011 年 8 月 5 日</td></tr>
<tr><td rowspan="2">全景照片</td><td colspan="2"></td></tr>
<tr><td>获取时间</td><td>2010 年 5 月 27 日</td></tr>
<tr><td colspan="2">建档时间</td><td>2012 年 11 月</td></tr>
<tr><td colspan="2">建档单位</td><td>中国海洋大学河口海岸带研究所</td></tr>
</table>

青岛银沙滩

<table>
<tr><td>沙滩全名</td><td colspan="2">青岛市黄岛区银沙滩浴场</td></tr>
<tr><td>基本情况</td><td colspan="2">中心位置 35°55′00. 22″N，120°11′44. 30″E，沙滩长度 1. 45 km，沙滩宽度 94 m</td></tr>
<tr><td>沙滩现状</td><td colspan="2">（1）沙滩作为旅游资源利用，管理良好；
（2）沙滩自然状态较好，两端均有基岩礁石及少量养殖池；
（3）沙滩较稳定，无侵蚀现象</td></tr>
<tr><td rowspan="2">遥感影像</td><td colspan="2"></td></tr>
<tr><td>获取时间</td><td>2011 年 8 月 5 日</td></tr>
<tr><td rowspan="2">全景照片</td><td colspan="2"></td></tr>
<tr><td>获取时间</td><td>2010 年 5 月 26 日</td></tr>
<tr><td>建档时间</td><td colspan="2">2012 年 11 月</td></tr>
<tr><td>建档单位</td><td colspan="2">中国海洋大学河口海岸带研究所</td></tr>
</table>

青岛鱼鸣嘴村沙滩

<table>
<tr><td>沙滩全名</td><td colspan="2">青岛市黄岛区鱼鸣嘴村沙滩</td></tr>
<tr><td>基本情况</td><td colspan="2">中心位置 35°53′58.84″N，120°11′23.31″E，沙滩长度 0.55 km，沙滩宽度 25 m</td></tr>
<tr><td>沙滩现状</td><td colspan="2">（1）沙滩未作为旅游资源利用和保护；
（2）沙滩破坏较严重。西段为基岩海岸，有礁石，东段有养殖池，中部向岸侧有风成沙丘，上有植被。沙滩上有人工挖掘痕迹；
（3）沙滩较稳定，有微侵蚀现象</td></tr>
<tr><td rowspan="2">遥感影像</td><td colspan="2"></td></tr>
<tr><td>获取时间</td><td>2011 年 8 月 5 日</td></tr>
<tr><td rowspan="2">全景照片</td><td colspan="2"></td></tr>
<tr><td>获取时间</td><td>2010 年 5 月 26 日</td></tr>
<tr><td>建档时间</td><td colspan="2">2012 年 11 月</td></tr>
<tr><td>建档单位</td><td colspan="2">中国海洋大学河口海岸带研究所</td></tr>
</table>

青岛白果村沙滩

<table>
<tr><td>沙滩全名</td><td colspan="2">青岛胶南市白果村沙滩</td></tr>
<tr><td>基本情况</td><td colspan="2">中心位置 35°54′32.43″N，120°06′23.65″E，沙滩长度 2.99 km，沙滩宽度 48 m</td></tr>
<tr><td>沙滩现状</td><td colspan="2">（1）沙滩未作为旅游资源利用和保护；
（2）沙滩破坏严重，沙滩部分地区被改造成养殖池，滩肩上的风成沙丘有人工挖砂的痕迹，沙丘向陆侧部分被改造成养殖池；
（3）沙滩较稳定，有微侵蚀现象</td></tr>
<tr><td rowspan="2">遥感影像</td><td colspan="2"></td></tr>
<tr><td>获取时间</td><td>2011 年 8 月 5 日</td></tr>
<tr><td rowspan="2">全景照片</td><td colspan="2"></td></tr>
<tr><td>获取时间</td><td>2010 年 5 月 28 日</td></tr>
<tr><td>建档时间</td><td colspan="2">2012 年 11 月</td></tr>
<tr><td>建档单位</td><td colspan="2">中国海洋大学河口海岸带研究所</td></tr>
</table>

青岛烟台前村沙滩

<table>
<tr><td colspan="2">沙滩全名</td><td>青岛胶南市烟台前村沙滩</td></tr>
<tr><td colspan="2">基本情况</td><td>中心位置 35°52′59. 12″N，120°03′46. 08″E，沙滩长度 9. 60 km，沙滩宽度 110 m</td></tr>
<tr><td>沙滩现状</td><td colspan="2">（1）沙滩未作为旅游资源利用和保护；
（2）沙滩破坏严重。北半部沙滩为人工海岸，水泥或砾石砌成。有两条河流入海，滩面有渔网晾晒，滩面下部有一废弃水泥地堡；
（3）沙滩较稳定，有微侵蚀现象</td></tr>
<tr><td rowspan="2">遥感影像</td><td colspan="2"></td></tr>
<tr><td>获取时间</td><td>2011 年 8 月 5 日</td></tr>
<tr><td rowspan="2">全景照片</td><td colspan="2"></td></tr>
<tr><td>获取时间</td><td>2010 年 5 月 29 日</td></tr>
<tr><td colspan="2">建档时间</td><td>2012 年 11 月</td></tr>
<tr><td colspan="2">建档单位</td><td>中国海洋大学河口海岸带研究所</td></tr>
</table>

青岛高峪村沙滩

<table>
<tr><td>沙滩全名</td><td colspan="2">青岛胶南市高峪村沙滩</td></tr>
<tr><td>基本情况</td><td colspan="2">中心位置 35°46′27.08″N，120°01′57.92″E，沙滩长度 1.11 km，沙滩宽度 51 m</td></tr>
<tr><td>沙滩现状</td><td colspan="2">（1）沙滩未作为旅游资源利用和保护；
（2）沙滩破坏很严重，两端均为人工修建的养殖池，向陆侧为人工挖掘的大片养殖池。北部沙丘和滩面各有一人工建筑，基部已被沙体掩埋。沙滩两端均建有大片养殖池及看护沙滩用的小房子，北部有一河流和排污管，排放红色液体，海上有大量渔船停泊；
（3）沙滩较稳定，有侵蚀现象</td></tr>
<tr><td rowspan="2">遥感影像</td><td colspan="2"></td></tr>
<tr><td>获取时间</td><td>2011 年 8 月 5 日</td></tr>
<tr><td rowspan="2">全景照片</td><td colspan="2"></td></tr>
<tr><td>获取时间</td><td>2010 年 5 月 30 日</td></tr>
<tr><td>建档时间</td><td colspan="2">2012 年 11 月</td></tr>
<tr><td>建档单位</td><td colspan="2">中国海洋大学河口海岸带研究所</td></tr>
</table>

青岛南小庄村沙滩

<table>
<tr><td>沙滩全名</td><td colspan="2">青岛胶南市南小庄村沙滩</td></tr>
<tr><td>基本情况</td><td colspan="2">中心位置 35°45′47.81″N，120°01′39.21″E，沙滩长度 1.19 km，沙滩宽度 62 m</td></tr>
<tr><td>沙滩现状</td><td colspan="2">（1）沙滩未作为旅游资源利用和保护；
（2）沙滩破坏严重，左侧（面向海）为一座人工码头，右侧有养殖池。中间的已废弃的码头将沙滩分为两段。右半部分沙滩人工扰动较大，后滨为人工堆成的沙丘，且有一河口。左半部分沙滩后滨，人为在沙丘后侧挖建养殖池，挖出的泥堆在原来的海岸沙丘上，高度可达 3～4 m。间隔 10 m 左右都有水下管道（直径 50 cm）铺设；
（3）沙滩有侵蚀现象</td></tr>
<tr><td rowspan="2">遥感影像</td><td colspan="2"></td></tr>
<tr><td>获取时间</td><td>2011 年 8 月 5 日</td></tr>
<tr><td rowspan="2">全景照片</td><td colspan="2"></td></tr>
<tr><td>获取时间</td><td>2010 年 5 月 30 日</td></tr>
<tr><td>建档时间</td><td colspan="2">2012 年 11 月</td></tr>
<tr><td>建档单位</td><td colspan="2">中国海洋大学河口海岸带研究所</td></tr>
</table>

青岛古镇口沙滩

<table>
<tr><td>沙滩全名</td><td colspan="2">青岛胶南市古镇口沙滩</td></tr>
<tr><td>基本情况</td><td colspan="2">中心位置 35°45′23.67″N，119°54′42.55″E，沙滩长度 8.8 km，沙滩宽度 28 m</td></tr>
<tr><td>沙滩现状</td><td colspan="2">（1）沙滩未作为旅游资源利用和保护；
（2）沙滩破坏严重，调查发现沙滩大约 70% ~80% 被开挖成养殖池，滩肩不复存在；
（3）沙滩侵蚀比较严重</td></tr>
<tr><td rowspan="2">遥感影像</td><td colspan="2"></td></tr>
<tr><td>获取时间</td><td>2011 年 8 月 5 日</td></tr>
<tr><td rowspan="2">全景照片</td><td colspan="2"></td></tr>
<tr><td>获取时间</td><td>2010 年 6 月 23 日</td></tr>
<tr><td>建档时间</td><td colspan="2">2012 年 11 月</td></tr>
<tr><td>建档单位</td><td colspan="2">中国海洋大学河口海岸带研究所</td></tr>
</table>

青岛周家庄沙滩

沙滩全名	青岛胶南市周家庄沙滩
基本情况	中心位置 35°41′43.17″N，119°54′46.04″E，沙滩长度 1.9 km，沙滩宽度 54 m
沙滩现状	（1）沙滩未作为旅游资源利用和保护； （2）沙滩破坏严重，向海左侧为一养殖区，右侧为一码头，长约 2 km，存在挖砂现象； （3）沙滩有侵蚀现象
遥感影像	
获取时间	2011 年 8 月 5 日
全景照片	
获取时间	2010 年 6 月 24 日
建档时间	2012 年 11 月
建档单位	中国海洋大学河口海岸带研究所

青岛王家台后村沙滩

<table>
<tr><td>沙滩全名</td><td colspan="2">青岛胶南市王家台后村沙滩</td></tr>
<tr><td>基本情况</td><td colspan="2">中心位置 35°39′48. 85″N，119°54′10. 19″E，沙滩长度 2. 65 km，沙滩宽度 92 m</td></tr>
<tr><td>沙滩现状</td><td colspan="2">（1）沙滩未作为旅游资源利用和保护；
（2）沙滩破坏严重，有大量开挖的养殖池。西南为人工码头，有亚龙湾大酒店。东北方向为人工建筑码头。沙滩后侧为高耸的人工海岸沙丘（东北侧）；
（3）沙滩有侵蚀现象</td></tr>
<tr><td rowspan="2">遥感影像</td><td colspan="2"></td></tr>
<tr><td>获取时间</td><td>2011 年 8 月 5 日</td></tr>
<tr><td rowspan="2">全景照片</td><td colspan="2"></td></tr>
<tr><td>获取时间</td><td>2010 年 6 月 24 日</td></tr>
<tr><td>建档时间</td><td colspan="2">2012 年 11 月</td></tr>
<tr><td>建档单位</td><td colspan="2">中国海洋大学河口海岸带研究所</td></tr>
</table>

日照海滨国家森林公园沙滩

沙滩全名	日照东港区海滨国家森林公园沙滩
基本情况	中心位置 35°31′28.80″N，119°37′18.38″E，沙滩长度 5.15 km，沙滩宽度 58 m
沙滩现状	（1）沙滩作为旅游资源利用和保护； （2）沙滩破坏较严重，存在挖砂和排污现象； （3）沙滩有侵蚀现象
遥感影像	
获取时间	2011 年 8 月 5 日
全景照片	
获取时间	2010 年 6 月 27 日
建档时间	2012 年 11 月
建档单位	中国海洋大学河口海岸带研究所

日照大陈家村沙滩

<table>
<tr><td>沙滩全名</td><td colspan="2">日照东港区大陈家村沙滩</td></tr>
<tr><td>基本情况</td><td colspan="2">中心位置35°29′21.37″N，119°36′26.33″E，沙滩长度2.08 km，沙滩宽度41 m</td></tr>
<tr><td>沙滩现状</td><td colspan="2">（1）沙滩作为旅游资源利用；
（2）沙滩破坏比较严重，存在挖砂和排污现象，有养殖池；
（3）沙滩有侵蚀现象</td></tr>
<tr><td rowspan="2">遥感影像</td><td colspan="2"> </td></tr>
<tr><td>获取时间</td><td>2011年8月5日</td></tr>
<tr><td rowspan="2">全景照片</td><td colspan="2"> </td></tr>
<tr><td>获取时间</td><td>2010年6月29日</td></tr>
<tr><td>建档时间</td><td colspan="2">2012年11月</td></tr>
<tr><td>建档单位</td><td colspan="2">中国海洋大学河口海岸带研究所</td></tr>
</table>

日照东小庄村沙滩

<table>
<tr><td>沙滩全名</td><td colspan="2">日照东港区东小庄村沙滩</td></tr>
<tr><td>基本情况</td><td colspan="2">中心位置35°28′02.94″N，119°35′56.16″E，沙滩长度1.33 km，沙滩宽度32 m</td></tr>
<tr><td>沙滩现状</td><td colspan="2">（1）沙滩未作为旅游资源利用和保护；
（2）沙滩破坏比较严重，存在养殖池和挖砂现象，沙滩两侧有小码头；
（3）沙滩有侵蚀现象</td></tr>
<tr><td rowspan="2">遥感影像</td><td colspan="2"></td></tr>
<tr><td>获取时间</td><td>2011年8月5日</td></tr>
<tr><td rowspan="2">全景照片</td><td colspan="2"></td></tr>
<tr><td>获取时间</td><td>2010年5月30日</td></tr>
<tr><td>建档时间</td><td colspan="2">2012年11月</td></tr>
<tr><td>建档单位</td><td colspan="2">中国海洋大学河口海岸带研究所</td></tr>
</table>

日照富蓉村沙滩

<table>
<tr><td>沙滩全名</td><td colspan="2">日照东港区富蓉村沙滩</td></tr>
<tr><td>基本情况</td><td colspan="2">中心位置35°27′38.90″N，119°35′27.00″E，沙滩长度0.5 km，沙滩宽度48 m</td></tr>
<tr><td>沙滩现状</td><td colspan="2">（1）沙滩未作为旅游资源利用和保护；
（2）沙滩破坏比较严重，两端多养殖池，北段有排污河口；
（3）沙滩有侵蚀现象</td></tr>
<tr><td rowspan="2">遥感影像</td><td colspan="2"></td></tr>
<tr><td>获取时间</td><td>2011年8月5日</td></tr>
<tr><td rowspan="2">全景照片</td><td colspan="2"></td></tr>
<tr><td>获取时间</td><td>2010年4月28日</td></tr>
<tr><td>建档时间</td><td colspan="2">2012年11月</td></tr>
<tr><td>建档单位</td><td colspan="2">中国海洋大学河口海岸带研究所</td></tr>
</table>

日照万平口海水浴场沙滩

<table>
<tr><td>沙滩全名</td><td colspan="2">日照岚山区万平口海水浴场沙滩</td></tr>
<tr><td>基本情况</td><td colspan="2">中心位置35°25′33.50″N，119°34′01.50″E，沙滩长度6.35 km，沙滩宽度87～150 m</td></tr>
<tr><td>沙滩现状</td><td colspan="2">（1）沙滩作为旅游资源利用和保护；
（2）沙滩为日照市知名旅游景点，整个沙滩分为多个浴场，各浴场规划较好管理合理，有少量排污口；
（3）沙滩有侵蚀现象</td></tr>
<tr><td rowspan="2">遥感影像</td><td colspan="2">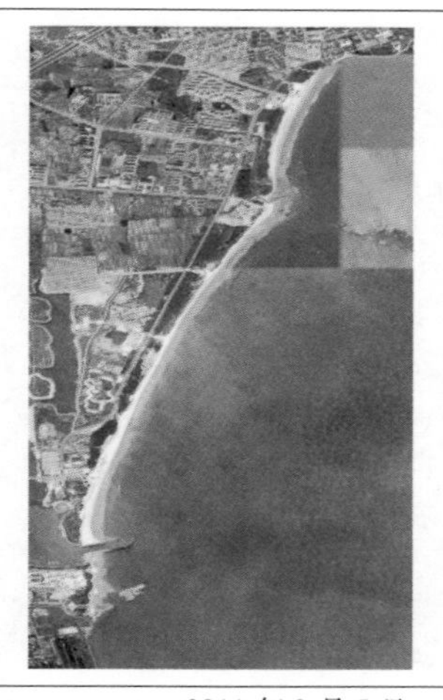</td></tr>
<tr><td>获取时间</td><td>2011年8月5日</td></tr>
<tr><td rowspan="2">全景照片</td><td colspan="2"></td></tr>
<tr><td>获取时间</td><td>2010年6月26日</td></tr>
<tr><td>建档时间</td><td colspan="2">2012年11月</td></tr>
<tr><td>建档单位</td><td colspan="2">中国海洋大学河口海岸带研究所</td></tr>
</table>

日照涛雒镇沙滩

<table>
<tr><td colspan="2">沙滩全名</td><td colspan="2">日照岚山区涛雒镇沙滩</td></tr>
<tr><td colspan="2">基本情况</td><td colspan="2">中心位置 35°16′30.11″N，119°24′48.48″E，沙滩长度 7.31 km，沙滩宽度 225 m</td></tr>
<tr><td>沙滩现状</td><td colspan="3">（1）沙滩主要做养殖用，有少量游客；
（2）沙滩破坏严重，有大面积养殖池；
（3）沙滩侵蚀比较严重</td></tr>
<tr><td rowspan="2">遥感影像</td><td colspan="3"> </td></tr>
<tr><td colspan="2">获取时间</td><td>2011 年 8 月 5 日</td></tr>
<tr><td rowspan="2">全景照片</td><td colspan="3"> </td></tr>
<tr><td colspan="2">获取时间</td><td>2010 年 6 月 26 日</td></tr>
<tr><td colspan="2">建档时间</td><td colspan="2">2012 年 11 月</td></tr>
<tr><td colspan="2">建档单位</td><td colspan="2">中国海洋大学河口海岸带研究所</td></tr>
</table>

日照虎山镇沙滩

沙滩全名	日照岚山区虎山镇沙滩
基本情况	中心位置 35°08′27.64″N，119°22′36.67″E，沙滩长度 14.68 km，沙滩宽度 175 m
沙滩现状	（1）沙滩作为浴场的岸段保护得比较好； （2）沙滩破坏较严重，岚山海水浴场至金沙岛浴场处沙滩两侧均有码头。原来沙滩肩宽 1 ~ 1.5 km，被挖砂后宽度减少。金沙岛浴场处保护较好； （3）沙滩侵蚀现象比较严重，平均蚀退率为 5 m/a
遥感影像	
获取时间	2011 年 8 月 5 日
全景照片	
获取时间	2010 年 6 月 25 日
建档时间	2012 年 11 月
建档单位	中国海洋大学河口海岸带研究所

参考文献

鲍献文，李真，王勇智，等．2010. 冬、夏季北黄海悬浮物分布特征．泥沙研究，(2)：48 – 56.
边昌伟．2012. 中国近海泥沙在渤海、黄海和东海的输运．青岛：中国海洋大学．
蔡锋，刘建辉．2010. 利用海滩养护技术提高滨海城市品位．海洋开发与管理，(12)：52 – 59.
蔡锋，戚洪帅，夏东兴．2008. 华南沙滩动力地貌过程．北京：海洋出版社．
蔡锋，苏贤泽，曹惠美，等．2005. 华南砂质沙滩的动力地貌分析．海洋学报，27 (2)：106 – 114.
蔡锋，苏贤泽，刘建辉，等．2008. 全球气候变化背景下我国海岸侵蚀问题及防范对策．自然科学进展，18 (10)：1 093 – 1 103.
蔡锋．2001. 利用风要素计算港湾沿岸输沙率的一个数学模型．台湾海峡，20 (3)：301 – 307.
蔡锋．2004. 华南砂质沙滩动力地貌过程．青岛：中国海洋大学．
常瑞芳，庄振业，吴建政．1993. 山东半岛西北海岸的蚀退与防护．青岛海洋大学学报，23 (3)：60 – 68.
陈春华．1992. 海甸岛东北部岸滩海域开发旅游资源的环境质量综合评价．南海研究与开发，9 (3)：45 – 51.
陈怀生，蒋伟强．1990. 滨海沙滩旅游环境质量评价（上）——以海南岛几个沙滩为例．环境保护，(1)：22.
陈吉余．1995. 中国海岸带地貌．北京：海洋出版社．
陈则实，王文海，吴桑云．2007. 中国海湾引论．北京：海洋出版社．
陈子燊．1993. 海南岛新海湾沙滩地貌状态与海岸泥沙纵向运动特征．海洋与湖沼，24 (5)：467 – 476.
陈子燊．1998. 岬间海滩泥沙运动趋势与波能流分布的季节变化性．海洋通报，18 (3)：41 – 48.
陈子燊．2008. 砂质海岸近岸地形动力过程研究．热带地理，28 (3)：242 – 246.
程胜龙，文军，张颖，等．2009. 广西滨海旅游资源开发评价．东南亚纵横，10：61 – 65.
程宜杰．2006. 渤海及黄海北部海域水文要素的基本特征．中国科技信息，(17)：40 – 41.
仇建东．2012. 山东半岛南部滨浅海区晚第四纪沉积地层结构与沉积环境演化．青岛：中国海洋大学．
崔金瑞，夏东兴．1992. 山东半岛海岸地貌与波浪、潮汐特征的关系．黄渤海海洋，10 (3)：20 – 25.
崔雷．2011. 近岸波浪、波生流及波流场中污染物输运的数值模拟．大连：大连理工大学．
崔猛，牛茜如，张绪良．2012. 青岛市海岸侵蚀的原因与防治．中国农学通报，28 (05)：283 – 288.
丁训凯．1995. 海岸防护措施及工作程序．苏盐科技，(2)：14 – 15.
董丽红，梁书秀，孙昭晨．2012. 沙滩养护理论与试验研究进展．海洋开发与管理，5：44 – 51.
杜军．2009. 中国海岸带灾害地质风险评价及区划．青岛：中国海洋大学．
丰爱平，夏东兴，谷东起．2006. 莱州湾南岸海岸侵蚀过程与原因研究．海洋科学进展，24 (1)：83 – 90.
冯芒，沙文钰，李岩，等．2005. 近海近岸海浪的研究进展．解放军理工大学学报：自然科学版，5 (6)：70 – 76.
付庆军．2010. 渤海湾温带风暴潮数值计算模式的研究与应用．天津：天津大学．
高飞，李广雪，乔露露．2012. 山东半岛近海潮汐及潮汐、潮流能的数值评估．中国海洋大学学报，42 (12)：91 – 96.
高林宇．2003. 山东半岛北岸采砂和海蚀问题与对策．水土保持研究，10 (3)：109 – 113.
国家海洋局．2007. 2006 年中国海洋经济统计公报．
胡广元，庄振业，高伟．2008. 欧洲各国沙滩养护概观和启示．海洋地质动态，24 (12)：29 – 33.

胡镜荣，鲁智礼，石凤英．2000. 海岛旅游沙滩资源的开发利用初探．地域研究与开发，19（1）：76－77.
黄英，王远坤，张旭升．2000. 山东主要区域地质构造特征浅析．胜利油田职工大学学报，04：4－6.
季小梅，张永战，朱大奎．2006. 人工沙滩研究进展．海洋地质动态，22（7）：21－25.
季小梅，张永战，朱大奎．2007. 三亚海岸演变与人工沙滩设计研究．第四纪研究，27（5）：853－860.
姜波，赵世明，徐辉奋，等．山东半岛沿海风能资源评估与分布研究．海洋技术，2009，28（4）：101－103.
柯马尔．1985. 沙滩过程与沉积作用．邱建立，等译．北京：海洋出版社．
克拉克 J R. 2000. 海岸带管理手册．吴克勤，译．北京：海洋出版社．
李兵．2008. 福建砂质海岸侵蚀原因和防护对策研究．青岛：中国海洋大学．
李从先，陈刚，姚明．1988. 我国河流输沙对海岸和大陆架沉积的影响．同济大学学报：自然科学版，2：137－147.
李从先，张桂甲．1996. 河流输沙与中国海岸线变化．第四纪研究，3：277－282.
李丛先．2000. 布容法则及其在中国海岸上的应用．海洋地质与第四纪地质，20（01），87－91.
李福林，夏东兴，王文海．2004. 登州浅滩的形成、动态演化及其可恢复性研究．海洋学报，26（6）：65－73.
李光天．1990. 辽宁海岸分类及其开发意义．大连：国家海洋局海洋环境保护研究所．
李广雪，杨子赓，刘勇．2005. 中国东部海域海底沉积环境成因研究．北京：科学出版社．
李洪奎．2010. 沂沭断裂带构造演化与金矿成矿作用研究．青岛：山东科技大学．
李荣，赵善伦．2002. 山东海洋资源与环境．北京：海洋出版社．
李善为，刘敏厚，王永吉，等．1985. 山东半岛海岸的风成沙丘．黄渤海海洋，3（3）：47－56.
李团结，刘春杉，李涛．2011. 雷州半岛海岸侵蚀及其原因研究．热带地理，31（3），243－250.
李鑫．2007. 渤海风暴潮增减水及流场时空特征初步研究．南京：南京水利科学研究院．
李占海，柯贤坤，周旅复，等．2000. 沙滩旅游资源质量评比体系．自然资源学报，15（3）：229－235.
李震，雷怀彦．2006. 中国砂质海岸分布特征与存在问题．海洋地质动态，22（6）：1－4.
李志龙，陈子燊．2006. 岬间砂质海岸平衡形态模型及其在华南海岸的应用．台湾海峡，25（1）：123－129.
联合国经济及社会理事会海洋技术处．1988. 海岸带管理与开发．国家海洋局政策研究室译．北京：海洋出版社．
蔺智泉．2012. 海水淡化对海洋环境影响的研究．青岛：中国海洋大学．
刘春暖，金秉福，宋键．2007. 烟台套子湾沙滩泥沙运动方向研究．海洋科学，31（12）：59－63.
刘锋，陈沈良，彭俊，等．2011. 近 60 年黄河入海水沙多尺度变化及其对河口的影响．地理学报，66（3）：313－323.
刘康．2007. 沙滩休闲旅游资源价值评估——以青岛市海水浴场为例．海岸工程，26（4）：72－80.
刘蕊．2009. 渤、黄、东海蓝点马鲛渔场分布的逐月与年间变化．青岛：中国海洋大学．
刘锡清．2005. 我国海岸带主要灾害地质因素及其影响．海洋地质动态，21（5）：23－42.
刘煜，刘钦政，隋俊鹏，等．2013. 渤、黄海冬季海冰对大气环流及气候变化的响应．海洋学报（中文版），03：18－27.
刘煜杰，张祖陆，倪滕南，等．2009. 海水浴场适宜性评价研究——以山东省为例．资源与人居环境，（14）：70－73.
栾天．2011. 山东半岛北岸砂质海岸现状及演化分析．青岛：中国海洋大学．
马丽芳．2002. 中国地质图集．北京：地质出版社．

马祖友，张文斌，夏煜，等．2006. 2005年高罗海水浴场现状分析与评价．海洋开发与管理，23（6）：141－144.
毛家衢．1987.《山东地质》绪言．山东国土资源，(2)：1－5.
孟昭翰，谢考宪．1990. 山东省近百年气候变化规律的研究．山东气象，(4)：46－50.
庞家珍，姜明星．2003. 黄河河口演变（Ⅰ）河口水文特征．海洋湖沼通报，(3)：1－13.
庞重光，白学志，胡敦欣．2004. 渤、黄、东海海流和潮汐共同作用下的悬浮物输运、沉积及其季节变化．海洋科学集，46：32－41.
任福安，邵秘华，孙延维．2006. 船载雷达观测海浪的研究．海洋学报：152－156.
山东省革命委员会水利局．1975. 山东省水文图集．济南：山东省革命委员会水利局出版社．
沈焕庭，胡刚．2006. 河口海岸侵蚀研究进展．华东师范大学学报：自然科学版，6：1－8.
沈锡昌．1992. 一种新的世界海岸分类——动力成因分类．地质科技情报，11（3）：35－36.
石强．2013. 渤海冬季温盐年际变化时空模态与气候响应．海洋通报，5：505－513.
宋明春．2008a. 山东省大地构造单元组成、背景和演化．地质调查与研究，31（3）：165－175.
宋明春．2008b. 山东省大地构造格局和地质构造演化．北京：中国地质科学院．
孙静，王永红．2012. 国内外沙滩质量评价体系研究．海洋地质与第四纪地质，32（2）：153－159.
汤凯龄，林雪美．2004. 海滩地形现场测量的比较研究．中国地理学会2004年学术年会暨海峡两岸地理学术研讨会论文摘要集．
童钧安．1992. 山东海洋功能区划．北京：海洋出版社．
童钧安．1992. 山东省海岸带和滩涂资源综合调查报告集：综合调查报告．北京：中国科学技术出版社．
王东宇，刘泉，王忠杰，等．2005. 国际海岸带规划管制研究与山东半岛的实践．城市规划，29（12）：33－39.
王广禄．2008. 海湾沙滩修复研究．厦门：国家海洋局第三海洋研究所．
王海龙，韩树宗，郭佩芳，等．2011. 潮流对黄河入海泥沙在渤海中输运的贡献．泥沙研究，（1）：51－59.
王辉武，于非，吕连港，等．2009. 冬季黄海暖流区的空间变化和年际变化特征．海洋科学进展，27（2）：140－148.
王金霞．2007. 山东省风能资源分析评估．西安：兰州大学．
王开荣．2003. 黄河河口泥沙输移及其分布规律研究．西安：西安理工大学．
王亮．2013. 基于数字图像处理技术的泥沙颗粒分析．重庆：重庆交通大学．
王楠，李广雪，张斌，等．2012. 山东荣成靖海卫沙滩侵蚀研究与防护建议．中国海洋大学学报：自然科学版，42（12）：83－90.
王鹏，王伟伟，蔡悦荫．2009. 基于海域使用功能的海岸建筑后退线确定研究．海洋开发与管理，26（11）：16－20.
王庆，夏东兴．1999. 山东半岛北岸与南岸现代岸线差异及其影响因素．海洋地质与第四纪地质，19（1）：109－115.
王庆，杨华，仲少云，等．2003. 山东莱州浅滩的沉积动态与地貌演变．地理学报，58（5）：749－756.
王文海，吴桑云，陈雪英．1999. 海岸侵蚀灾害评估方法探讨．自然灾害学报，(1)：71－77.
王文海，吴桑云．1993. 山东省海岸侵蚀灾害研究．自然灾害学报，2（4）：60－66.
王文海．1987. 我国海岸侵蚀原因及其对策．海洋开发，1：9－12.
王文海．1991. 试论我国海岸侵蚀信息系统的建立．地质工程，4：24－30.
王文海．1993. 山东砂质海岸资源的开发与保护．海岸工程，12（1）：30－34.
王玉广，张玉华，刘娟．2004. 辽东湾两侧砂质海岸灾害侵蚀与防治．海洋开发与管理，3：51－55.

吴永胜，王兆印．2002. 渤海动力对黄河入海泥沙输移的影响．黄渤海海洋，20（2）：22－30.
夏益民．1988. 平衡沙质海岸平面曲线形态规律．南京：南京水利科学研究院河港研究所．
徐德成，倪玉乐，毕可阳．1998. 山东半岛砂质海岸的特点和生态评价．防护林科技，(1)：11－14.
徐啸．1996. 应用现场实测波浪资料直接计算沿岸输砂率．海洋工程，14（2）：90－96.
徐宗军，张绪良，张朝晖．2010. 山东半岛和黄河三角洲的海岸侵蚀与防治对策．科技导报，28（10）：90－95.
杨继超，宫立新，李广雪，等．2012. 山东威海滨海沙滩动力地貌特征．中国海洋大学学报：自然科学版，42（12）：107－114.
杨继超，李广雪，宫立新，等．2012. 山东威海滨海沙滩侵蚀现状和原因分析．中国海洋大学学报：自然科学版，42（12）：97－106.
杨鸣．2005. 全球变化影响下青岛海岸带地理环境的演变．海洋科学发展，23（3）：289－295.
杨燕雄，张甲波．2007. 静态平衡岬湾海岸理论及其在黄、渤海海岸的应用．海岸工程，26（2）：38－46.
杨子赓．2004. 海洋地质学．济南：山东教育出版社．
尧怡陇，王敬东，叶松，等．2013. 海洋波浪、潮汐和水位测量技术及其现状思考．中国测试，39（1）：31－35.
姚国权．1999. 欧、美、日的人造沙滩．海洋信息，(4)：27－28.
叶银灿．2012. 中国海洋灾害地质学．北京：海洋出版社．
印萍．2001. 海滩均衡剖面的概念及相关问题的讨论——以日照实测海滩剖面为例．黄渤海海洋，19（2）：39－45.
于帆，蔡锋，李文君，等．2011. 建立我国沙滩质量标准分级体系的探讨．自然资源学报，26（4）：541－551.
曾昭璇．1977. 中国海岸类型及其特征．海洋科技资料，1：1－28.
张江泉，郑崇伟，李荣川，等．2013. 黄渤海风、浪、流等海洋水文要素特征分析．能源与环境，(31)：112－115.
张荣．2004. 山东省海洋功能区划报告．北京：海洋出版社．
张振克．2002. 美国东海岸沙滩养护工程对中国砂质沙滩旅游资源开发与保护的启示．海洋地质动态，18（3）：23－27.
郑建瑜，且钟禹，李学伦．1998. 青岛南海岸海水浴场的旅游环境质量评价．海洋环境科学，17（1）：66－72.
中国海湾志编纂委员会．1991. 中国海湾志：第三分册（山东半岛北部和东部海湾）．北京：海洋出版社．
中国海湾志编纂委员会．1993. 中国海湾志：第四分册（山东半岛南部和江苏省海湾）．北京：海洋出版社．
周淑娟，马万林，杨震，等．2007. 黄河河口拦门沙疏浚综合技术的探讨．水利科技与经济，7：464－466.
庄克琳．1998. 海岸侵蚀的解析模式．海洋地质与第四纪地质，18（2）：97－102.
庄振业，曹丽华，李兵，等．2011. 我国沙滩养护现状．海洋地质与第四纪地质，31（3）：133－139.
庄振业，陈卫民，许卫东，等．1989. 山东半岛若干平直砂岸近期强烈蚀退及其后果．青岛海洋大学学报，19（1）：90－98.
庄振业，盖广生．1983. 山东半岛沙滩层理的研究．山东海洋学院学报，13（1）：75－83.
庄振业，李从先．1989. 山东半岛滨外坝沙体沉积特征．海洋学报：中文版，11（4）：470－480.

庄振业，王永红，包敏. 2009. 沙滩养护过程和工程技术. 中国海洋大学学报，39（5）：1 019 – 1 024.

庄振业，印萍，吴建政，等. 2000. 鲁南沙质海岸的侵蚀量及其影响因素. 海洋地质与第四纪地质，20（3）：15 – 21.

Alexander C R, DeMaster D J, Nittrouer C A. 1991. Sediment accumulation in a modern epicontinental – shelf setting: the Yellow Sea. Marine Geology, 98 (1): 51 – 72.

Bodge K R. 1992. Representing equilibrium beach profile with an exponential expression. Journal of Coastal Research, 8 (1): 47 – 55.

Bradley M Romine, Charles H Fletcher, Matthew M Barbee, et al. 2013. Are beach erosion rates and sea – level rise related in Hawaii? Global and Planetary Change, 108: 149 – 157.

Brunel C, Sabatier F. 2009. Potential influence of sea – level rise in controlling shoreline position on the French Mediterranean Coast. Geomorphology, 107: 47 – 57.

Bruun P. 1954. Coast erosion and the development of beach profiles. Beach erosion board. Technical Memorandum, 44.

Callaghan D P, Nielsen P, Short A D, et al. 2008a. Statistical simulation of wave climate and extreme beach erosion. Coastal Engineering, 55 (5): 375 – 390.

Chu M L, Guzman J A, Muñoz – Carpena R, et al. 2014. A simplified approach for simulating changes in beach habitat due to the combined effects of long – term sea level rise, storm erosion, and nourishment. Environmental Modelling & Software, 52: 111 – 120.

Cornaglia P. 1898. On beaches. Accadamia Nazionale dei Lincei Atti, Classe di Scienze Fisiche, Matematiche e Naturali, Mem. 5, Ser. 4: 284 – 304. Reproduced in translation. In: Fisher, J. S., Dolan, R. (Eds.), Beach Processes and Coastal Hydrodynamics. Benchmark Papers in Geology, Stroudsberg, PA, 39: 11 – 26.

Cox J C, Pirrello M A. 2001. Applying joint probabilities and cumulative affects to estimate storm induced erosion and shoreline recession. Shore and Beach, 69: 5 – 7.

Dean R G, Maurmeyer E M. 1983. Models for beach profile response. In: Handbook of Coastal Processes and Erosion. Boca Raton, Florida: CRC Press, 151 – 165.

Dean R G. 1977. Equilibrium Beach Profiles: U. S. Atlantic and Gulf Coasts, Department of Civil Engineering. Ocean Engineering Report No. 12, University of Delaware, Newark, DE.

Dean R G. 1991. Equilibrium beach profile: Characteristics and application. Coastal Research, (7): 53 – 84.

Fenneman J S. 1902. Development of the profile of equilibrium of the subaqueous shore terrace. Journal of Geology, 10: 1 – 32.

Hanson H. 2002. Beach nourishment projects, practices and objectives – a European overview. Coastal Engineering, 47: 81 – 111.

Harshinie Karunarathna, Douglas Pender, Roshanka Ranasinghe, et al. 2014. The effects of storm clustering on beach profile variability. Marine Geology, 348: 103 – 112.

Hayes M O. 1979. Barrier island morphology as a function of tidal and wave regime. In: Barrier Islands. New York: Academic Press, 1 – 27.

Horikawa K. 1988. Nearshore dynamics and beach process. Tokyo University Press.

Hsu J R C, Uda T, Silvester R. 2000. Shoreline protection methods—Japanese experience. Handbook of Coastal Engineering, chap 9, In: McGraw – Hill Companies, New York.

Hughes M G, Masselink G, Brander R W. 1997. Flow velocity and sediment transport in the swash zone of a steep beach. Marine Geology, 138: 91 – 103.

Iain Brown, Simon Jude, Sotiris Koukoulas, et al. 2006. Dynamic simulation and visualisation of coastal erosion.

Computers, Environment and Urban Systems, 30: 840 – 860.

Jiyeon Yang, Doochun Seo, Hyosuk Lim, et al. 2010. An analysis of coastal topography and land cover changes at Haeundae Beach, South Korea. Acta Astronautica, 67: 1280 – 1288.

Jochen Hinkel, Robert J Nicholls, Richard S J Tol, et al. 2013. A global analysis of erosion of sandy beaches and sea – level rise: An application of DIVA. Global and Planetary Change, 111: 150 – 158.

Johnson D W. 1919. Shore processes and shoreline development. John Wiley & Sons, Incorporated.

Johnson J W. 1952. Generalized Wave Diffraction Diagrams, Proceedings, Second Conference on Coastal Engineer. The Council on Wave Research, Berkeley, CA, 6 – 23.

Komar P D, William G M. 1994. The analysis of exponential beach profiles. Journal of Coastal Research, 10: 59 – 69.

Komar P D. 1998. Beach Processes and Sedimentation. 2nd Edition. New Jersey: Prentice Hall, 543.

Larson M. 1988. Quantification of Beach Profile Change. Lund University, Lund, Sweden (293).

Larson M. 1991. Equilibrium profile of a beach with varying grain size. Coastal Sediments 91. American Society of Civil Engineers: 905 – 919.

Lisa A, Guastella Alan, Smith M. 2014. Coastal dynamics on a soft coastline from serendipitous webcams: Kwa-Zulu – Natal, South Africa. Estuarine, Coastal and Shelf Science, 1 – 10.

List J H, Sallenger A H, Hansen M E, et al. 1997. Accelerated relative sea – level rise and rapid coastal erosion: testing a causal relationship for the Louisiana barrier islands. Marine Geology, 140: 347 – 365.

Martin J M, Zhang J, Shi M C, et al. 1993. Actual flux of the Huanghe (Yellow River) sediment to the western Pacific Ocean. Netherlands Journal of Sea Research, 31 (3): 243 – 254.

Maurice L. Schwartz. 2005. Encyclopedia of Coastal Science. Published by Springer.

Micallef A, William A T. 2004. Application of a novel approach to beach classification in the Maltese Islands. Ocean & Coastal Management, 47 (5/6): 225 – 242.

Micallef A. 2003. Designing a bathing area management plan – a template for Ramla Bay, Gozo. The Gaia Foundation, Malta, 1 – 47.

Morgan R. 1999. A novel, use – based rating system for tourist beaches. Tourism Management, 20 (4): 393 – 410.

Nelson C, Morgan R, Williams A T, et al. 2000. Beach awards and management. Ocean & Coastal Management, 43 (1): 87 – 97.

Omran E Frihy. 1996. Some proposals for coastal management of the Nile delta coast. Ocean & Coastal Management, 30 (1): 43 – 59 .

Pascal Dumas, Julia Printemps, Morgan Mangeas, et al. 2010. Developing erosion models for integrated coastal zone management: A case study of The New Caledonia west coast. Marine Pollution Bulletin, 61: 519 – 529.

Pham Thanh Nam, Magnus Larson, Hans Hanson, et al. 2011. A numerical model of beach morphological evolution due to waves and currents in the vicinity of coastal structures. Coastal Engineering, 58: 863 – 876.

Philippe Larroudé, Thibault Oudart, Mehdi Daou, et al. 2014. Three simple indicators of vulnerability to climate change on a Mediterranean beach: A modeling approach. Ocean Engineering, 76: 172 – 182.

Robert A Morton, James C Gibeaut, Jeffrey G Paine. 1995. Meso – scale transfer of sand during and after storms implications for prediction of shoreline movement. Marine Geology, 126: 161 – 179.

Roelvink D, Reniers A, van Dongeren A, et al. 2009. Modelling storm impacts on beaches, dunes and barrier islands. Coastal Engineering, 56: 1 133 – 1 152.

Schwartz M L. 1982. The encyclopedia of beaches and coastal environments. Stroudsburg: Hutchinson Ross, 940.

Shepard F P. 1973. Submarine Geology, 3rd ed. , Harper & Row, New York.

Staines C, Ozanne S J. 2002. Feasibility of Identifying Family Friendly Beaches along Victoria's Coastline. Accident Research Centre, Monash University, Victoria, 75.

Sunmura and Horikawa. 1974. Two - dimensional beach transformation due to waves. Proceedings of the 14th international Conference. Coastal Engineering, 920 - 938.

Uunk L, Wijnberg K M, Morelissen R. 2010. Automated mapping of the intertidal beach bathymetry from video images. Coastal Engineering, 57: 461 - 469.

Valverde H R, Trembanis A C, Pikley O H. 1999. Summary of beach nourishment episodes on the U. S. east coast barrier islands. Journal of Coastal Research, 15 (4): 1 100 - 1 118.

Vinau C, Hamish G, Rennie. 2005. Literature review of beach awards and rating systems. The University of Waikato Hamilton, New Zealand, 1 - 74.

Vousdoukas M I, Almeida L P, Ferreira O. 2012. Beach erosion and recovery during consecutive storms at a steep - sloping, meso - tidal beach. Earth Surface Processes and Landforms, 37: 583 - 593.

Williams A T, Morgan R. 1995. Beach awards and rating systems. Shore & Beach, 63 (4): 29 - 33.

Wrihgt L D, Short A D. 1984. Morphodynamics variablity of surf zones and beaches: a synthesis. Marine Geology, 26: 83 - 118.

Zhang K, Douglas B C, Leatherman S P. 2004. Global warming and coastal erosion. Climatic Change, 64: 41 - 58.